다시 시작하는
마 더 링

다시 시작하는 마더링

엄마의 역할이 바뀌면, 아이의 미래가 달라진다

서혜진 지음

북하우스

한국에서 아이를 키운다는 것

박사학위를 준비하며 다양한 엄마들을 인터뷰했다. 교육 수준이 높은 중산층 엄마들조차 자녀교육에 대한 자신의 생각과 판단에 자신감이 없었다. 사교육 현장에서 만난 많은 엄마들도 자녀교육에 대한 '강렬한 기대'를 충족시키기 위해 극단적인 노력과 감정적 투자를 아끼지 않았다. 동시에 우리 사회에 경제직·사회직·감성적·문화적 역량을 고루 갖춘 사람만이 자녀를 '제대로' 키울 수 있다는 막연한 환상이 만연해 있는 것을 발견했다.

언젠가부터 "자녀를 입시에서 성공시키기 위한 주된 방법은 결국 사교육"이라는 쉬운 일반화가 한국 엄마들 사이에서 강력한 현실 명제로 자리 잡았다. 분명한 것은 대부분의 엄마들이 자녀의 입시 성공을 중시하는 사회 분위기를 힘들어한다는 사실이다.

무력함과 좌절을 안겨주는 이런 분위기에서 자유로운 한국 엄마가 과연 얼마나 될까. 한국에서는 마더링을 '아웃소싱'할 수 있는 다양한 사교육 상품들이 확산되어 있고, 엄마의 애정, 돌봄, 헌신, 희생까지도 시장에서 '구입'할 수 있다는 '상품화된 애정'의 관념이 상식처럼 받아들여지고 있다. 이 때문에 상품화된 '마더링'을 구매할 수 없는 엄마들은 상대적 박탈감과 무기력함을 느끼기도 한다.

흔들리지 않는 마더링을 위해

처음 책을 쓰기 시작할 때부터 나 스스로에게 가장 많이 던진 질문은 '왜 마더링인가?'라는 것이었다. 많은 아빠들이 육아에 적극적으로 참여하고 있고, 자녀교육이 엄마만의 문제는 아니라는 이유에서 나온 질문이었다. 마더링은 우선 돌봄을 의미한다는 면에서, 이 책은 부모 교육서의 성격을 갖는다. 그러나 이미 양성평등이 정착되었다고 여겨지는 영미권 중산층 가정에서도 교육과 양육에서 여성이 담당하는 책임과 감정 노동의 비율이 여전히 불균형하다는 점을 기억할 필요가 있다. 관련 연구 역시 부모의 사회·경제적 위치에 따른 교육 불평등 문제와 함께 다뤄지고 있다. 특히 가정 내 '부모 노릇parenting'에서 나타나는 보이지 않는 불균형은 교육의 방향성과 원칙을 잃고 사교육 의존도를 더욱 높이는 악순환을 만든다.

이 책은 이러한 동시대 엄마의 자녀교육 사례들을 영미권의 우수한 연구 원칙에 입각해 이해하고자 했다. 특히 가족 성향(가족 아비투스)을 학업 성취를 위해 의도적 혹은 비의도적으로 엮어가는 마더링 과정과 그 과정에서 엄마들이 겪은 경험과 성찰들을 살펴보았다.

사교육과 모성의 긴장 관계는 한국적 특수성만으로는 설명되지 않는다. 더 넓은 사회·경제적 변화가 교육 시장과 모성의 의미를 함께 바꾸어놓았다. 한국의 '교육 열풍'은 고등 교육을 받기 위한 극심한 경쟁을 상징하며, 이는 사교육 서비스의 확대와 고부담 교육으로 이어졌다. 교육의 시장화가 심화되면서 학교 교육 안팎에서 '마더링'의 중요성이 미디어와 공적 담론에 빈번하게 등장하기 시작했다. 이러한 담론은 아동의 학업 성취를 보장하기 위해 사교육을 활용하는 규범적이고 집중적인 마더링 스타일을 자연스러운 선택으로 제시한다.

신자유주의는 시장 논리를 교육과 모성을 포함한 삶의 전 영역으로 확장했다. 그 과정에서 진취적인 개별 어머니는 전문성을 갖춘 어머니로 칭송되었고, 경제적·문화적 자본은 모성의 전략적 선택을 위한 모성 자원이 되었다. 이 논리에 따르면 엄마는 자녀의 미래와 명문 대학 진학을 책임지는 존재이며, 이를 위해 적극적인 사교육 투자와 전략을 구사하는 것이 엄마의 주된 역할이다.

이렇게 변화가 큰 시기에, 부모 세대는 자신에게 익숙한 양육 방식과 교육관을 점검하고 미래 지향적 식견을 기르는 인식의 전환이 필요하다. 전반적으로, 나는 육아와 교육에서 '정서적 자본' 사용에 대한 더 폭넓은 적용을 옹호한다. 가정과 교육 시장에서 성취만을 과도하게 강조하는 방식은 청소년에게 심각한 해를 끼칠 수 있기 때문이다.

모성과 교육은 거대한 국가·사회 차원의 논의로 확장되지만, 결국 그 갈등과 고통은 개별 엄마의 삶 속에서 현실적으로 체감된다. 나 또한 이 문제를 피하거나 추상적으로만 이해할 수는 없었다.

세 자녀를 둔 엄마로서, 그리고 10대 청소년 부모님을 가르치고 상담하는 사교육 전문가로서, 엄마와 교육은 내 삶의 거대한 주제였다. 자녀교육을 위해 '무엇을 해야 한다', '무엇이 되어야 한다'를 명시적으로 요구하는 한국 사회에서, 나는 자녀교육과 관련한 엄마들의 불안과 위기를 자주 목격했다. 가정 내에서 자녀가 깊은 사랑과 소속감을 느낄 수 있는 가장 확실한 방법은 엄마가 일관된 사랑과 기다릴 수 있는 용기를 보여주는 것이다.

치열한 입시 현장에서 만난 엄마들은 필요한 정보, 배워야 할 교훈, 실천할 전략에 대해 내게 자주 묻곤 했다. 이 책의 출발점은 바로 여기서 비롯되었다. 어떻게 하면 여성들이 엄마로서의 취약성을 두려워하지 않고 용기를 낼 수 있을까. 어떻게 하면 자녀의 교육적 성취를 위해 헌신하고 노력하면서도 엄마로서의 존엄과 기쁨을 누릴 수 있을까. 이러한 고민 끝에 나는 마더링을 '기술'이나 '투자'가 아닌, 원칙과 태도의 문제로 바라보기 시작했다. 그리고 이를 설명하기 위해 '스펙트럼 마더링SPECTRUM mothering'이라는 개념을 제안하고자 한다.

이 책에서 살펴보는 여덟 가지 마더링 원칙은 감수성Sensitivity, 즐거운 관계Pleasure, 권한 위임Empowerment, 일관성Consistency, 실력 양성Trainability, 성찰성Reflectiveness, 분별력Understanding, 동기 부여Motivation이다. 스펙트럼 마더링은 이들 영어 단어의 첫 철자를 딴 것으로, 기존의 획일적인 인텐시브 마더링에서 벗어나 각 가정이 자신에게 맞는 양육 방식을 스펙트럼 위에서 다양한 무늬로 선택하는 마더링을 일컫는다.

이 책에 담긴 다양한 '내러티브'는 오늘날의 엄마들이 자녀를 학업 성취로 이끄는 중요한 주체로서 얼마나 많은 감정적·물질적·시간적 헌신을 기울이고 있는지를 보여준다. 이러한 사례들을 보면 자녀뿐 아니라 엄마 자신의 삶이 소중하기 때문에라도, 배타성과 독선을 피하고 포용과 겸손, 확신을 가지기 위한 원칙을 점검하는 과정이 필요하다는 결론에 도달하게 된다. 이 책에서 소개하는 스펙트럼 마더링은 바로 이러한 원칙의 점검과 실천을 통해 바뀌는 우리 가정과 세상을 위한 제안이자, 용기 있는 엄마들의 내면 질서를 위한 제안이다. 이는 여성의 돌봄 의무와 가족 문화, 자녀교육이 보다 지속 가능하고 미래 지향적으로 작동할 수 있도록 돕기 위한 도구이기도 하다.

원칙을 정리하고 우선순위를 잘 파악하며 실력을 키워 미리 준비한다면 누구나 좀 더 흔들리지 않는 마더링, 즉 스펙트럼 마더링을 할 수 있다고 믿는다. 많은 일이 그렇듯, 결국 변하지 않는 원칙을 지키려는 몸부림과 그때그때의 상황에 알맞게 우선순위를 조화롭게 잘 활용하는 사람이 진정한 프로이다. 마더링의 균형 감각은 '원칙의 유일성'과 '태도의 온유함'에서 나온다. 현실에 대한 수용과 거부, 두려움 없는 담대한 도전, 그리고 복잡한 선택 앞에서, 엄마가 먼저 마음을 정리하는 과정이 필요하다.

어떻게 마더링을 할 것인가

그렇다면 원칙을 세우고 태도를 다진 다음에는 무엇을 살펴야 할까. 이제 현실이다. 현재의 입시 환경은 이전 세대가 경험한 입시와 근본적으로 다르다.

2028학년도 수능과 내신 개편의 주요 사항을 보면, 엄마들은 지금의 자녀들이 자신과 전혀 다른 제도로 입시를 치른다는 것을 실감하게 된다. 내신 과목별 성적 산출 방식도 마찬가지다. 그동안의 정설로 여겨졌던 많은 입시 전략에서 대대적인 수정이 필요한 것처럼 보인다. 앞으로 모든 학생들은 이제 자신에게 유리한 과목을 선택하지 않고, 공통과목으로 정해진 국·영·수·사·과를 모두 준비하고 평가를 받아야 한다. 문과와 이과의 경계가 사라진다는 것은 곧 학습의 양이 많아진다는 것을 의미한다. 어느 누구에게 유리하고 불리한 문제가 아니다.

학령 인구 감소로 인해 대학 입시가 이전보다 수월해질 것이라는 기대와는 달리, 초중고 사교육비 총액은 2020년 19조 원에서

2023년에는 27조 1000억 원으로 상승했다. 이처럼 우리나라의 학벌주의와 교육열은 결국 '사교육'을 기본값'으로 한다. 또한 내신 평가 방식이 상위 1~2등급을 '뭉뚝하게' 나누는 5등급제로 바뀜에 따라, 변별 방식의 재조정이 예정되어 있다. 대학별 평가가 다듬어질 것은 분명해 보인다. 뭉뚝해진 학교 내신과 선택 과목 없이 모든 교과를 응시한 학생들 가운데에서, 좀 더 우수한 학생들을 선발하기 위해 대학들은 벌써부터 고민이 깊다. 그동안은 학교 내신만 잘 받으면 무난히 지원, 합격할 수 있었던 상위 10개 대학들이 학교 내신 성적과 수능 시험, 더 나아가 고교 생활 동안의 '서류' 평가까지, 모든 영역으로 평가의 항목을 넓혀가고 있다. 제도가 변할 때 가장 빠르고 근본적으로 반응해야 하는 주체는 가정이다. 그중에서도 엄마의 태도와 선택은 자녀교육에 가장 긴 호흡의 영향을 남긴다.

이 시점에서 던져야 할 질문은 이것이다. '지금 우리는 무엇을 할 수 있는가.' 자녀에게 가장 큰 영향을 주는 권위자는 부모이며, 그중에서도 가장 가까이에서 영향을 주는 사람은 단연 '엄마'이다. 엄마의 한마디 말은 자녀를 세우기도 하고 무너뜨리기도 한다. 자녀의 타고난 장점과 숨겨진 재능을 발견하는 것도 결국 가정에서, 엄마에게서부터 시작된다.

자녀교육은 두세 가지 비법으로 해결될 만큼 단순하지 않다. 매우 모호하고, 단순하게 규정할 수 없는 것이 자녀교육이다. 자녀를 키우는 과정에서 엄마는 명분과 의무, 감정과 애정 사이를 오가며 그때그때 다른 대응을 한다. 양육과 교육에 관한 다양한 원칙이 넘쳐나는 시대지만, 그런 원칙들이 그대로 작동하거나 간단하게 실천될 수 있는 경우는 드물다. 가정마다 사정이 다르다. 같은 가정 내에서도 자녀마다 그 상황이 다르며, 자녀 자신에게도 시기별로 다양한 국면이 찾아온다.

그래서 좀 더 설명이 필요하다. 자녀에게 '무엇이 옳은가?'를 따지거나 '엄마 말만 들어' 하는 식으로 강제하기보다는, 자녀와 엄마가 한 배를 타고 항해하고 있음을 자녀가 알 수 있도록 말하고 행동하는 것이 중요하다.

자녀를 양육하며 '어떻게 해야 할까?'를 고민해보지 않은 부모는 없을 것이다. 특히 10대 청소년의 학업과 관련해서는 고민의 깊이가 더욱 커진다. 이 힘든 시기들이 훗날 자녀와 엄마 모두의 삶에서 좋게 기억되기 위해서는, 마더링의 경험을 낭비하지 않아야 한다. 엄마가 이미 지나온 고난과 절망의 시간을 자녀는 지금 살아내고 있다. 고난 속에서 성장하고 익어가는 자녀교육을 위해 마더링을 '아무래도 좋다'이거나, 세태에 떠밀려 '끌려가거나', 사교육에 '아웃소싱'하면서, 감정적으로 허무하게 굴복하는 방식으로 처리해서는 안 된다. 또한 우리 가정을 둘러싼 세상을 적대적으로 규정하고 불평하며 무력하게 주저앉는 것 역시 해결 방법이 아니다. 그렇다면 어떻게 해야 할까? 결국 마더링은 특정 시점의 정답을 찾는 일이 아니라, 지금 여기에서 선택하고 실천하는 문제다.

쉽고 당연하다는 이유로 사교육으로 달려갈 수밖에 없는 한국의 현실에서, 건전하고 지각 있는 엄마들이 정당한 고통을 피하기보다 성숙을 향해 한 걸음 더 나아가기 위해서는 무엇이 필요할까. '지금 하는 것'이다. 즉 자신의 감정과 마더링의 책임을 다른 사람이나 제도, 사교육, 혹은 시대 분위기에 넘기지 않는 것이다. 사랑으로 균형을 잡기 위해 매일의 일상에서 구체적인 말과 행동으로 생각을 '담아내는 것'이 중요하다. 삶이 문제와 고통의 연속이라는 점을 그 어떤 것보다 여실히 보여주는 것이 바로 마더링의 영역이다. 진정으로 마더링이 힘들다는 사실을 이해하는 순간 마더링은 동시에 쉬워진다. 그래야만 우리 가정만의 문제인 듯 끊임없이 우리를 압박하는 교육 관련 사안들을 직시할 수 있다. 이상과 현실을 조화시키며 당면한 과제를 해결하는 과정에는 용기와 지혜가 필요하며, 원칙은 분별과 위로를 제공하는 기준이 된다. 마더링 경험을 잘 사용하는 방법은 결국 우리 가정만의 양육과 교육 원칙을 정하고 사수하는 것이다. 실천하는 과정에서 곧잘 지칠 수 있지만, 그 속에는 마더링의 기쁨과 경이로움이 숨어 있다.

사랑과 이해가 동행하는 '경이로운 마더링'은 내 자녀에게 엄마의 교육 원칙, 함께했던 시간의 기억을 잘 "담아내는 것"으로 설명될 수 있다. 잘했든 못했든 지난 시간의 마더링보다 오늘, 그리고 이제부터의 마더링이 더 "괜찮다"라는 생각을 자녀와의 말, 행동, 사소한 일상에 담아내려고 노력하는 것이 가장 중요하다. 갑작스럽게 모든 것을 바꿀 수는 없겠지만, 더 나아지려는 엄마의 노력을 무참히 무시해버리는 철없는 자녀 앞에서 무너지지 않고 마음을 다시 다잡아 다음 날 같은 사랑을 담아내는 과정이 '경이로운 마더링'이다. 어떠한 상황에서도 지금까지 한 것으로 '끝나지 않는다'라는 생각을 마더링에 "담아내는 것"이다. 원하는 만큼의 결과가 바로 나오지 않더라도 끝까지 포기할 수 없는 것이 마더링이다. 그래서 그 자체로 위대한 것이 '마더링'이다.

엄마가 해야 할 일은 오늘 자녀와 우리 자신의 하루에 내가 선택한 원칙을 잘 '써 내려가는 것'이다. 내가 선택한 원칙에 따라, 마음에 들 때까지 잘 "담아내는 것"이 성공적인 마더링이다. 자녀 앞에서 완벽하거나 탁월한 엄마가 되겠다는 생각보다, 오늘 자녀의 시간과 기억 속에 담아내고 싶은 것이 무엇인지 스스로 정하고 행동하는 일이 중요하다. 어차피 엄마가 모든 것을 할 수는 없다. 엄마의 마더링에 동참하도록 자녀에게 마음의 공간을 내어주고, 언제든 기회가 있다는 것을 자녀가 이해하도록 도와야 한다. 자녀와 함께 이 책에서 제안하는 '스펙트럼 마더링' 원칙들을 떠올려보자. 이 책에서 제안하는 원칙들을 사용하려는 의지가 있다면, 마더링을 통해 자녀와 엄마의 삶에 선물이 되는 '시간'과 '기억'을 만들어낼 수 있으리라 믿는다.

이 책이 전하고자 하는 또 다른 중요한 이야기는 "나만 힘든 것이 아니다"라는 사실이다. 우선, 나의 자녀도 나만큼 힘들다는 사실을 인정할 수 있을 때 비로소 해볼 수 있는 마더링이 많아진다. 그래서 "함께 더 가보자"는 동행 마더링이 필요하다. 비판과 강압으로는 자녀와 동행할 수 없다. 경제적·사회적·문화적으로 풍요로운 전업주부 엄마라 할지라도 자녀교육과 관련해서 더 나은 삶을 살거나 더 쉬운 삶을 사는 것은 아니다. 오히려 자녀교육과 관련된 우울감이나 정서적 어려움을 겪는 경우도 많다. 남부러울 것 없는 환경인데도 자녀와의 심각한 갈등과 이로 인한 트라우마로 제대로 된 마더링을 시도조차 하지 못하는 엄마들도 있다.

이른바 '마더링 총량의 법칙'이라는 것이 있다. 자녀를 양육할 때 물적·정신적 투자 비용에 허무하게 굴복한 채 지금 해야 할 마더링을 피해버린다면, 결국 성인이 된 자녀를 대상으로 더 힘든 마더링을 할 수밖에 없다. 자녀가 성인이 되기 전 적절한 시기에 분명한 원칙을 자녀와 공유해야 한다. 당장 어렵다고 회피하거나, 상품화된 '사교육'이 나의 수고를 대신해줄 것이라 믿으며 방치한다면, 결국 자녀와 엄마 자신에게 회한만 남게 될 것이다. 그러므로 이제는 경험을 나누고, 원칙을 세우고, 서로 배우는 전략이 필요하다.

이 책은 두 가지 전략을 제안한다. 먼저, 엄마 자신이 가정에서 정서적 자본을 강화하면서 다양한 소프트 스킬 관련 마더링 원칙을 점검하고 정리하는 것이다. 둘째, 자신만의 원칙을 동시대의 다른 엄마들과 함께 고민하고 나누는 것이다. 이러한 적극적 접근은 사회·경제적 배경과 관계없이 엄마들 사이의 교육 격차를 해소하는 것을 목표로 한다. 많은 엄마들이 모범적 마더링의 이상을 추구하며 홀로 자녀의 미래를 책임지는 개별화된 모성 전략에 투자한다. 같은 고민을 하는 이 시대의 현명한 여성들이 불확실성과 불안을 정서적 수준에서 관리하는 방법을 함께 나누고 배우고 성장하는 '장'을 만들어가는 데 이 책이 사용될 수 있기를 바란다.

지금 이 순간에도 많은 엄마들이 양육과 자녀교육에 관한 고민에서 자유롭지 못하다. 그런 점에서 이 책이, 엄마들이 교육 마더링에서 자주 맞닥뜨리는 문제들을 이해하는 데, 자녀의 마음과 자신의 일상을 들여다보며 후회 없는 선택을 하는 데 도움이 될 수 있기를 바란다.

마지막으로 이 기회를 만들어준 북하우스에 감사드리며, 부족한 엄마를 성장시켜주고 잘 자라준 세 아이들에게도 깊은 사랑과 고마움, 기대를 전한다. 언제나 곁에서 인내와 사랑으로 용기를 준 남편에게도 감사한 마음을 전한다.

2부 스펙트럼 마더링

1부

마더링이란
무엇인가

1

한국의 엄마는 괴롭다

최근 한 유명 유튜버의 댓글 장에 뜨거운 논쟁이 벌어졌다. 잘되라고 뼈 빠지게 키워놨더니 엄마가 아픈데도 찾아보지도 않는다며 "아이를 낳지 말라"던 한 엄마의 한숨 섞인 주장이 발단이었다.

한쪽에서는 "자녀 양육은 보람되고 숭고한 일이니 잘해보자"라거나 "힘내서 열성을 다하면 아이는 잘 성장하고 엄마는 보람을 느낀다"는 의견이 이어졌다. 다른 편에서는 "자녀를 키우는 위험(?)을 피해야 한다"며 "교육에 너무 투자하다 보면 엄마 자신의 인생이 없어진다"고 주장했다.

노후를 저당 잡힌 사교육비 문제까지 꼬집는 등 수천 개에 달하는 댓글이 달리며 상반된 의견이 팽팽히 맞섰다. 이 논란을 보며 한국의 엄마들이 "엄마 노릇은 원래 힘든 거다" "쉬울 리 만무하다"라는 것을 당연시한다는 확신이 들었다.

이러한 분위기는 최근 더욱 심해졌다. 우리나라는 2017년 전체 출생아 수 40만 명 선이 붕괴한 이후 3년 만인 2020년에 30만 명 선이 무너졌다. 2023년 2분기에는 전국의 모든 시도에서 1명 미만의 합계출산율을 기록한 상황이다.

엄마라는 자리는 쉽지 않다. 엄마가 되는 순간에는 가슴이 터질 듯한 출산의 감격과 태어나 한 번도 느껴보지 못한 '주는 사랑'에 스스로 울컥한다. 하지만 다음 날부터 끊임없는 돌봄 노동에 지쳐 버린다. 스스로 '잘하고 있나' 하는 의심과 책임감에 내동댕이쳐져 심신이 괴롭다. 그런 날이면 위로와 공감이 절실하다.

한 생명을 독립된 인격으로 키워내는 것은 누구에게나 어려운 일이다. 그런데 유독 한국의 엄마들이 아이를 키우는 일을 버거워하는 느낌이다.

이유는 다양하다. 돌봄과 가사 노동의 부담, 경력 단절, 사교육비의 과도한 지출 등이 큰 몫을 차지한다. 여기에 하나 더 보탠다면 출산, 즉 엄마가 되는 일을 당연한 통과의례처럼 생각해온 사회 분위기가 아닐까 싶다.

어떤 아이로 키우고 싶은지를 먼저 고민하자

사랑과 결혼, 가족 등에 대한 성찰을 담은 울리히 벡Ulrioh Beck 과 엘리자베트 벡 게른스하임Elizabeth Beck-Gernsheim의 사회학 서적 《사랑은 지독한, 그러나 너무나 정상적인 혼란 *Das ganz normale chaos der*

Liebe》에 따르면, 오늘날의 모든 성인 남녀는 그저 의미 있는 경험으로 자녀 출산을 결정한다. 나 역시, 우리 사회는 부모에게, 특히 여성에게 단선적인 삶의 궤적을 당연히 받아들이게 하고, 요구해왔다고 생각한다.

여성들은 대부분 시키는 대로 열심히 공부해서 대학에 들어가고, 학교를 졸업한 후 직업을 얻고, 적당한 시기에 적당히 결혼하고 자녀를 가진다. 아이를 낳고 나면 주로 엄마가 부모의 대표로 직장을 그만두고, 자녀의 교육과 가족의 돌봄을 도맡는다.

왜 아이를 낳는지, 어떻게 키울지, 어떤 엄마가 될지, 무슨 준비를 해야 하는지에 대한 고민과 노력은 선행하지 않는다. 적당히 행복하고 적당히 힘든 시간을 보낼 때는 괜찮다. 문제는 그동안 해왔던 '적당히'가 안 먹히는 순간이 오면서부터다.

아이와 엄마가 기질적으로 심각하게 부딪칠 때면 혹은 우리 사회의 고질적 문젯거리인 입시 등으로 갈등이 벌어질 때면 엄마의 혼란과 괴로움은 배가 된다. 아이가 내 삶에 어떤 의미가 있는지, 나는 어떤 엄마가 될지 고민이 없다 보니, 심각한 갈등의 상황에서 엄마는 갈 길을 잃는다.

부담이 커지는 이유는 아무리 힘들어도 엄마가 포기할 수 없는 자리이기 때문이다. 그래서 힘에 부쳐도 모든 문제를 잘 해결하려고 노력하고, 나름대로 잘하고 있으면서도 힘겨워한다. 무엇을 잘해야 하는지 잘 모르면서도 더 잘하고 싶은 것이 엄마의 역할이다.

임신과 출산의 프레임을 바꾼다

엄마가 행복해지기 위해서는 삶의 한 과정이라고 생각하는 임신과 출산에 대한 프레임이 바뀌어야 한다. 결혼하면 아이를 낳는 일이 당연한 코스가 되어선 안 된다. '어쩌다 보니 엄마가 되었다'가 아니다. 출산은 내가 한 선택이고, 이 선택으로 행복한 결과를 얻기 위해서 '엄마되기'가 아닌 '엄마하기'라는 능동적인 태도로 엄마의 역할을 맞이해야 한다.

이미 아이를 출산해 키우고 있다 해도 늦지 않았다. 이제라도 내가 생각하는 좋은 엄마는 무엇인지, 나는 어떤 엄마인지, 아이가 어떤 사람으로 성장하길 바라는지 등 양육과 교육의 궁극적인 목표를 찾는 데 시간과 에너지를 쓰자. 이를 인식하고 행하려는 마음만으로도 엄마의 하루는 좀 더 평온할 수 있다.

입시에 대한 부담은 오롯이 엄마 몫?

학군지에 거주하는 은호 엄마는 자녀의 대학 입시 결과가 엄마의 성적표로 여겨지는 한국 문화를 씁쓸해했다. "이런 게 현실이니까요"라며 털어놓는 속내에는 부담감이 가득했다.

의사 남편을 둔 전업주부인 은호 엄마의 교육 관련 스트레스는 대부분 시댁 때문에 생겼다. 시골에서 사교육 하나 없이 아들을 의대에 보낸 시어머니는 남편이 벌어다 주는 돈으로 집에서 애만 키우는 며느리가 힘들 일이 어디 있다고 불평이냐며 잔소리를 했다.

아이에게 사교육을 많이 시키면 "왜 이렇게 극성이냐"는 비난을 받았다고 했다. 아이가 우수한 성적을 받아와도 "그 정도 했는데 당연하지 않으냐"는 반응도 따랐다.

은호 엄마는 학군지에서 돈 들여 공부시키는데 의대 정도는 당연히 가야 하는 것 아니냐는 시댁 식구들의 반응이 부담스러웠다. 의대 합격이라는 높은 기준을 충족하지 못했을 때 나올 소리 없는 비아냥을 상상한 적도 있다.

넉넉지 않은 살림에 아들을 어렵게 공부시킨 시어머니의 업적은 결혼 전부터 익히 들어서 알고 있었다. 하지만 세상은 달라졌고, 의대 열풍과 대입 제도의 변화는 따라가기도 버겁다. 그런데도 무언의 압력 탓에 이런 얘기는 입 밖에 꺼내기도 힘들다.

의대가 아니면 대학에 가도 걱정인 세상이다

은호 엄마는 두 아들에게 남들이 부러워하는 재정적 지원을 해왔다. 어떻게 공부를 챙겨왔냐는 질문에 열정적인 사교육 진행 상황을 털어놓았다. 수학 과목만 해도 수능과 내신, 선행학습 대비 수업으로 세 개의 학원에 보냈다. 은호네가 사는 지역에서 이 정도는 평균이다. 나머지 과목의 사교육도 당연했다. 아이들이 어렸을 때는 해외 연수도 2년간 다녀왔다. 그동안 아빠는 한국에서 일하며 '기러기 아빠'로 지냈다.

은호 엄마는 두 형제를 모두 재수 없이 '현역'으로 소위 '스카이'

대학에 합격시켰다. 주변에서는 부럽다고 했는데, 의대에 보내지 못했다는 아쉬움에 엄마는 재수를 권했다. 아들들도 엄마의 요구를 자연스럽게 받아들였다.

삼수까지 해서 한 아들은 의과대학에, 다른 아들은 서울대학교 공대에 들어갔다. 성공적인 결과에도 은호 엄마는 그냥 "중간은 했죠"라고 말했다. 의대에 간 아들은 그래도 걱정을 덜었는데, 서울대학교 공대에 들어간 아들은 이제 무슨 일을 하고 살아야 할지 염려된다고 했다.

대화하다 보니 은호 엄마의 걱정이 진심으로 느껴졌다. '의치한'(의대, 치대, 한의대) 준비를 위한 입시학원이 초등학생을 대상으로 성업 중이라던 말이 실감 났다. 공부 좀 한다는 학군지 엄마들 사이에서는 이제 '스카이'는 별것 아닌 것이 현실이다.

뒷바라지는 동참해도 책임은 엄마 몫이다

자녀교육을 위해 열심인 건 엄마만이 아니다. 교육에 관한 논문을 위해 인터뷰를 하며 만난 중산층 엄마들은 가정에서 아빠가 고등학생 자녀의 교육에 협조하는 것을 당연시했다.

아빠들이 퇴근 후 지친 몸을 이끌고 아이를 학원에 데려다주고 데려오는 일은 일상이었다. 멀리 학군지까지 데려다주고 수업이 끝날 때까지 근처 커피숍에서 기다렸다 데려오는 일과가 보통의 화목한 집의 주말 모습이었다. 아빠들 또한 자녀교육에서의 뒷바라지를 당연한 것으로 여기고 있는 것이다.

하지만 차이는 있었다. 엄마가 느끼는 자녀교육에 대한 부담은 아빠의 그것과는 사뭇 달라 보였다. 엄마들은 "애들 아빠는 그냥 내버려두라고 해요. 공부 안 하는 걸 어쩌냐고요. 스트레스 주지 말라는데 그렇게 안 되네요"라며 한탄한다. "남편이 돈 벌어 오느라 애썼는데 애들이 좋은 대학을 못 가봐요. 집에서 교육도 제대로 하지 못했다는 타박을 듣고 싶지 않아요"라며 입시 결과에 대한 부담감을 느끼는 엄마들도 있다.

은호네도 마찬가지였다. 애들 교육은 전적으로 엄마 몫이고, 아빠는 돈만 잘 벌어다 주면 된다는 한국 사회의 불문율이 적용됐다. "남편은 애들 공부에 대해서는 별말이 없어요. 제가 하자는 대로 다 할 뿐이죠."

자녀의 입시 결과가 엄마의 성적표다

우리 사회에서 자녀교육은 성적, 더 나아가 대학 입시와 밀접하게 연관되어 있다. 이에 대한 평가는 냉정한데, 특히 전업주부를 대상으로 할 때 더 그렇다. 전업주부들은 "워킹맘들은 일하러 나가느라 시간이 없었다는 면죄부라도 있는데 우리들은 아니다"라며 보이지 않는 압박감으로 스스로 옥죄고 있었다.

안타깝게도, 이 땅의 엄마들은 아이의 미래를 위한다는 자연스러운 동기와 행복감으로 자녀를 교육하는 것처럼 보이지 않는다. 오히려 평가에 더 무게감을 느끼는 것은 아닐까 싶을 정도다.

입시는 경쟁이다. 비교를 당연시하는 영역이 교육이 된 것은 이미 오래된 얘기다. 휘둘리지 않고 중심을 잡고 적당히 하고 싶어도 세상이 가만 놔두질 않는다. 자녀는 물론 엄마까지 덩달아 학교와 사교육 현장에서 이루어지는 끊임없는 비교 탓에 자존감과 자신감을 잃어간다.

적당히 하는 것만으로도 자녀의 인생과 미래를 포기한 사람 취급을 받는다. 각종 '입시설명회'를 비롯해 각 시도교육청 및 대학별 입학설명회에 한 번도 다녀오지 않은 엄마는 마치 원시인(?) 혹은 자녀에게 무관심한 사람으로 취급받을 것 같은 사회적 압력이 크다. 교육 제도와 입시의 '항상성'이 보장되지 않는 한국 사회의 제도적 문제점은 고스란히 엄마들의 몫이다.

잘해야 중간인 엄마 자리에 대한 무게감을 간접 경험한 젊은 딸들의 결정은 비혼주의로 정착해가는 추세다. 결혼은 해도 아이를 낳지 않는 딩크족 역시 늘어난다. 엄마처럼 할 자신이 없다는 이유에서다.

정말 마음 아픈 부분은 어렵게 아이를 낳은 젊은 부부들이 느끼는 다양한 좌절감이다. 단단히 마음을 먹고 출산했는데 돌봄 노동으로 후회하기 일쑤다. 때론 '양육 죄인'으로 내몰려 눈물도 흘린다. 무엇보다 교육적 투자에서 소외되면서 좌절과 무기력을 느끼기도 한다.

이런 상황에서 저출산에 대한 정책적 지원은 공허한 제도일 뿐이다. 의무와 평가가 아닌 양육 과정 자체를 누릴 수 있도록 엄마 역할에 대한 인식의 변화가 필요하다.

한국 엄마는 교육과 입시에서 자유롭지 못하다

한국 사회에서 유독 엄마라는 자리가 힘든 이유는 특유의 강렬한 교육열 때문이다. 대학 입시를 향한 사교육 서비스의 진화는 유년기부터 시작해 고등학교를 졸업하고도 재수와 삼수로 이어지고, 대학에 들어간 뒤에도 편입 등으로 확장된다.

돈으로 살 수 없었던 교육과 엄마의 역할은 돈만 주면 살 수 있는 상품이 된 지 오래다. 한국의 대표 재화가 된 듯 보일 때도 있다. 연령에 따른 교육 서비스의 전문화와 확대는 다음 세대의 교육적 투자로 인해 가족 재정에 큰 부담이 된다.

엄마표 영어나 자기주도학습 등 진취적인 개별 마더링은 '교육 전문 마더링'으로 칭송받으며 상품화되고 있다. 개성 있는 교육법으로 성공한 엄마의 비법이 시장에 나오는 일은 이제 흔하게 볼 수 있다. 사교육 없이 자녀들을 서울대학교에 보낸 엄마의 자녀가 사교육 업체를 차려 엄마의 교육법을 상품화하는 '웃픈 현실'이다.

이러한 시도는 대부분 교육적 선택의 자유를 행사하도록 돕겠다는 이타적 의도에서 출발한다. 그러나 결국에는 이타적 시도 자체가 또 다른 상품화로 이어지는 결과를 만들어버린다. 유튜브 등 다양한 SNS를 발판 삼아 날로 다양해지고 수도 증가하며 맹위를 떨치고 있다.

신자유주의와 불평등한 교육 구조

신자유주의는 개인의 경제 활동과 양육, 교육 등 삶의 다양한 영역에서 국가의 간섭과 제한을 최소화하고, 그것을 개인과 가정에 위임하는 사상이다. 20세기 중반부터 많은 국가에 영향을 미쳤으며 한국 사회도 이에 편승한 정책을 쏟아냈다. 신자유주의는 개인의 자유와 자기 결정권을 강조한다. 더불어 자유를 보장했으니 결과는 개인이 책임을 진다는 것을 합리적 논리로 받아들인다.

가정으로 들어온 경제 원리인 신자유주의는 한 사회 내에서 체계적인 불평등과 구조적 문제를 양산한다. 모든 사람이 전심전력의 교육적 지원을 받으며 공부할 수는 없기 때문이다. 현재의 입시 제도 아래서는 경제력, 학벌, 거주하는 지역, 정보력 등 부모의 영향력에 따라서 자녀 입시의 유불리가 나뉜다.

선택의 주체인 개인과 가정은 이러한 문제에 맞서기보다는 개인의 책임과 변화에 초점을 맞춘다. 성과는 개인이 알아서 이루는 것이고, 그렇지 못한 사람은 도태되는 것이 당연하다는 무언의 합의에 순응하느라 바쁘다.

아이를 교육이라는 전쟁터에서 생존시키기 위한 무기는 '경제력과 정보로 무장한 엄마의 뒷바라지'라는 메시지는 너무나 강렬하다. 신자유주의식 논리에서는 사회적 정의라든가 이타적 태도, 공동체 의식 따위가 발붙일 자리가 없다.

선행학습과 경쟁 문화, 그리고 엄마의 적극적 개입

교육의 시장화와 개인화가 극대화되는 환경 속에서 엄마 역할의 중요성과 영향력은 점점 커지고 있다. 너나 할 것 없이 자녀의 학업적 성취에서 엄마의 전문적인 개입이 필수이고, 더 나아가 아빠의 무관심이 입시 성공의 필수조건이라고 하는 상황이다.

엄마들은 자녀의 입시 성공을 위해 사교육에 모든 것을 쏟아붓는 동시에 시대가 요구하는 규범적이고 철두철미한 역할을 강요받는다. 선행학습과 경쟁이 기본인 우리나라 교육 환경에서 사교육을 배제하고 자녀의 입시를 준비시키기란 쉬운 일이 아니다. 사교육의 현란한 수사는 학부모의 혼을 쏙 뺀다. 설명을 듣다 보면 이것보다 더 신뢰할 만한 것이 없고, 이것이야말로 성공하는 인생으로 가는 열쇠라는 환영에 사로잡힌다.

설사 자녀교육에 자신만의 뜻이 있는 부모라 해도 그렇다. 공부하는 주체인 아이가 현실적인 한계를 토로할 때는 신념을 거슬러도 허리띠를 졸라매고 사교육에 투자하게 된다.

든든한 사교육을 '뒷배'로 둔 엄마들도 별반 다르지 않다. 주변 엄마와 비교하고 비교당하며 힘들긴 마찬가지다. 현재도 열심이지만 더 '빡세게' 아이들을 돌리고, 원하는 결과 혹은 아이의 미래를 위해 더 밀어붙여야 한다는, 이 세계의 보편적인 법칙을 무시하기 힘들기 때문이다.

사교육의 '올인'을 요구하는 시장화된 교육

이러한 사회적 기조에서, 자녀의 입시 실패는 당연히 엄마의 실패라는 등식이 성립한다. 엄마들은 자녀의 입시 결과로 평가절하되는 자신의 위상과 흐릿해진 정체성을 두려워한다. 이를 방지하기 위해 일종의 전략 무기로써 사교육을 향한 열정이 더욱 강화되는 것은 어찌 보면 당연하다.

치열한 교육 현실에서 능력 있는 엄마는 결국 능력 있는 자녀로 증명된다는 등식은 자연스럽게 형성된다. 이 시대의 엄마들은 입시 전쟁에서 분투 중인 자녀를 위해 사교육에서 생존법을 찾고 있는 중이다. 한국에서 사교육이 위세를 떨치는 배경에 단지 학벌 사회라는 익숙한 명제만 있는 것은 아닌 듯하다.

한 엄마가 고등학생 딸아이가 했다는 이야기를 들려줬다. 모범생이었던 딸은 왜 사회가 아이들을 성적으로 평가하는지, 왜 회사에서 우수한 대학을 나온 사람들을 더 좋게 생각하는지를 알 것 같다고 했다는 것이다. 좋은 성적을 받으려면 어린 학생들이 하고 싶은 것을 참고, 빡빡한 일정 속에서 심적 부담을 견뎌내야 한다. 그래야 최상위 대학에 합격할 수 있다. 인내심을 통한 결실이 입시 결과라는 사실만 보아도 명문대 학생들은 이미 뛰어난 아이들이라는 논리였다. 동의한다. 나만이 아닌 신자유주의적 가치관이 지배하는 한국 사회에 익숙한 많은 이들이 여기에 고개를 끄덕일 것이다.

하지만 이러한 상황은 다양한 의견과 논란을 불러일으킬 수 있다. 교육에 침범한 신자유주의 사상에 대해, 교육 선택에서도 개인

의 자유를 강화해야 한다며 긍정적으로 보는 사람들이 있다. 반면
에 부의 불평등이 다음 세대의 교육 불평등을 심화시킨다는 부정적
인 면을 걱정하는 이들도 있다. 그러나 이러한 경제 개념이 교육과
엄마의 영역으로 자꾸 침범해 들어오는 사회 현상에 대한 경각심은
필요해 보인다. 피해를 볼 수 있는 사람은 이 시대 한국에서 엄마로
살기 위해 분투하는 여성들과 다음 시대의 한국을 살아갈 자녀들이
기 때문이다.

전업맘도 워킹맘도 미안하다

한국 사회에서 모성애와 교육은 떼려야 뗄 수 없는 관계에 있다.
여성 역할론이 명시적인 문화 속에서 기혼 여성인 엄마의 가치는
'얼마나 자녀의 양육 혹은 교육과 관련한 의무를 잘 해내느냐'에 따
라 결정되곤 한다.

자녀가 있는 여성은 종종 양육 방식이나 교육 지원에 대해 구체
적인 질문을 받곤 한다. 성향이나 친분 정도, 직업의 유무와 무관하
게 벌어지는 일이다. 심지어 교육 전문가라고 해도, 이러한 질문과
눈초리에서 자유롭지 못하다.

성적이 우수한 자녀를 둔 엄마라고 예외는 아니다. 학교에서 두
각을 보이는 아이를 자유롭게 놔두면 "엄마가 조금만 신경 쓰면 더
잘할 수 있는 아이를 왜 방치하냐?"고 참견한다. 반대로 학원이라도

보낼라치면 "엄마가 애들을 너무 심하게 몰아세운다" "기계처럼 공부만 시키면 인성과 사회성에 문제가 생긴다"는 등 근거 없는 책망을 듣기 마련이다.

밖에서 일하는 엄마에게는 "애는 어쩌고 하고 싶은 일만 하냐?" "애들 저녁은 누가 챙기냐?" "중요한 시기를 놓치고 나중에 후회하지 않겠느냐?"는 등 지나치게 개인적인 질문이 쏟아진다. 전업주부라고 해도 상황은 다르지 않다. "엄마가 일도 안 하는데, 왜 이렇게 애가 관리가 안 되느냐?" "성적이 이 모양인데 왜 가만 놔두느냐?"는 류의 질문이 쏟아진다.

육아와 교육에 관한 모든 질문, 특히 아이들의 성적 향상을 위한 구체적 실행과 방법은 오롯이 엄마 혼자 짊어지는 일이 다반사이다. 가족 중 누구와도 나누기 어려운, 엄마가 겪는 진정한 고뇌의 주원인이기도 하다.

자녀의 성적이 엄마에게 죄책감을 심어준다

한국 엄마들은 직장이 있는 워킹맘이든 전업주부든 엄마로서 갖는 죄책감에 취약하다. 그중에서도 학령기 자녀의 성적은 가장 노골적으로 엄마들을 자극하기 쉽다.

중학교부터 고등학교까지 자녀의 학교 성적이 엄마의 우수성을 드러내는 표지가 된 지 오래다. 특히 중산층의 적절한 경제적 지원이 투자된 이후라면, 그 교육 투자와 관련한 결과를 둘러싼 주변의 기대 또한 높다.

문제는 아무리 사교육을 원하는 만큼 이용하거나 학군지 교육 인프라의 이점을 십분 활용한다 하더라도, 아이의 성적이 기대만큼 나오지는 않는다는 점이다. 엄마가 자녀의 성적 향상을 위해 특별한 노력을 기울인다 해도, 누구나 부러워할 만큼의 유복한 가정 환경과 양육 조건을 가지고 있다고 해도, 자녀의 학업 성과를 보장하지는 않는다. 열심히 노력한 엄마일수록 오히려 자녀와 갈등을 빚을 가능성이 더 높다. 가정 내에서 청소년기 자녀와 부모 사이에 벌어지는 일상은 막장 드라마를 방불케 한다.

사교육은 희망과 딜레마가 섞인 선택이다

엄마들은 교육에서 완벽을 추구하려고 할수록 자녀와 갈등이 생길 수 있다는 것을 이미 잘 알고 있다. 이러한 내면의 딜레마를 정확하게 꿰뚫는 교육 시장의 전문가들은 부모의 바람을 상품화해 제시한다. 집에서는 불가능해 보이는 마더링이 사교육과 함께라면 완벽하게 가능해질 것 같다는 환상을 심어준다.

엄마들은 그저 상품화된 교육을 통해, 성공한 신배 엄마들의 사례를 따라 할 수 있으리라는 희망을 가진다. 특히 전업주부들은 자녀의 교육과 관련해 가족의 기대치에 부응하기 위해 더욱 사교육에 매달린다.

사교육은 청소년 시기에 교육과 입시에서 고통받은 엄마 자신들의 자구책일 때도 있다. 어떤 워킹맘에게는 자신이 부재한 시간을 대신해주는 고마운 돌봄이 된다. 고등학생 자녀를 둔 엄마에게 사교육은 일신우일신하는 한국의 입시 교육 현실에서 어쩔 수 없는 선택인 경우가 많다.

분명, 보통의 엄마들이 모두 욕망의 화신은 아니다. 마찬가지로 모든 사교육 종사자들이 돈밖에 모르는 악의 화신인 것 역시 아니다. 30여 년간 쌓아온 나의 개인적인 경험에 비추어봐도 우리나라 보통의 엄마들이 모두 이렇게 사교육으로 아이들을 몰아붙이지는 않는다. 또한, 일부 사교육 선생님의 열정과 교육에 대한 헌신은 여느 직업군에 비기지 못할 정도로 진심인 경우도 찾아볼 수 있다.

사춘기, 아이들은 하숙생이 되기 시작한다

아무리 엄마가 노력해도, 자녀교육은 엄마 혼자 할 수 있는 일이 아니다. 상대인 자녀가 있다. 또한, 경쟁이 치열한 한국의 고등학생들을 둘러싼 환경에서는 수많은 사고와 갈등이 일어날 가능성이 상존한다.

아무리 자녀교육에 애쓰는 엄마라고 하더라도 실망하는 상황은 생기기 마련이다. 10대 자녀들이 예측할 수 없는 반응을 했을 때 엄마가 느끼는 것은 무능력과 좌절감만이 아니다. 자신의 삶에 대해 근본적인 수준에서 의심하게 되고, 극심한 좌절감에 빠지기도 한다.

간혹 자녀의 의사와는 관계없이 자녀에게 자신의 욕망을 투사하는 엄마들이 있다. 대부분 이런 문제적 엄마의 끝은 생각보다 빨리, 아이가 중학교를 졸업하기도 전에 결론이 난다. 극심한 사춘기를 오롯이 엄마 혼자 다 받아내고 엄마의 항복과 자녀의 하숙생화로

귀결된다.

중학교 시절 일찍 자녀와의 전면전을 치른 엄마 중 몇몇은 아예 자녀의 학습에서 손을 놓는다. 너무 일찍 달리고, 너무 일찍 지쳐 자녀를 학원에 맡긴 채 학원비 결재로 모든 교육을 마무리한다.

누가 먼저라고 할 것도 없이 서로 애써 외면하는 사이가 되어버린 오랜 연인 사이 같다. 영어 과목만 봐도, 그 많던 '엄마표 영어'들이 다 어디 갔나 하는 의문이 든다.

가장 적기에, 마더링이 길을 잃는다

이런 모습은 좀 걱정스럽다. 엄마의 도움이 가장 필요한 고등학생 시절, 정작 마더링이 사라져버렸기 때문이다. 엄마의 또 다른 문제도 여기서부터 시작된다. 나름 잘 타협했다고 생각했던 엄마들의 자녀교육에 대한 열정이 길을 잃는다. 할 일이 없어지면서 무료해진다. 상대할 대상이라도 있었던 갈등 시기를 지난 후 그동안 몰입했던 육아와 교육 부담으로부터 벗어날 길을 찾기 위해 힘들어하는 엄마들이 있다. 심한 경우 일부 엄마의 길 잃은 열정은 우울증, 갱년기, 빈둥지증후군 등 병리학적 진단의 영역으로까지 발전하기도 한다.

그리고 이렇게 힘든 가정을 경험한 우리의 다음 세대들은 결혼에 대한 환상을 너무 일찍 부숴버린다. 저출산은 어느 한 세대의, 단지 여성 개개인의 사고가 진화한 산물이 아닌 듯하다는 생각을 떨쳐버릴 수가 없다.

2

왜 마더링인가

마더링이란 무엇인가

마더링mothering은 '어머니'를 뜻하는 영어 단어 '마더mother'를 동사로 표현한 단어이다. '어머니가 되는 것', 문자 그대로 '엄마되기'를 이른다. 영어에서 '마더링'이라는 말은 어머니의 역할을 표현하거나 어머니의 방식으로 행동한다는 것을 표현할 때 사용된다. 모성적인 방식으로 보살피거나 양육하는 행위를 나타낼 때 쓰이기도 한다.

마더링의 행동과 역할은 생물학적 어머니에게만 국한되지 않는다. 아버지를 비롯해 조부모, 양부모 등 양육자 역할을 하는 모든 사람에게 해당한다. 하지만 일반적으로 마더링은 어머니와 관련된 역할과 책임을 떠맡는 행위를 뜻한다. 이 단어는 자녀 양육에 관한 모든 활동과 행동을 망라한다.

아이의 건강한 성장과 독립을 위한 모든 것

마더링의 구성 요소로는 우선 먹이고, 입히고, 건강을 유지하는 것과 같은 돌봄 행위를 꼽을 수 있다. 이의 연장선에 신체적·정서적 위험으로부터 자녀를 안전하게 보호하고 이해하는 정서적 지원과 위안, 사랑을 제공하는 것이 포함되기도 한다.

사회적 규범이나 가치를 전달하고 학문적 지식을 가르치는 것 또한 마더링의 중요한 요소다. 가치 판단을 가르침으로써 자녀가 세상을 제대로 탐색하고 올바른 결정을 내리도록 해야 한다는 것이다. 자녀가 마주치는 문제에 대해서 조언하고, 행동의 경계를 설정하고, 행동의 결과에 책임을 지고, 그 결과를 이해하도록 돕는 일도 마더링의 한 부분이다.

엄마의 역할에는 자녀가 책임감 있는 개인이 되도록 가르치는 것들이 주를 이룬다. 여기에는 의무감, 책임감, 신뢰성을 심어주는 것이 포함된다. 하지만 가장 중요한 마더링은 감성 지능을 모델링하고 가르치는 것이다. 자신의 감정을 이해하고 조절하고 표현하는 것, 다른 사람에 대한 이해, 공감, 감정을 표현하는 건전한 방법을 가르치는 것은 마더링의 가장 중요한 요소이다.

다시 말해 마더링은 아이들이 책임감 있는 어른으로 성장하고 독립하기 위한 모든 보살핌 행위를 제공하는 것을 뜻한다.

엄마에게 가해지는 다양한 압력

다양한 마더링 요소는 엄마에게 본분을 다하라는 압력을 가한다. 사회·문화적으로 '자녀에 대한 적절한 보살핌'과 '교육적 투자'라는 정해진 기준을 따르는 엄마가 좋은 엄마라는 인식이 보편화됐다. 아이를 있는 그대로 받아들이는 엄마는 아이를 방치하는 무책임한 엄마로 여겨진다. 나아가 치열한 경쟁 속에서 빠르게 변하는 우리 사회는 자녀의 사회적 성공, 즉 자녀가 출세할 기회를 제공하는 전문적인 마더링을 하라며 엄마들을 몰아부친다.

이런 분위기 속에 아이의 양육과 교육에 엄마들의 삶과 노력이 집중된다. 아이들은 어릴 때부터 악기 레슨부터 시작해 각종 운동과 수학, 영어를 배운다. 방학에는 어학연수 등 제2의 특기를 갖추는 체험을 하는 등 엄마들이 다뤄야 하는 영역은 끝이 없다. 아이들의 학업 능력을 증진하고 색다른 경험을 맛보게 한다는 매혹적인 사교육 시장은 곧이어 엄마들에게 새로운 의무를 부여한다. 이 모든 것을 해야만 한다는 느낌을 주는 것이다. 자연스레 엄마들은 아이를 잘 가르칠 전문가를 찾아 사교육 시장으로 몰린다.

그저 일부 극성맞은 엄마들이나 신경 쓸 뿐 대부분 가정의 현실과는 다르다고 반박할 사람도 있을 것이다. 각각의 생활과는 괴리가 있을 수도 있다. 하지만 사교육 시장에 30여 년 몸담고 있는 사람으로서, 또한 교육 연구자로서 연구 논문 집필을 위해 만난 많은 엄마가 보여준 다양한 양육 방식을 토대로 한 판단이다. '아이들이 자신들보다 더 잘살거나, 자신들이 누리는 삶의 수준 정도는 유지하기를 바란다' 또는 '이 바람을 실현하기 위해서 부모가 열심히 일하고 자녀의 교육에 투자하는 것은 당연하다'라는 것을 함의하는 데이터는 무궁무진하다.

가족의 삶에서 사람들은 아이를 자신보다 더 중심에 놓는다. 대부분 부모는 부담스러울 정도로 물질적·개인적 희생이 따르게 되는 것을 어쩔 수 없는 현실로 받아들이고 있다. 부모들은 새로운 교육적 요구를 충족시키기 위해 끊임없이 노력한다. 아이를 위한다는 교육적 투자가 모두 아이에게 이로울 수도 있지만, 그렇지 않을 수도 있다는 것조차 괘념치 않는 듯이 보이는 엄마들도 있다. 아이를 위해 무엇이든 최상으로 제공한다는 엄마의 신념을 부추기는 교육 시장의 상품화된 사랑에 엄마들은 매달릴 수밖에 없다.

많은 엄마가, 아이가 정말로 원하는 것에 주목하기보다 공개적이든 은연중이든 우수한 성적을 얻어 우수한 대학에 진학하는 것으로 엄마로서의 성공과 실패를 가늠한다. 동시에 좋지 못한 성적을 받으면 미래의 직업 시장에서 낙오자로 살아갈 것이라고 단정하고 우려하는 엄마들은 신경이 예민해지고 성급해진다.

자신만의 마더링을 찾아라

이렇게 무엇을 해야 하는지, 어디로 가야 하는지 명확하게 파악하지 못한 채 엄마들은 같이 달리기 시작한다. 그 과정이 순탄할 리 없다. 자녀의 청소년기 내내 갈등과 긴장이 일어날 수밖에 없다. 엄마는 자신의 희생을 당연시하고, 그에 상응하는 모든 기대를 양육의 결과에서 찾지만, 아이러니하게도 이런 태도는 사랑하는 자녀로부터 적대감과 공격적인 반응을 이끈다.

자신만의 마더링을 찾는 일은 좋은 엄마에 대한 그릇된 시각과 사회적 압력을 인식하는 데서 출발한다. 엄마와 자녀의 정신적·신체적 안녕에 해를 끼치는 사회적 압력을 거부하고, 나에게 맞는 육아 교육법을 찾아야 한다. 이 과정을 통해 아이는 건강한 발달과 독립을 이룰 수 있다.

엄마들은 이상적 마더링의 결핍 속에 자랐다

40대에서 60대 사이의 한국 엄마들은 많이 억울하다. 이 나이대 엄마들은 먹고사는 데 급급한 시절에 성장했다. 정서적 보살핌보다 의식주 해결이 먼저였고, 가부장적 환경 속에 각종 결핍과 폭력도 경험했다. 정작 엄마들 자신이 이상적인 마더링을 받거나 누려보지 못했다. 진정한 마더링Authentic Mothering이 무엇인지, 자신이 무엇을 해야 하는지 모른다.

반면, 자녀들인 다음 세대들과 이들이 속한 세상은 너무나 당당하게 이상적인 마더링, 완벽한 엄마를 요구한다. 이것이 정답이라는 듯 유튜브와 인스타그램 등 인터넷 세상에는 밥도 잘하고, 청소도 깔끔하고, 그러면서도 아이들 공부까지 살뜰하게 챙기는 완벽한 엄마들이 수두룩하다.

요즘처럼 좋은 엄마에 대한 사회적 압력이 거센 적이 있었나 하는 생각이 든다. 자녀교육에 관한 인터넷 정보들을 보다 보면, 대부분 엄마는 자신도 모르는 사이에 후회와 죄책감, 비난과 죄의식의 희생양이 된다. 마치 세상이 다음 세대를 중심으로만 돌아가는 듯하다. '문제 엄마' '나쁜 엄마' '상처를 주는 엄마' '방임하는 무책임한 엄마' '교육 성과에만 집중하는 잔인한 엄마' 등등 나열하기에도 부족하다. 요즘 새롭게 지탄의 대상이 되는 엄마는 '교육 정보에 무지한 엄마들'이다. 마치 성토 대회가 연상될 지경이다.

성찰 없는 교육열은 아이에게 상처를 대물림한다

무엇을 해야 하는지, 어디로 가야 하는지 명확하게 파악하지 못한 채 엄마들은 같이 움직이기 시작한다. 부모 교육 강연을 들으며 훈육법을 바꾸고, 베스트셀러 육아 교육서에 나온 그대로 거실로 책상을 끌어내 아이와 함께 책을 펼친다. 그 과정이 순탄할 리는 없다. 가족이라는 이름 아래 생긴 엄마의 상처는 제대로 치유되지 않은 채 대물림된다. 때론 자녀가 감정의 쓰레기통이 되기도 하고, 엄마의 자아실현을 대신 이루어주는 도구가 되기도 한다.

아이와 한바탕 푸닥거리를 끝낸 밤이면, 엄마들은 아이를 탓하기보다 같은 실수를 저지르지 않겠다는 마음으로 반성한다. 남들은 다 잘하는데 나와 우리 아이는 왜 이럴까 후회한다. 해결법을 찾아 또 다른 완벽한 엄마를 이상형으로 삼아 다시 시도한다. 이런 일이

거듭되다 보면 자신의 육아·교육법에 자괴감이 들고, 자존감마저 떨어진다.

엄마를 위한 '생각방'을 만들자

자녀를 향한 엄마의 사랑은 시대를 가리지 않고 옳다. 다만 엄마도 사람인 만큼 실수도 하고 시행착오도 한다. 그래도 괜찮다. 또 내 아이에게 맞는 좋은 엄마는 따로 있다. 내 아이에게 맞는 마더링은 무엇인지, 어떻게 해야 하는지 혼란스러워 조급해지는 나를 발견하는 순간 잠시 멈춰보자. 지향점을 모르고 달린다면 잘못된 방향으로 나아갈 뿐이다. 이럴 때는 한숨 쉬어가는 것이 방법이다.

엄마인 나를 위한 '생각방'을 만들고, 나를 위한 시간을 만들어보자. 어디를 둘러봐도, 또다시 생각해봐도 한국에는 엄마를 위한 방이 없다. 교육과 입시에 집착해 아이가 아닌 성적만 보는 것은 아닌지, 마음에 자녀나 다른 가족 등 다른 자아가 가득 차 있는 것은 아닌지 생각을 정리해봐야 한다. 그 시간은 다시 돌아오지 않을 엄마 인생의 소중한 성숙의 시간이 될 것이다.

한국 사회에는 여전히 엄마를 위한 자리가 없다. 엄마 내면에 엄마의 자리를 만드는 것은 좋은 마더링의 첫 단추가 될 것이다. 자녀와 '너무나 정상적인 지독한 혼란'을 겪으면서도, 자녀 양육의 시기를 멋지게 극복할 수 있는 엄마라면, 자신의 삶을 멋지게 가꾸는 엄마가 될 것이다.

마더링은 아이와 엄마가 함께 성장하는 여정이다

주변에서 많이 받는 질문 중 하나가 바로 공부 잘하는 자녀를 둔 엄마에 대한 얘기다. 어떤 사람이고, 어떻게 마더링을 하는지, 무슨 비법이 있는지 등 특별한 무언가를 기대한다. 학벌 등 엄마의 지적 능력을 비롯해 창의성, 입시에 대한 구체적 지식, 풍요로운 재정 상황 등이 자녀교육에 많은 영향을 끼치는 것은 분명하다. 그렇지만, 이런 조건을 고루 갖추었다고 해서, 아이를 잘 키우는 것은 아니다.

밖에서 보기에 완벽해 보이는 엄마들도 별반 다르지 않다. '한국에서 엄마하기'는 너무 고되고 해법이 없다. 자녀를 키우는 동시에 매일의 일상에서 성과를 올리는 인간형이 되는 길은 아득하고 힘겹다.

헌신이 아닌 엄마의 발전이 있는 마더링

좋은 엄마가 되는 방법은 너무나 다양하다. 교육학 박사학위 과정에서 접한 수많은 논문의 논제에서 나름의 진리처럼 보였던 이론도, 결국 상반된 결과를 통해 반박되는 경우를 수없이 목격했다. 다행스럽게도 내가 알게 된 전문 지식을 토대로 확언할 수 있는 것은 있다. 좋은 엄마가 되기 위해 필요한 대부분의 조건은 타고나는 것이 아니라는 점이다. 좋은 엄마가 되는 자질들은 누구나 후천적으로 달성할 수 있는 영역에 속해 있었다.

마더링을 위한 고민은 단순히 성공적인 자녀 양육과 교육을 위해서만 하는 것이 아니다. 태어나 독립하기까지 최소 20년이 넘는 긴 시간 동안 지치지 않고 긍정적인 마더링을 행하기 위해서는 엄마가 행복해야 한다. 단순히 아이에게 바치는 삶으로는 부족하다. 아이와 더불어 엄마를 위하는 삶으로, 엄마 자신의 성숙으로 가는 여정이 되어야 지치지 않고 만족스러운 마더링을 유지할 수 있다. 핵심은 여성이 삶의 각 단계에서 자신의 목표와 가치에 부합하는 선택을 할 수 있도록 자기 자신을 잘 살피고 돌보는 노력을 놓지 않아야 한다는 점이다.

엄마를 위한 5가지 기본 습관

미국의 경영학자 피터 드러커는 성과를 올리는 모든 사람에게는 공통된 습성이 있다며, 지식 근로자를 위한 5가지 기본 습관에 대해 설명한다. 시간 관리, 예상 결과에 집중하기, 강점 활용하기, 우선순위 지정하기, 그리고 체계적인 의사 결정이 그것이다. 이를 지식 근로자만이 아닌 '엄마'에게 적용해볼 수 있다. 다음 세대를 이끌 수 있는 재능 있고 다재다능한 자녀를 키우는 동시에 엄마 역시 함께 성장할 수 있다.

시간의 사용을 파악하기: 엄마는 자녀를 돌보는 것부터 집안일 관리까지 다양한 책임과 업무를 수행한다. 열정이 많을수록 효과적인 시간 관리가 필수적이다. 가족의 필요 사항을 충족하는 동시에 개인적인 목표를 달성할 수 있도록 각각에 시간을 할애하는 노력을 하자.

일과 집안일, 자녀 양육의 균형을 맞춰야 한다는 생각을 항상 하자. 효율적인 시간 관리를 통해, 부담감을 느끼거나 가족이 필요로 하는 중요한 측면을 무시하지 않고 각각에 충분한 시간을 할당할 수 있다. '할 일 목록to do list' 만들기, 스마트폰이나 유튜브 등에 쏟은 시간 적기, 자기 전 하루를 평가하기, 스마트폰을 끄고 집중적으로 자기 시간 갖기 등의 방법이 도움이 된다.

기대되는 결과부터 시작하기: 자녀의 발달과 성장에 대한 명확한 목표와 기대치를 설정하자. 자신의 단기적인 노력을 장기적인 목표에 맞출 수 있다. 예를 들어, 자녀에게 독서를 통한 교육적 성장을 돕겠다는 목표를 세웠다면, 아이가 매달 몇 권의 책을 읽어야 하는지와 같은 예상되는 결과를 정의하는 것부터 시작한다. 명확한 목표는 적절한 독서 자료를 선택하고 독서 친화적인 가정 환경을 조성하는 구체적인 실천 방안들을 세우는 데 도움이 된다.

강점을 기반으로 한 결과 달성을 추구하기: 강점을 육성할 수 있는 교육 방식과 환경 설정을 하면 자녀와 충돌을 줄일 수 있다. 자녀를 잘 관찰해 개인적인 강점과 재능을 파악하자. 자녀는 어려움을 겪을 수 있는 약점 영역 대신 뛰어난 분야에서 흥미롭고 적극적으로 활동할 수 있다. 자신감이 커지면 교육적 성공 확률도 높일 수 있다.

주요 영역에 대한 우선순위 지정 및 집중: 마더링은 다양한 작업과 책임이 수반된다. 가장 중요시하는 영역이 무엇인지에 따라 마더링의 방법이 정해진다. 우선순위를 정하는 것은 엄마가 가정에서 자원을 효과적으로 할당하게 돕는다. 우선순위를 정할 때는 눈앞의 급한 일이 아닌, 궁극적으로 추구하는 가치를 고민해야 한다. 이 단계는 본인과 자녀, 가정이라는 '가족 아비투스'를 만드는 첫걸음이기도 하다. 무엇을 좋아하고, 어떤 사람, 어떤 존재가 되고 싶은지에 대한 고민이 반드시 따라야 한다.

우선순위는 사람마다 다르지만, 자녀의 정서적·교육적 복지 등 진정으로 중요한 것을 맨 앞에 두도록 한다. 정서적 안녕이 최우선 임을 이해하는 엄마들은, 자녀와 의미 있는 대화를 하고, 아이가 자신의 감정을 표현할 수 있는 안전한 공간을 만드는 데 더 많은 시간과 노력을 할애한다. 이는 한국의 엄마들이 가장 중요하게 생각하는 학업 성적에 유의미하고 긍정적인 영향을 미친다. 특히 청소년기 아이가 회복 탄력성을 키우고 인생의 어려움에 대처하는 데 가장 큰 도움을 준다.

체계적인 의사 결정: 마더링을 하는 과정에서는 자녀의 교육, 건강, 전반적인 발달과 관련된 결정에 직면하는 경우가 많다. 이때 좋은 결정을 내리기 위해서는 많은 정보가 아닌 올바른 정보가 필요하다. 한국의 엄마들은 교육과 관련한 결정을 내릴 때 여러 사교육과 공교육의 정보를 조사하고 자녀의 학습 스타일과 필요 사항을 고려한다. 선생님들과 상담도 한다. 그런데 정작 중요한 자녀의 의견을 놓치는 경우가 많다.

공부의 주체는 자녀다. 전문가의 의견도 도움이 되지만 아이의 의견을 묻고, 동의를 구해 자발성을 높이는 과정이 올바른 선택을 위한 기본적인 요건이다. 이것이 충분한 정보이고 옳은 정보다. 이런 요건이 갖춰져야 체계적인 결정도 가능하다.

좋은 마더링을 하기 위한 이 모든 과정은 사실, 엄마의 인생 여정에서도 똑같이 의미가 있다. 아이를 위한 헌신을 느끼면서 동시에 자기 자신에 대한 보람과 자부심을 느껴야 한다. 자녀를 키우는 기간이 엄마의 희생과 인내로 버텨야 하는 고난의 시간이 아닌, 엄마를 위한 즐거운 여정이 되기를 소망한다.

3

가족 아비투스,
우리만의 마더링을 찾는다

아비투스란 무엇인가

고등학생인 딸은 라면을 먹을 때 봉지에 적힌 대로 물을 넣어 끓여주면 짜증을 낸다. 너무 싱겁다는 이유에서다. 간혹 내가 라면 봉지에 적힌 레시피와 똑같이 끓여주어도 여지없이 불평을 쏟아낸다. 정성껏 파를 넣고, 계란도 풀고, 면이 불지 않도록 시간과 불의 세기를 조절해도 소용없다.

그날이 그랬다. 공부를 열심히 하는 자녀를 둔 엄마는 대부분 아이의 눈치를 본다. 행여 기분이라도 상해서 공부에 방해가 된다는 얘기라도 들을까 봐 온갖 보이지 않는 애를 쓴다. 그런데 하필 그날 라면 국물의 나트륨 함량 때문에 시험 기간인 딸아이의 심기를 건드렸다. "즐거움이 먹을 것밖에 없는데 왜 물을 많이 넣었어"라며 툴툴거리더니, 결국 라면을 남긴 채 독서실로 가버렸다. 옆에 있던 대학생인 아들은 한술 더 떴다. 자신이 고등학생이고 지금처럼 예민한 시험 기간이었다면 짜증 낼 만한 일이라는 것이다. 열심히 공부하는 것에 대한 일종의 생색이자 시위라는 설명도 덧붙였다.

딸과 나는 좋아하는 라면이 다르다. 라면의 종류, 끓이는 물의 양, 달걀 선호 등 모두 개인의 취향이다. 누군가는 라면이라는 식품에 취향을 들이댈 수 있느냐며 의문을 제기할 수도 있다. 몸에 해로운 라면이 아니라 집밥을 먹여야 한다며 비난할 사람이 있을 수도 있다. 어떤 이는 이 작은 소동을 두고 별것도 아닌 일에 뭘 그리 신경 쓰냐고 할 수도 있다.

나는 매 끼니를 라면으로 때우는 것이 아니니, 아이의 요구에 따라 라면을 끓여주며 기꺼이 딸의 기분을 맞추는 편이다. 나만이 아닐 것이다. 많은 엄마가 아이가 편히 공부하기를 바라는 마음으로 사소한 일에서도 비위를 맞추고, 마음을 공유하려고 노력한다.

반면, 공부는 자기 몫이라는 방임형도 있다. 이런 부류의 엄마들은 아이가 투정을 부리면 같이 짜증을 내거나 공부하는 것이 대수냐며 도리어 아이를 나무랄 수도 있다.

아비투스는 제2의 천성이자 취향이다

어디에도 옳고 그름은 없다. 방향이 같은 마더링이라도 자녀의 성향, 가정 환경, 경제 상황, 지역적 특성 등 다양한 변수에 따라 과정과 결과가 다르다. 분명한 점은 각자의 마더링에는 나름의 공통 분모인 취향이 있다는 점이다. 그것이 바로 아비투스Habitus다.

아비투스는 프랑스의 사회학자 피에르 부르디외Pierre Bourdieu가 규정한 용어다. 한 사회의 가치와 규범과 지식 등을 익히고 내면화하는 일, 삶의 경험을 통해 습득하는 뿌리 깊은 습관, 기술, 성향, 취향을 말한다. '제2의 본성'과 비슷한 뜻으로, 친숙한 사회 집단의 습성 등을 포함하기도 한다. 아비투스는 사람들이 행하는 다양한 사회적 행동의 바탕이 된다. 무엇을 할지, 왜 할지를 결정하는 기준과 이유, 배경이 되는 것이다.

아비투스는 교육 마더링의 기준이 된다

라면 하나를 먹어도 사람마다 취향이 있다. 음악과 영화, 여행, 친구를 고를 때만 취향이 담기는 것은 아니다. 마찬가지로, 마더링에도 취향이 있다. 그리고 그 취향은 다양하다. 사회성이 좋아야 한다, 아이의 마음을 잘 어루만져야 한다, 뭐니 뭐니 해도 학생은 공부를 잘해야 한다, 인성이 중요하다 등 사람마다 중요하게 생각하는 관점이 다르다.

그럼에도 우리 사회의 교육과 관련한 마더링 취향에는 천편일률적 교집합이 있다. 바로 대학 입시다. 하지만 입시라는 같은 목표를 가지고 달리더라도 사람에 따라 혹은 환경에 따라 나름의 우선순위가 있다. 어떤 엄마에게는 학습 분위기 조성을 위해 부모가 책 읽는 모습을 보여주는 노력이 중요할 수 있다. 또는 최대한 사교육을 많이 시켜서 최고의 대학에 입학하도록 돕는 일이 절실한 엄마도 있을 수 있다.

똑같이 사교육에 부지런을 떨어도 그 내용은 또 각양각색이다. 국어를 잘해야 전 과목을 잘한다, 입시는 수학이 좌우한다, 영어를 잘해야 입시만이 아니라 취업에서도 유리하다 등 저마다의 세부적인 취향이 있고, 그 선택의 근거가 있다. 이 말을 들으면 이 말이 맞고, 저 말을 들으면 저 말이 맞는 것 같다. 듣고 있자면 해야 할 것들이 너무 많아서 헷갈릴 지경이다. 이처럼, 교육적 선택의 기준으로 작용하는 것이 아비투스이고 그것을 나는 취향이라 부른다. 옳고 그름을 떠나 분명한 것은 모두 최선의 노력을 한다는 사실이다. 마치 자신이 하는 마더링 외에는 다른 대안이 없는 것처럼 열심히 달린다. 이 점만으로도 한국 엄마의 마더링은 너무나 수고스럽다.

가족 아비투스란 무엇인가

가족 아비투스Family habitus는 가족 내에서 대대로 전해지는 일련의 가치, 신념, 행동, 관행을 의미한다. 가족 구성원이 행하고 공유하는 문화적, 사회적 틀로 양육 스타일, 종교적 신념, 교육적 열망, 사회적 지위에 따른 태도 등 다양한 요소를 포함한다. 가족 아비투스는 한 가족의 사회 계층, 민족, 지역적 배경을 반영한다. 더 나아가, 종종 한 지역이나 국가가 아닌 더 넓은 사회적·문화적 규범과도 상호 연결된다.

가족 아비투스는 마더링을 통해 대물림된다

가족 아비투스가 가족 안에서 어떻게 작동하는지를 가장 구체적이고 적나라하게 보여주는 것이 바로 마더링이다. 자녀는 가족 문화, 가정 교육, 훈육, 양육 등 넓은 범주의 마더링을 통해 부모의 생각과 태도, 가족의 가치와 규범, 행동을 배운다. 삶의 철학과 사는 방식 등을 굳이 가르치지 않아도 당연하다고 생각하고 모방하게 된다. 엄마는 마더링을 통해 자녀와 많은 것들을 공유하고 자녀는 마치 본성처럼 이를 자연스럽게 학습한다. 다시 말해 아비투스는 개인의 역사, 삶의 궤적을 통해 나타나는 산물로, 마더링에 의해 가정 내에서 재생산된다. 가족 아비투스가 마더링의 취향을 결정하는 동시에 마더링이 장기적인 가족 아비투스를 만드는 순환을 이룬다.

인식하지 못해도 모든 가정은 자녀에게 지대한 영향을 미칠 수 있는 뚜렷한 아비투스를 지니고 있다. 그 주된 행위자이자 아이가 롤모델로 삼는 대상은 양육자, 주로 엄마이다. 엄마는 마더링이라는 구체적인 일상의 선택과 행위를 통해 자녀의 성장 과정 내내 부모 세대에서 설정한 가족의 취향, 성향, 경향성을 전달한다. 따라서 한 가족이 어떤 가족 아비투스를 갖고 있느냐는 매우 중요하다. 어떤 엄마가 될지 고민하고, 어떤 가족 아비투스를 만들어갈 것이며, 어떤 큰 원칙을 세울지를 구체적으로 계획해야 한다.

좋은 아비투스를 위한 대원칙 세우기

엄마도 결혼 전 가족의 아비투스가 마음에 들지 않을 수 있다. 사회·문화·경제적 여건에 따라 이상적이고 좋은 가족 아비투스를 만들기가 어려울 수도 있다. 게다가 가족 아비투스가 변하는 데는 오랜 시간이 필요하다. 쉽게 변하지 않고 안정적으로 이어지는 특성이 있기 때문이다. 가정 내 상황의 변화나 다른 문화에의 노출, 사회적 환경 등에 따라 가족 아비투스는 변화하고 발전한다. 나의 다음 세대인 자녀가 좋은 가족 아비투스 아래 자라도록, 이상적인 아비투스를 누리고 대물림할 수 있도록 이끄는 일은 엄마의 권리이자 의무다.

긴 시간 동안 이어지는 양육의 과정을 위해 '대원칙'을 정하자. '세상에 쓸모 있는 존재로 키우자'도 좋고, '사이 좋은 가족 관계가 최고다'도 좋다. 대원칙이 있어야 일희일비하는 마더링이 아닌, 일관성 있으면서도 지속 가능한 마더링을 실행할 수 있다. 아이가 질풍노도의 사춘기를 겪는 중이라 해도, 아이와 데면데면하고 친밀함이 사라져버린 관계일지라도 지금의 순간을 그냥 넘기지 말자. 공부가 급하다는 이유로 오늘을 바쁘게 넘기면, 관계를 회복할 수 있는 내일을 찾기 어렵다. 아이들이 부모로부터 받은 감정적 상처와 학업으로부터 생긴 좌절감 위에 스스로 부정적인 아비투스를 만들어버리지 않도록 정성을 기울이자.

가족 고유의 마더링을 찾으면 흔들리지 않는다

엄마가 선택하는 마더링의 방식은 가족 아비투스에 영향을 받는다. 마더링은 개인의 가치와 문화적 욕구, 성향과 가정 환경, 경제적 배경 등을 포함한 정체성의 결정체이기 때문이다. 실제 마더링의 구체적 행위를 결정하는 것은 취향, 즉 아비투스다. 그렇다면 흔들리지 않고, 천편일률적이지 않은 우리 가족, 우리 아이에게 맞는 가족 아비투스는 과연 어떻게 구축해야 할까?

순간에 영원을 담는 것이 마더링이다

첫째, 현재 내 모든 말과 행동이 가족 아비투스를 만들고 있다는 것을 인식한다. 가정에서 교육과 관련해 취향이라고 불릴 수 있는, 가치와 습관, 관행, 루틴을 만드는 사람은 대부분 엄마다. 때로는 허용적일 수도 있고, 때로는 엄격할 수도 있다. 다만, 어떤 판단이나 선택을 하더라도 엄마 자신이 가정 내의 큰 원칙, 즉 가족 아비투스를 만들고 있다는 큰 대의명분을 떠올리고 행동해야 한다. 마더링과 관련한 모든 선택과 결정에 이 노력이 없다면 무분별하거나 성찰 없는 임시변통 혹은 원칙 없는 훈육이 될 수 있다. 자녀가 엄마의 감정 쓰레기통으로 전락해버릴 수도 있다. 역으로 누가 어른인지도 모를 정도로 자신의 아이가 예의라고는 찾아볼 수도 없는 아이로 자라는 중일지도 모른다.

우리 가족만의 핵심 가치가 가족 아비투스의 첫걸음이다

둘째, 장기적인 맥락에서 가족과 교육의 우선순위를 찾는다. 우선순위를 찾기 위한 첫 단계는 자신을 성찰하는 일이다. 자신이 어떤 사람인지, 무엇을 원하는 사람인지 알아야 한다. 시간을 들여 자신이 자라온 환경, 지역성을 비롯해 사회적 위치, 경제력 등을 돌아보자. 자신의 부모는 어떠했는지, 교육열은 얼마나 높았는지 등 다양한 상황을 객관적으로 살피자.

자신을 파악했고 가족의 어떤 미래를 꿈꾸는지 그려보았다면, 이 모든 것을 관통하는 핵심 가치를 정할 차례다. '건강한 심신을 가진 아이 키우기' '공부해서 세상을 바꾸는 리더 되기' 등 무엇이든 좋다. 여기에는 우열이 없고, 좋고 나쁨이 없다. 다만 자신이 원하는 것을 정확하게 말할 수 있어야 한다.

핵심 가치가 있어야 아이의 성장과 변화에 따른 단계별 목표를 세울 수 있다. 가령 '공부해서 세상을 바꾸는 리더가 되자'를 핵심 가치라 하자. 그렇다면 어떤 분야의 리더가 되고 싶은지, 이를 위해 어떤 일을 하고 어떤 진로로 나아갈지, 그에 맞춰 어느 정도 수준의 대학을 가고 어떤 전공을 선택할지, 우리나라에서 입시를 치를지, 해외로 나갈지 등 다양한 계획을 세우고 준비할 수 있다. 이때 세상이 어떻게 변하는지, 아이가 무엇을 좋아하는지 등 자아 인식과 성찰을 비롯해 세상의 변화 등을 폭넓고 실질적으로 파악해야 한다.

단계별 목표를 세울 때는 단순히 직업, 학교 등 진로만이 전부가 아니다. 심신의 건강, 경제력, 부모 등 가족 관계, 사회적 존재로서의 개인 등 여러 갈래를 고민해야 균형 잡힌 생활이 가능하다. 각 갈래에 따른 목표를 세우고, 이를 달성하기 위한 유익한 습관과 관행을 만들자. 이렇게 핵심 가치가 있으면 크고 작은 문제가 닥쳤을 때 순간의 선택이 아닌, 큰 줄기 아래 장기적 관점으로 결정을 내릴 수 있고, 사교육이나 주변에 휘둘리지 않을 수 있다. 또한 사춘기 혹은 수험생이라는 순간의 특이 사항에 따라 크게 요동치는 마더링의 위험성에서도 벗어날 수 있다. 이 어려운 문제가 단지 청소년기에만 해당하는 것은 아니다. 가족 아비투스에 대한 고민이 없는, 즉 원칙 없는 마더링을 행하는 것은 결국 노후를 위협하는 자녀 리스크를 엄마가 키우는 것일 수 있기 때문이다.

마더링은 상호관계 행위다

셋째, 마더링에서 상호성의 원칙을 인식한다. 제대로 된 마더링을 실행하려면 기본 배경을 이해해야 한다. 그 어떤 마더링이라 하더라도 엄마 혼자서는 할 수 없고, 대상인 자녀가 있다. 대상이 있다는 것은 상호성의 원칙을 고려해야 한다는 말이다. 단순히 엄마가, 부모가 원하는 것만을 내세우면 한계에 봉착한다. 아이가 원하는 것을 물어보고, 차이가 있다면 '엄마 생각은 이래. 하지만 네가 다르게 생각한다면 네 생각도 존중해볼게. 너도 엄마가 중시하는 것을 위해 조금 노력 해보자'라는 식으로 타협한다.

예를 들어 '심신의 건강이 최고다'라는 목표를 세웠다고 해보자. 아이가 식사 후 침대에서 뒹굴기만 하고, 양치질도 하지 않는다 해도 소리 지르지 말자. 대신 아이에게 엄마가 치아 건강을 중요하게 생각한다고 언급하고, 아이가 조금 누워 있다가 하겠다면 "대신 30분 후에는 꼭 하기다"라고 조율하는 여유가 필요하다. 마더링은 작용과 반작용의 법칙에서 자유롭지 못하다. 언제나 충돌과 협상이 있고, 전쟁과 평화가 반복되는 대서사의 일부다. 그래서 가족 아비투스가 긍정적 영향력을 발휘하기 위해서는 어떤 가족 아비투스를 만들어가고 싶은지 먼저 결정해야 한다.

SNS 속 완벽하게 포장된 마더링을 잊자

현재의 자녀교육은 미래의 나를 위해 더욱 심각히 고려할 대상이다. 가족 아비투스를 가족과 교육이라는 장기적 맥락에서 설정하고 적용해보자. 그래야 자녀를 위한다는 나의 취향이 지금 거주하는 동네 분위기나, 그때그때 떠돌아다니는 정보에 기초를 둔 결정이 되지 않을 것이다. 양육의 과정을 통해 무엇을 얻고 배웠느냐고 누군가 내게 묻는다면, 나는 1초의 망설임도 없이 '겸손하게 엄마의 무능력을 인정하기'를 외칠 것이다. 누구나 처음인데 이렇게 전문가일 수 있겠는가. 한편으로는 자녀에 대해서는 엄마가 전문가라는 확신도 든다. 내 자녀를 나보다 잘 아는 전문가가 있을 리 만무하다는 자신감을 갖자. 전문가처럼 보이는 미디어 속의 그들도 들여다보면 나처럼 어려운 시기가 다 있었다.

누구나 실수를 한다는 사실을 잊지 말자. 미디어나 사교육 업체 등 세상이 만들어내는 많은 왜곡된 이미지에 휘둘린다면 마더링의 중심을 잡기는 어려워질 것이다. 이런 성찰이 엄마의 일상에서 나만의, 우리 가정을 위한, 취향의 마더링을 지켜줄 것이다.

천편일률적인 최상의 마더링은 존재할 수 없다

아이를 키우다 보면 나만 빼고 다른 엄마들은 엄마 노릇을 가뿐히 해내는 것 같다는 느낌을 받을 때가 있다. 배달 없이 밥상을 맛깔나게 차리거나 학원비를 한 푼도 쓰지 않고 집에서 가르쳐 최고로 꼽히는 학교에 척척 붙는 아이의 엄마를 만날 때면 더욱 그렇다. 전문직으로 커리어를 쌓는 엄마를 만나도 부럽다. 돈도 잘 버는데, 퇴근 직후 살뜰히 아이를 챙기는 모습에 상대적 가치 비교를 하며 움츠러든다.

간혹 이들을 멘토 혹은 롤모델로 삼기도 한다. 말투, 훈육법, 살림 노하우, 아이 챙기기 등을 배워 좋은 엄마가 되고자 하는 마음에서다. 문제는 분명 이상적인 마더링인데, 우리 아이에게, 우리 집에 접목했을 때 그만한 효과를 보지 못한다는 점이다. 그럴 때 엄마들은 자신이 무엇을 실수했는지, 왜 해도 안 되는지 혼란스러워하며 자신을 탓한다. 때로는 이 모든 게 말을 안 듣는 아이 때문인 듯해 아이에게 화풀이를 하기도 한다.

이상적인 마더링은 없다

왜 그럴까? 어느 집에서 되는 마더링이 왜 우리 집에만 오면 말썽일까? 이를 설명하는 개념이 바로 상호 교차성 이론이다. 상호 교차성 이론이란, 한 사람의 경험과 정체성은 일생을 거쳐 만나게 되는 각각 중첩된 요소들이 서로 교차하고 상호작용하면서 형성된다는 이론이다. 이에 따르면 개인은 인종이나 성별, 계급 등 어떤 단일 요소에 국한된 차별이나 특권을 경험하지 않는다.

사람의 정체성과 사고는 개인의 기본적인 성향과 더불어 성별과 계급, 직업과 같은 다양한 사회적 요소와 조건, 배경 등이 서로 영향을 미치며 완성된다. 예를 들어 한국 사회에서는 여성, 워킹맘 또는 전업주부, 어느 한 집안의 며느리 혹은 딸, 그리고 사랑하는 자녀의 엄마 등 중첩된 여러 사회적 위치의 위상과 역할 등이 엄마들의 삶을 구성한다. 각각의 역할에 따른 책임과 의무, 스스로 추구하는 이상향 등 이 모든 것에 대한 철학이 발현되는 것이 마더링이다. 아무리 이상적인 마더링이라 해도 가족 구성원의 성향과 문화, 경제 상황, 문화, 그리고 속해 있는 지역사회의 관행에 따라서 구체적 신행법에서 차이가 난다. 따라서 타인의 마더링을 따른다 해도 완전한 모방은 불가능하다. 설사 그렇다 해도 같은 효과를 볼 수는 없다.

나만의 배경과 상황을 토대로 마더링을 설정한다

다시 말하지만 한 사람의 자녀교육 취향, 즉 마더링의 아비투스를 결정하는 요인은 한두 가지가 아니다. 양육 방식은 문화적 배경, 개인의 신념, 개인의 성격 등에 따라 크게 달라진다. 전업주부인지, 워킹맘인지, 고학력자인지 아닌지, 시부모 혹은 친정 부모와 함께 사는지, 홀로 아이를 양육하는지 등 다양한 영역이 중첩되어 결정된다. 여기에 요즘 새로이 등장하여 점성술처럼 통하는 MBTI의 영향력도 빼놓을 수 없다.

이외에도 전통과 가치관을 포함한 문화적 요소, 종교적 신념과 관행 등도 큰 영향을 끼친다. 예를 들어 같은 핵가족 형태의 대졸 학력 전업주부라 해도, 종교에 따라 제각각의 가치관과 마더링 스타일을 형성한다. 이는 종교가 정체성의 다른 측면과 교차해 마더링에 대한 독특한 경험과 관점을 이끌기 때문이다.

거주하는 지역의 특성, 즉 사교육을 받을 수 있는 대도시인지, 농촌 지역인지 등도 마더링의 취향을 결정하는 데 큰 비중을 차지하는 요소다. 지역별 특징은 그 지역 사람들이 세상을 인식하고, 결정을 내리고, 다양한 사회적 관행에 참여하는 방식을 설명한다. 또한 거주하는 지리적 위치는 교육 및 각종 네트워크에 대한 접근성에 영향을 미친다.

가령 대치동에는 주로 학구열이 높은 이들이 살고, 모인다. 주변에 학원이 많고, 엄마들 모임에서도 학원과 교육 얘기가 주를 이룬다. 아무것도 하지 않아도 들리고 보이는 것이 많으니 자연히 관심을 두게 된다. 만약 사교육을 열성적으로 시키지 않을 엄마가 대치동에 있으면 당연히 괴로울 것이다. 지역성은 엄마의 다른 정체성 요소와 교차하여 마더링의 취향을 형성한다.

마더링과 교육에 담긴 한 사람의 취향은 매우 복합적이다. 따라서 자신의 마더링을 점검할 때 어느 한 면만을 보고 취향을 규정하거나, 선택이나 방법 등을 평가, 비판하는 것을 지양하자. 이면의 다양한 사정과 배경에 먼저 주목해야 한다.

아이의 성장에 따라 마더링의 취향도 변해야 한다

무엇보다 엄마들이 매 순간 하나의 마더링 틀에 완벽하게 들어맞는 것도 아니다. 양육 현장에서는 여러 스타일이 동시에 나타날 수 있으며 자녀의 나이, 당면한 상황 및 기타 요인에 따라 취향이 바뀌기도 한다. 스타일과 모형이 고정되지 않았기 때문에 자녀의 성장 단계에 맞는 양육 방식을 찾아가는 시도가 중요하다. 상황에 따라 또는 자녀의 성장과 변화에 따라 마더링의 스타일을 돌아보고, 자신의 선택을 점검해야 한다.

마더링의 취향에 상호 교차성 이론을 적용하면, 모든 경우에 적용되는 하나의 마스터키란 존재하지 않는다. 오히려, 마더링은 다양한 정체성과 사회적 요인의 교차점에 의해 영향을 받는 매우 미묘한 실체다. 마치 자녀와 엄마가 속한 사회 분위기와 맥락에 의존해 변화하는 생물체와 비슷하다. 더욱 넓고 다각화된 시각으로 교육과 관련한 마더링을 이해하려는 노력이 필요한 이유다.

엄마가 자신이 속한 교차점 영역을 살펴보면 마더링에서 직면한 다양한 경험과 어려움을 이해할 수 있다. 엄마의 역할은 단선적이거나 획일적이거나 보편적인 개념이 아니라는 사실을 잊지 말자.

상호 교차성의 영향력을 인식해 가정마다, 더 나아가 개성이 다른 자녀마다 그에 맞는 맞춤형 마더링의 필요성을 깨닫는다면 좀 더 장기적이면서도 편안하고 긍정적인 마더링을 할 수 있을 것이다.

엄마의 말이 아이의 삶의 방식을 만든다

최근 한 저널에 발표된 내러티브(내러티브는 사실과 경험에 입각한 이야기, 담화를 의미한다) 연구는 내러티브가 회복력을 향상하고 전반적인 웰빙을 돕는다는 결과를 보여주었다. 이 연구에서는 우리가 우리 삶에 대해 만들어내는 이야기가 우리의 정체성을 말해주는 것이 아니라 정체성을 만든다고 강조한다.

내러티브 마더링은 엄마로서의 자신과 마더링하는 자녀에게 하는 이야기의 중요성을 인지하는 것을 말한다. 엄마가 저자가 되어 자녀에게, 자신과 다른 사람들에게 들려주는 이야기는 엄마 자신은 물론, 자녀에게도 과거를 회상하는 방식, 현재를 살아가는 방식, 미래에 기여하는 방식을 형성한다.

미국 심리학자 새디 딩펠더Sadie Dingfelder는 "우리가 단지 이야기를 하는 것이 아니라 이야기도 우리에게 말한다. 그것들은 우리의 생각과 기억을 형성하고, 심지어 우리가 삶을 살아가는 방식까지 바꾸어놓는다"고 말했다. 스스로 자신에게 일어난 사건이나 스토리를 해석하고 전달하고 내면화하는 방식에 따라 다음의 행보가 바뀌고, 이를 잘 조절하면 무너진 자신감을 회복하는 원동력이 된다는 것이다.

예를 들어 어렸을 때 운동을 못한다는 말을 들은 아이는 이를 통해 자신을 규정한다. 운동 경기가 잘 진행될 때도 자기가 잘해서 이기고 있다고 생각하지 않는다. 경기에서 지면 그 실패를 회복하기 어려워한다. 성인이 되어서도 운동 동호회 가입이나 직장 내 스포츠 관련 활동을 피하기 마련이다. 수년 동안 자신도 모르게 키워온 부정적인 이야기가 운동과 관련된 자신의 가치를 훼손하고, 사회적 네트워크와 전문성을 확장할 기회를 놓치게 만드는 것이다.

반대로, 스스로 훌륭한 작가라고 생각하는 아이는 자신이 글을 잘 쓴다는 생각을 스스로 전달한다. 설사 글쓰기에 대한 피드백이 별로 좋지 않은 일이 생겨도, 자신의 머릿속에 지배적인 '훌륭한 작가'라는 생각을 통해 무너진 자신감을 회복한다. 스스로 부정적인 감정을 조절해 회복력을 발휘하는 것이다. 이렇게 내러티브 마더링은 자기 인식, 자기 효능감, 자제력, 타인에 대한 개방성, 더 나은 의사 결정을 높이는 동시에 불안 및 우울 증상 감소와 관련이 있다. 회복 탄력성은 무언가를 읽거나 보거나 듣는 것으로 향상되는 것이 아니라 행동을 통해 위축되거나 강화된다. 그리고 긍정적인 생각은 긍정적인 행동으로 이어진다. 문제를 해결하려는 동기와 새로운 것을 시도하려는 자신감이 회복 탄력성을 예측하는 중요한 변수라는 것을 잊지 말자.

인생 성공의 정의를 바꿔야 한다

21세기의 도전과 기회에 대비하는 열쇠는 학업 능력뿐 아니라 사회적·정서적 지능에도 있다. 가정에서 자녀와 엄마가 공감, 의사소통, 문제 해결을 촉진하는 대화에 참여하도록 하는 마더링이 중요한 것은 이 때문이다.

아이들에게 서로 협력하고, 갈등을 평화롭게 해결하고, 다른 사람의 필요 사항에 대해 비판적으로 생각하도록 가르치자. 미래의 성공을 위한 견고한 토대를 마련해주자. 이렇게 다양성, 포용성, 상호 존중을 중시하는 환경을 조성하면 자녀들이 더 넓은 관점과 다양한 사회적 맥락에 대한 적응력을 계발할 수 있다. 공동체 의식과 소속감을 통해 부모는 자녀가 복잡한 현대 사회를 헤쳐나갈 힘을 키워 줄 수 있다.

우리 동네, 서울, 대한민국을 벗어난 세계가 무대라고 인정한다면, 다른 무엇보다 관용을 함양하는 것이 우선이다. 당장 시급한 문제인 중고등학교 시절의 학습적 성공을 위한 마더링에서도 관점의 전환은 필수적이다.

승자독식의 문화를 좇아 하드 스킬만을 강조하는 마더링은 자녀들이 계속 공부할 의욕을 일으키기엔 한계가 있다. 언제 우리 아이가 몇몇 고등학생들처럼 점점 '무기력 좀비'가 되어 학교를 오가기만 할지 누구도 알 수 없다. 장기적인 레이스에서 교육적 성공을 위한 마더링의 정의에 변화가 있지 않은 이상, 이 시대 한국의 많은 엄마는 번아웃을 경험하게 되기 쉽다.

엄마도 돌보는 셀프 마더링이 필요하다

자녀에게 소프트 스킬을 마더링하기 위해서는 엄마도 자신을 돌볼 줄 알아야 한다. 하드 스킬과 소프트스킬*을 갖춘 글로벌 리더를 양육하기 위해서는 엄마의 균형 잡힌 시각이 중요하다.

이를 위해 엄마 자신의 셀프 마더링Self-mothering을 강조하는 새로운 마더링 패러다임을 활용해보자.

셀프 마더링은 자기 관리와 자기 연민에 뿌리를 둔 개념이다. 엄마가 일반적으로 자녀에게 제공하는 것과 동일한 양육, 이해 및 친절로 '엄마 자신'을 대하는 것을 포함한다. 자녀와 함께 어려운 시기를 헤쳐나가는 엄마 자신을 위해 스스로에게 위로와 격려, 공감을 제공하는, 즉 내면의 보살핌의 목소리를 키우는 것이다.

엄마 자신에 대한 마음 돌봄, 인정, 그리고 자신의 필요를 인식하고 자기 관리를 통해 이러한 요구를 적극적으로 충족시키도록 노력하자. 친절하고 지지적인 내면의 대화를 키우고 긍정적인 자기 대화를 스스로 연습하지 않는다면, 자녀의 소프트 스킬을 키우는 데 한계가 있다.

• 우리가 흔히 말하는 업무 역량은 하드 스킬과 소프트 스킬로 나뉜다. 하드 스킬은 자격증이나 기술 숙련도처럼 객관적 수치로 확인할 수 있는 전문 기술이다. 성적 역시 이러한 능력이 시험을 통해 수치로 드러난 결과라고 볼 수 있다. 반면 소프트 스킬은 적응력, 리더십, 의사소통 능력처럼 숫자로 정확히 환산하기는 어렵지만, 실제 일의 성과와 관계의 질을 좌우하는 정성적 능력을 가리킨다.

자신의 내면과 끊임없이 대화한다

첫째, 엄마가 자기 자신에 대해 가지는 관용과 친절함이 자녀에 대한 마더링에서 관용과 친절함의 출발점이 될 수 있다. 아이들이 실패했을 때 포기하지 않기를 바란다면, 실패를 통해 많은 것을 배울 수 있다는 쪽으로 관점을 전환해야 한다. "정말 열심히 노력했어, 정말 잘했어!"라고 과정에서의 노력을 칭찬할 때, 아이 스스로 새로운 문제를 해결하려고 할 가능성이 더 커진다.

이런 관용이 진심이 되려면 엄마가 먼저 자기 자신에 대해 관용적인 태도를 보여야 한다. 자기 자신에 대해 부정적이고 비판적인 사람은 다른 이들에게도 똑같은 태도를 취할 가능성이 높기 때문이다. 내적으로 불만족하고 자신에게 자비롭지 않은 사람은 다른 이들에게도 불만을 표현하고 비판하기 쉽다. 반면, 자기 자신을 칭찬하고 돌보는 이는 이해심이 있고 관대하며 다른 이들에게도 친절한 태도를 보일 가능성이 크다.

둘째, 심리적 영양을 공급하는 활동의 우선순위를 정하는 경계 설정 방법을 배워야 한다. 인생은 배움의 과정이고, 교육에 끝이란 없다. 입시라는 관문을 통과한다고 교육을 마치는 세상은 존재하지 않는다. 새로운 삶의 '콘텐츠'를 채우며 설계해가는 것은 어떤 직업에서든 평생 계속되는 과정이기 때문이다.

남은 50~60년 동안 자신의 가치, 필요, 취약성을 인식하고 존중하며 적극적으로 자신에게 도움을 제공하려는 노력을 해야 한다. 지속적으로 성장하기 위해서는 어려움을 겪거나 실패했던 시기의 자신에게 관대해야 한다. 그만큼 나 그리고 모든 사람이 실수할 수 있다는 것을 인정하자. 가족이나 자녀, 다른 사람들에게 제공하는 것과 동일한 친절과 이해심으로 지금의 자신을 대하자. 그래야 에너지를 고갈시키거나 웰빙을 손상시키는 일을 거절할 수 있다.

셋째, 엄마의 말과 행동, 생각 등 모든 영역에서 마더링이 행해진다는 것을 기억하자. '어떻게 쉬는지' '어떻게 삶을 활기차게 살아야 하는지' '어떻게 환경 탓, 주위 사람 탓을 하지 않고 내 삶을 스스로 책임질 수 있는지' '어떻게 너무 교만하지도, 너무 스스로 비하하지도 않을 수 있는지' '삶의 모든 영역에서 어떻게 자족한 삶을 살 수 있는지'를 고민하는 엄마는 자신의 삶에 언제나 진지하다.

엄마의 인생에 대한 모든 고민과 행복은 마더링에 그대로 반영된다. 역동적이고 세계화된 세상에서 미래 인재는 감정과 삶을 경영하는 데 유능하고 책임감 있는 어른이다. 입시로 모든 것을 판단하는 단선적 식견으로는 우리 아이들을 진정한 어른으로 키울 수 없다.

자녀와 디 풍요롭고 지지적인 관계를 빌진시키면서도 나 자신에 대한 지지적인 관계 회복을 위해서 '나'를 셀프 마더링하자. 결국, 마더링은 엄마가 스스로 어른이 되어가는 과정에서 투영되는 양 날갯짓을 자녀에게 보여주는 과정이기 때문이다.

2부

스펙트럼 마더링

4

아이의 감수성에 주목하라
감수성 마더링

교육 현장에서 오랜 시간 학부모와 학생을 만나온 경험을 통해 보건대, 아이와 엄마의 관계가 공부를 좌우한다는 개인적 확신이 생겼다. 이성적인 활동인 공부와 학습이 비이성적으로 보이는 감정을 연료로 사용하기 때문이다.

감수성Sensitivity 마더링은 엄마의 감정 감수성과 인내를 기반으로 아이에게 안정적인 정서적 지원과 위안, 사랑을 제공하는 마더링이다.

일희일비하는 감정적 마더링이 아닌, 인내심과 감정 조절력으로 아이의 마음을 다독이고 정서를 강화하는 감수성 마더링을 행하면, 입시를 마치고 10년이 지난 후에도 웃으며 대화할 수 있는 관계가 가능해진다.

감수성 조정 스킬 1 T와 F 사이의 균형을 찾자

요즘 학생들은 MBTI 검사를 친구들끼리 서로 바꿔서 한다. 내가 아닌 다른 사람이 보는 나의 MBTI를 살펴보는 것이다. 이 결과가 자신이 할 때와 다르게 나온다는 얘기를 듣고, 온 가족이 모여 서로의 MBTI 검사를 해봤다. 가족은 좀 더 깊은 모습을 알고 있어서인지 약간 차이는 있었지만 모두 자기가 할 때와 동일한 유형이 나왔다.

마이어스-브릭스 유형지표Myers-Briggs Type Indicator(MBTI)는 성격 특성을 분석하고 이해하기 위한 심리학적 도구 중 하나다. 개인이 선호하는 행동 방식과 태도를 기반으로 개인을 16가지 성격 유형으로 분류한다. 심리학 이론에 기초하고 있으며, 개인의 성격 특성을 이해할 수 있도록 도와준다. 직업 선택, 대인 관계, 교육 및 커리어 계발에 활용되기도 한다.

MBTI를 이루는 네 가지 이분법적인 요소 중에서 T(사고, Thinking)와 F(감정, Feeling)가 나타내는 요소는 결정과 판단의 방식을 나타낸다. T 유형의 사람들은 주로 논리와 분석을 사용하여 결정을 내린다. 반면, F 유형의 사람들은 주로 감정과 가치를 고려하여 결정을 내린다.

내가 검사할 때의 나의 MBTI는 INFJ이다. INJ의 유형에서는 80퍼센트 정도로 눈에 띄는 차이를 드러내는 반면, T와 F에서는 각각 49퍼센트와 51퍼센트로 확연하게 구별되지는 않았다. 그래서일까? 우리 아들과 딸은 "엄마는 F가 아니라 T야!"라는 이야기를 많이 한

다. 때문에 나는 딸이 실시한 결과를 흥미롭게 기다렸다. 결과는 40 퍼센트의 T와 60퍼센트의 F로 내가 테스트했을 때보다 F 성향에 더 치우치게 나왔다. 그럼에도 딸은 "뭔가 잘못됐어. 엄마는 T야"라고 우겼다.

딸아이는 더 객관적이기 위해 노력하며 검사한 결과였는데도 왜 엄마의 F 성향을 극구 부인했을까? 아마도 자신에게 보이는 나의 단호함과 엄격함에 대한 서운함 때문이었을 것이다. 엄마의 위로와 공감이 자신이 기대했던 수준에 한참 못 미쳤기 때문일 것이다. 막내딸은 종종 "엄마, 의사소통하자"라거나 "뒹굴뒹굴하자"(이건 그냥 침대에 누워서 이런저런 얘기를 하거나 게으름을 피우는 것이다)라는 말을 한다. 쉬고 싶거나 공부하기 싫거나 지칠 때 등 다양한 상황에서 아이가 릴렉스하는 방법이다.

문제는 내가 종종, 아니 자주 바깥일이나 집안일에 치여 아이의 요구에 즉각 호응하지 못할 때가 많다는 점이다. 때때로 엄마의 차가운 뒷모습에 서운해하는 딸아이에게 아주 쌀쌀맞기까지 하다. 어느 때는 드리미에서니 나올 듯한 따뜻함도 보이지만, 어느 때는 딸이 엄마에게 말도 붙이지 못할 정도로 날카로운 경우도 많다. 전문가니, 교육학자니 해도 나 역시 현실 엄마인 것을 여실히 보이는 부분이다.

공부는 감정이라는 연료가 있어야 한다

마더링에서 자녀의 MBTI까지 활용하는 이유는 어떻게든 관계를 잘 유지하기 위해서다. 발 빠른 사교육 업체들은 벌써 이 검사 결과에 맞춰 양육하는 컨설팅을 상품화했다. 어떠한 목적과 방법일지 모르겠지만, 그만큼 이 시대의 엄마들이 자녀와의 관계에서, 그것도 학습을 연계한 마더링에서 진퇴양난에 빠진 것은 분명하다.

공부를 잘하는 아이는 잘하는 대로, 공부를 안 하는 아이는 또 안 하는 대로, 모두 힘들다. 아이 역시 엄마도 모르는 사이에 병드는 일이 부지기수다. 뉴스에 나올 법한 극단적인 상황까지는 아니더라도 너무 많은, 어쩌면 대부분의 가정에서 엄마와 아이들은 '공부, 입시, 성적'이라는 프레임에서 벗어나지 못한다.

이제까지 보던 엄마의 F 성향은 온데간데없이 사라진다. 엄마 또한 자녀와의 관계 따위를 생각할 겨를이 없어진다. 학업에 대한 엄마의 강요(푸시)가 잘 먹혀 순종하던 아이들도 중학교 2학년 때 1차 폭풍기를 맞은 뒤, 고등학교 1학년부터 3학년 때까지 질풍노도의 시기를 겪는다. 사춘기 때문이라고 하기에는 시험, 즉 본격적인 입시와 그 시작점이 일치한다는 것을 인정하지 않을 수 없다.

우리나라의 중고등학생이 해야 하는 '성적을 위한 공부'는 특별한 창의력이나 인지 능력을 요구하지 않는다. 많은 양의 암기와 살인적인 문제집 풀이와 반복, 실수하지 않는 꼼꼼함, 시시때때로 바뀌는 경향을 잘 파악한 자료가 필요하다. 그리고 이런 것을 포함해 그 누구도 인정하고 싶지 않지만 가장 중요한 것인 행운 등 모든 요소가 대학 입시를 좌우한다.

더불어 성공적인 입시를 완수하는 데 빼놓을 수 없는 것이 공부하는 학생의 정서다. 공부를 아무리 잘하는 아이라 하더라도 가장 잘하는 과목에서 실수하거나 시험지가 하얗게 보이는 일이 있다. 평소 술술 읽히던 영어와 국어 지문이 전혀 안 읽혔다는 사연도 허다하다. 평소 모의고사에서 1등급을 받던 학생이 그보다 훨씬 쉬운 학교 내신에서 남들이 다 맞는 개념 문제를 틀리기도 한다. 수학 문제에서 당연히 주어지는 조건이 시험을 볼 때는 전혀 안 보였다는 말도 안 되는 사례도 흔하다. 시험에 대한 긴장과 실수하면 안 된다는 심리적 압박이 원인일 것이다.

F와 T 사이 균형점을 찾는다

마더링에서 가장 중요한 요소 중 하나는 감정 자본Emotional capital의 활용을 통한 정서적 지원이다. 공부를 잘하는 아이일수록 이것이 더 필요하다.

정서적 지원을 할 때 고려해야 할 점이 바로 균형이다. T 유형의 사람들처럼 논리와 분석을 사용하여 결정을 내려야 할 때가 있고, F 유형의 사람들처럼 자녀의 감정과 가치를 고려해야 할 때도 있기 때문이다. 마더링을 하는 엄마는 종종 여러 역할과 책임 사이에서 저글링하듯 균형을 잡아야 한다. 동시에 이러한 역할 사이에서 원활하고 유연하게 전환도 해야 한다. 이런 면에서, 자녀를 양육하는 엄마는 2개의 얼굴, 2개의 성향(T와 F)을 갖는 것이 좋다. 각각의 비율이 50 대 50이면 한결 수월하겠다.

그렇다면, 과연 어떨 때 T 성향, 어떨 때 F 성향을 발휘해야 할까?

일단 아이의 감정이 드러나는 순간에는 엄마도 F 성향으로 무장해야 한다. 아이가 좌절하거나 상처를 받았을 때, 정서적으로 어려운 일을 겪을 때, 혹은 좋거나 행복한 일이 있을 때 등이다.

딸아이는 고등학교 첫 중간고사를 앞두고 전 과목 1등급을 목표로 열심히 준비했다. 하지만 예상치 못한 결과 앞에 꽤 큰 충격을 받았다. 아이는 안방, 마루, 방 등 온 집 안을 굴러다니며 통곡했다. 성적표에 놀라기도 했고, 처음 보는 모습에 당황스러웠지만, 나는 그런 아이 뒤를 졸졸 따라다녔다. 방으로 가면 따라 들어가고, 거실로 나오면 같이 나왔다. 아이는 때로는 나에게 나가라며 소리를 지르기도 했고, 가끔은 안겨 울기도 했다. 중간중간 "전학 가면 안 되느냐?" "차라리 학교를 그만두고 정시로 대학에 가고 싶다"는 등 나름의 해결책도 말했다. 당시 나는 "그것도 한번 생각해보자. 그런데 지금은 일단 아무 결정도 하지 말자"라며 계속 "괜찮다"는 말만 했다. 몇 번은 함께 울어주기도 했다. 딸아이는 힘이 빠져 보이긴 했지만, 소동을 끝낸 후에는 조금씩 안정을 되찾았다. 나중에 아이는 엄마가 자신이 울 때 괜찮다고 위로하며 혼자 내버려두지 않았던 것이 큰 감정적 힘이 되었다고 말했다. 솔직히 하고 싶었던 말은 마음에 가득했다. 하지만 "이게 전부가 아니다. 기말고사가 남았고 2학기도 있다" "울 시간에 다음을 준비하자" 같은 이성적인 설득은 뒤로 미뤘다. 슬프고 흥분한 아이 귀에는 아무리 좋은 말도 들릴 리 없다. 논리적인 이야기는 아이가 진정한 뒤 차분한 상태에 있을 때 해야 효과가 있다. 나 역시 한참의 시간이 흐른 뒤 몇 번에 걸쳐 이야기할 기회가 있었다.

자녀가 실패와 절망으로 괴로워할 때 T 성향의 마더링은 관계를 악화시키기가 쉽다. 문제는 엄마들이 이와 꼭 반대로 대응한다는 점이다. 결과에 미치지 못하는 성적표를 받아오면 "어쩌려고 점수가 이 모양이냐?"로 시작해서 "네가 공부를 안 한 탓인데 뭘 잘했다고 우느냐?" "그렇게 게임만 하더니 내 이럴 줄 알았다"로 이어지는 비난을 퍼붓는다. 안 그래도 힘든 아이가 엄마의 악담까지 들으면 고비를 이겨낼 의욕을 잃을 뿐이다.

간혹 다 큰 아이가 엉엉 울면 무슨 말을 해야 할지 모르겠다는 엄마도 있다. 이 순간에 함께해주는 것보다 더 큰 위로는 없다. 슬퍼하는 자녀와 함께하는 것만으로도 충분하다. 아이가 뿌듯해할 때, 행복해할 때도 F 성향이 먼저 나와야 한다. 아이가 열심히 공부해서 좋은 성적을 얻었을 때, 시험에 합격했을 때 등 아이가 해낸 학업적 성취에 대해서는 함께 기뻐해주자. 혹시 순간의 성취로 자만에 빠질까 우려할 수도 있다. 하지만 성과에 대한 즐거움을 온전히 만끽해야 그다음도 있다. 승리에 도취되지 않고 마음을 정리할 기회는 충분히 있다. 철저히 검토하고 겸허히 다음 시험을 준비할 수 있도록 돕는 T 성향은 그 뒤에 나와도 된다.

일상 속 '밀당'의 순간에는 T 성향을 발휘한다

T 성향의 마더링을 발휘해야 할 때는 일상적인 상황에서다. 자녀가 해야 할 일을 미루거나 귀찮아할 때, 물건을 사달라거나 용돈을

달라고 할 때, 정해놓은 규칙이나 약속을 준수하지 않을 때 등이다. 이 순간 튀어나오는 F 성향 마더링은 자녀의 기분을 과하게 생각하거나 아이와의 갈등을 해결할 의지나 에너지가 부족한 것이 원인이다. 이런 반응을 보이면서 아이가 잘 자라길 기대한다면 특별한 노력과 훈련 없이도 당당하고 성실하며 책임감 있는 아이가 될 수 있다고 생각하는 것과 같다.

감성적 다독임에 치우친 마더링은 '방임형' 마더링으로 이어질 우려가 있다. 결과에 대한 책임을 명확하고 공정하게 적용하기 위해서는 냉정하고 단호한 T 성향을 발휘해야 한다. 무조건 안 된다고 강요하라는 것이 아니다. 가령 아무 날도 아닌데 아이가 장난감을 사달라고 한다면 부모를 이해시키거나 설득시키라는 논리적 냉정함을 발휘하자. 경제적 여유가 있어도 장기적인 계획으로 자녀에게 '기다릴 수 있는 힘'을 만들어주는 것도 T 지향적인 마더링이다.

자녀가 원하는 것을 얻기 위해 노력하도록 동기를 부여해야 할 때 필요한 것이 단호한 T 성향 마더링이다. 자녀에게 '그것이 지금 꼭 필요한 이유'에 대해 엄마를 설득하도록 자주 기회를 줘야 한다.

T 성향의 이성과 F 성향의 감성은 동전의 양면처럼 서로 보완하며 작용한다. 자녀 삶의 여러 측면을 인식하고 다각적으로 이해하려고 노력하면서, T와 F를 잘 조율하는 마더링이 진정한 마더링일 것이다.

감수성 조정 스킬 2 기대감을 적절히 표현하자

대부분의 경우 '엄마의 기대'는 자녀의 전반적인 학습과 관련한 활동에 긍정적인 효과를 미친다. 우선 더 나은 성과를 내도록 하는 '동기 부여'를 들 수 있다. 자녀들은 부모 또는 선생님이 자신에게 높은 기대를 가지고 있다는 것을 알 때 그 기대를 충족시키고 싶어 한다. 자신에 대한 높은 기대에 힘입어 스스로 도전적인 목표를 성취함으로 주변의 관심을 충족시킬 수 있다고 믿는 학생들은 더 많은 노력을 기울일 가능성이 크다.

보이지 않는 학습 동기 부여 방식으로 '기대감의 표현'은 학업 성적 향상을 위한 마더링 방법으로 바람직하다. 긍정적인 기대에서 출발한 동기와 그 과정의 결과로 자녀들이 학업 목표를 달성하거나 뛰어넘을 때, 그들은 성취감을 얻고, 그것은 다시 자신감의 향상으로 이어진다. 이렇게 자녀들은 학습과 관련한 자존감과 자신감을 높일 수 있다.

물론 모든 일에서 그렇듯이, 기대도 과유불급이다. 의도했든 그러지 않았든, 지나친 기대를 받는 아이들은 의외의 상황에서 '번아웃'이 되거나, '가면증후군Imposter Syndrome'을 겪기 쉽다. 가면증후군이란 자신의 노력으로 얻은 실력과 성취를 스스로 믿지 못하는 현상을 일컫는 말이다. 노력의 결과로 얻게 된 공동체 속에서의 자격이 적절함에도 불구하고, 자기 회의와 불안을 과도하게 느끼는 심리적 현상을 의미한다. 스스로 생각하는 부족한 자신의 본래 모습이 다른 사람들에게 노출되는 것을 두려워한 나머지 평가받는 것 자체를 두려워하게 된다. 심한 경우, 모든 것을 완전히 포기해버리기도 한다.

자신의 능력을 의심하고 두려워하는 과도한 자기 평가절하는 삶의 다양한 측면에 영향을 미칠 수 있다. 당연히, 고등학교 3년 내내 평가에 노출되는 한국에서, 공부 잘하는 고등학생들이 의외로 '가면 증후군'인 경우가 많다.

최상위권일수록 번아웃의 위험이 높다

시완이는 항상 조용하고 열심히 공부하는 학생이었다. 호들갑을 떠는 모습을 본 적도 별로 없다. 학원 숙제를 거르는 적도 거의 없었고, 전교 1등을 했을 때도 그다지 흥분하지 않았다. 중학교 때부터 최상위권이었던 시완이는 주변 엄마들 사이에서 '엄친딸'이었다. 일반 고등학교 입학 후, 2학년 여름까지 줄곧 전교 1~2등을 할 정도로 모든 과목의 지필고사와 수행평가에서 우수한 성적을 유지했다. 내신만 잘하는 것이 아니었다. 모의고사에서도 모든 과목에서 1등급을 유지했다. 이런 어려운 단계를 1학년과 2학년 1학기까지 모두 잘도 해냈다. 그대로였다면, 당연히 '스카이' 또는 '의학 계열'에 무난히 합격했을 터였다.

발단은 코로나였다. 시완이는 태어날 때부터 몸이 워낙 약했다. 날씬하고 키도 아담했던 이 아이는 평상시에도 외출이 적은 편이었다. 공부하다 피곤하면 잠을 많이 자는 방식으로 체력을 보충했다. 처음에 엄마는 아이가 코로나에 걸린 후 침대 밖으로 나오질 않길래 몸이 많이 처지는 것이라고만 생각했다. 계속 자는 아이를 보며 푹 쉬게 해야겠다는 마음뿐이었다. 당시 코로나에 걸리면 의무적으로 일주일간 격리해야 했기 때문에 이참에 쉬어가자는 생각도 있었다.

아이는 두세 주가 지나도록 잠만 잤다. 병원에서는 코로나 후유증이라고 하면서 당분간 휴식을 더 취하는 것이 좋다고만 했다. 그런데 결석이 이어지면서 학교에 병결을 쓰는 것이 눈치가 보일 정도로 침대에서 나오지 않았다. 당연히 학원에도 갈 수 없었고 외출은 전무했다. 결국 무단결석이 늘어가기 시작했다. 어쩌다 학교에 가도 출석 확인만 하고 바로 집에 오거나, 보건실에 종일 누워 있다가 조퇴하기 일쑤였다. 한약뿐 아니라 몸에 좋다는 것은 모두 해보았다. 성적이 많이 떨어진 것이 아니고, 설령 떨어졌다고 해도 할 수 있는 만큼만 해서 대학에 가도 괜찮다는 식으로 위로도 잊지 않았다. 그런데 어떠한 말에도 아이는 별 반응이 없었다. 그저 졸립다는 말만 하고 다시 방에 들어가서 계속 잠만 잔다며, 시완이 엄마는 결국 울음을 터뜨렸다.

시완이를 만났다. 왜 그렇게 힘들어하느냐는 질문에 아이는 다시 예전처럼 열심히 할 자신이 없다고 답했다. 해야 할 것이 얼마나 많은지 너무 잘 알기 때문에 다시 시작할 엄두가 안 난다는 것이었다. "전교 1~2등을 유지하지 않아도 괜찮다" "너만 힘든 것 아니니까, 할 수 있는 만큼만 하자" "원하는 대학에 갈 수 없어서 실망해서 그런 것이라면, 아직 충분히 시간이 있으니까 걱정하지 마라" 등 어떤 이야기를 해도 소용이 없었다. 너무 무섭다며 아이는 눈물을 흘렸다. 그런 아이 옆에서 함께 눈물을 흘렸다.

고등학교 1학년과 2학년 1학기까지 그 어려운 단계를 잘도 헤쳐나가던 아이였다. 흐느끼는 작은 어깨와 하염없이 흐르는 눈물에 그냥 안아줄 수밖에 없었다. 그 후로 다시 만날 기회가 없었지만, 가끔 걱정되는 마음에 엄마에게 전화를 걸어 근황을 물었다. 엄마는 상담을 받자고도 하고, 사정하며 달래도 보고, 정신 차리라고 소리도 질러봤지만 여전히 아이가 요지부동이라며 한숨을 쉬었다.

지나친 기대감이 아이를 무너뜨린다

혹 시완이의 엄마가 잘못한 것이 없느냐는 지적을 할 수도 있다. 하지만 시완이는 내가 초등학교 4학년부터 고등학교 2학년까지 영어를 가르치면서 지켜본 아이였다. 아이의 언니부터 오래 가르친 덕분에 이 가정의 아비투스와 마더링은 누구보다 내가 잘 알고 있었다.

시완이 엄마는 극성스럽지 않았다. 아이가 스스로 공부하는 아이였기 때문에 그다지 요란할 필요가 없었을지도 모른다. 원할 때 사교육을 받게 해주었고, 성적에 대한 '압박'도 심하지 않은 편이었다. 그런데 아이가 힘들어하는 모습을 보며 엄마는 자신도 모르게 시험 점수에만 신경 쓰는 부모처럼 아이에게 엄청난 부담감을 떠안길 때가 있었던 건 아닌가 죄책감을 느꼈다. 돌아보면, 겉으로 많이 표현하지는 않았지만 시완이는 시험마다 인생 전체가 달린 것처럼 부담스러워했던 듯하다. 뛰어나고 성실한 아이가 어려움을 겪는 모습을 보면 주변 선생님들은 무언가 말을 해주고 싶어 한다. 하지만 한정된 만남 속에 아이들을 가르치는 학원 선생님이나 과외 교사, 학교 선생님들이 해줄 수 있는 것은 조금만 더 힘내자거나 스트레스를 받지 말자는 격려나 위로뿐이다.

최상위권 아이들은 자신에게 쏟아지는 기대감에 반하는 결과로 주변을 실망시키면 안 된다고 생각하곤 한다. 실제로 나의 아들도 전교 1~3등을 도맡던 고등학교 시절, 학교에서 선생님들과 주변 친구들에게 공부하는 모습을 보여주기 위해 항상 신경을 썼다고 했다. 오죽하면 해야 할 공부를 학교에서 다 할 정도로 쉬는 시간과 점심시간에 혼자 남아 공부한 적도 많았다.

나는 "전교 1등 놀이를 하네"라며 놀리곤 했지만, 아들은 짐짓 진지했던 것 같았다. 다행히 아들은 유쾌하게 "오늘도 1등 놀이 하느라고 힘들었다"며 너스레를 떨곤 했지만, 매번 중간고사, 기말고사가 끝나는 날에는 그동안의 심리적 부담과 압박을 풀어내듯이 시험을 잘 봤든 못 봤든, 한바탕 울곤 했다. 덩치 큰 아들이 "조금 더 잘할 수 있었는데"라며 눈물을 흘릴 때는 전교 최상위권 아이들이 느끼는 그들만의 힘겨운 전쟁과 부담감이 오롯이 전해졌다.

수많은 학생이 심리적 부담으로 번아웃에 빠지곤 한다. 경쟁이 치열한 최상위권은 과중한 공부의 양과 심리적 부담에 더 취약하다. 힘들어도 참고 견디며 바쁜 일정을 소화하고, 뼈 빠지게 공부해야 성적 사다리에서 높은 자리를 지킬 수 있기 때문이다. 이러한 심적 부담을 혼자서 감당하기에 고등학생은 여전히 너무 여리다. 물론, 일부는 그러한 부담까지도 목표를 향한 추진력으로 삼아 성공을 추구하기도 한다.

하지만 지금까지 가까이에서 만나본 소위 '엄친아 괴물'들도 힘들어하기는 매한가지였다. 계속해서 극최상의 결과를 성취해내야 한다는 압박감 때문이다. 다른 사람들이 보기에는 너무나 부럽기만한 마더링이지만, 이런 자녀를 둔 엄마들도 많이 운다. 이 아이들도 남 모르는 좌절감과 불안감에 시달리기 때문이다. 가면 속에 꽁꽁 잘 숨기고 있을 뿐이다.

안타깝지만 정반대의 경우도 있다. 완벽한 결과를 지속적으로 내야 한다는 성공의 부담을 이기지 못하고 번아웃된 일부 아이들은 자포자기한다. 너무나도 가슴 아프지만, 성적을 비관하여 스스로 목숨까지 포기하는 일도 공부 잘하는 '엄친아' 사이에서 많이 찾아볼 수 있다.

소위 '전교권'(전교 석차 최상위권을 이르는 표현이다) 아이들도 여전히 첨예한 경쟁과 주변의 과도한 기대(학교에서도 선생님들과 아이들 사이에서 전교 1~3등은 상당한 주목과 관심을 받는다)에 상응하는 스트레스와 불안을 안고 있다. 만약 기대에 부응하고자 하는 압박이 감당할 수준을 넘어서면, 학생들의 정신적·정서적 건강에 부정적이다 못해 치명적인 영향을 미칠 수 있다. 엘리트들이 가지는 실패에 대한 두려움이 그 한 예이다. 누구나 주변으로부터 너무 큰 기대와 스포트라이트를 받으면 부응하고 싶어 하고, 결과에만 집중하게 된다. 1등을 놓칠 것이라는 실패에 대한 두려움은 전전긍긍하는 '쫄보'를 만든다. 장기적으로는 긍정적·진취적 사고방식을 계발하려는 그들의 의지를 방해할 수 있다.

과도한 외적 기대는 오히려 학생들의 내재적 학습 동기를 감소시킨다. 학습이 전적으로 외적 기준을 충족시키고자 하는 욕구에 지배될 때, 학생은 스스로 학문적 탐구 그 자체로부터 생길 수 있는 공부의 즐거움에서도 멀어지게 된다. 더불어 과한 칭찬은 잠재력 있는 인재들이 시험 점수와 표준화된 평가를 위한 공부에만 몰입하는 결과를 초래할 수 있다. 우수한 영재들이 너무 일찍 평범한 아이들이 되어버릴 수 있다는 사실에 안타까운 생각마저 든다. 국가적 손실이 틀림없다.

엘리트인 우리의 '엄친아'들이 너무 어려서부터 가면증후군의 취약성에 더 많이 노출될 위험이 있다는 사실은 분명해 보인다. 때문에 아이가 공부를 잘하면 잘할수록 더욱 칭찬에 유의해야 한다. 기대의 표현을 조심하자는 것이다. 한두 번 잘했을 때 쏟아지는 과도한 칭찬은 다음에 같은 결과를 내지 못했을 때 느낄 수 있는 큰 좌절에서 벗어나지 못하는 족쇄가 된다. 자신에게 쏟아지는 눈길과 '모두가 나의 성공에 관심이 있다'는 생각을 스스로 내려놓을 수 있게 도와주자. 꽃도 피워보지 못한 아이들에 대한 생각만으로도 벌써 가슴이 저린다.

감수성 조정 스킬 3 감정을 섞어 화내지 말라

　공부 잘하는 아이로 키우기 위해서든, 성숙하고 독립적인 인격체로 키우기 위해서든, 엄마의 마더링 또는 자녀교육이 잘되려면 엄마와 아이의 사이가 좋아야 한다. 자녀의 생각과 감정을 주의 깊게 들을 기회가 있어야 대화가 가능하고 적절한 지침을 제공할 수 있다. 자녀교육에서 대화가 안 되는 것보다 막막한 일이 없을 것이다. 사랑한다는 것의 증거는 친밀함이기 때문이며, 그 척도는 아이와 엄마와의 관계성의 정도를 의미하기 때문이다.

공부는 정서가 이끈다

　모든 엄마는 아이를 사랑한다. 하지만 실제로는 아이가 엄마를 훨씬 더 많이 사랑하고 의지한다. 그래서 자녀가 초등학교 저학년, 즉 학교 성적이나 공부가 별 영향을 드러내지 않을 때까지 아이들은 엄마가 원하는 것을 잘 따른다. 엄마가 부정적인 표현을 해도 엄마에게 매달리며 사랑을 갈구한다. 하지만 이때까지다. 빠르면 초등학교 고학년, 늦어도 중학교 2학년쯤이면 "우리 애(주로 중학교 2학년)는 엄마의 신경을 건드릴 수 있는 건 다 찾아서 하는 것 같아요"라거나 "집에서는 아예 말을 안 해요" "공부요? 애한테 말도 못 붙인 게 언제부터였는지도 몰라요"라는 넋두리를 쏟아낸다.

　현장에서 만나는 엄마들로부터 이런 하소연을 듣다 보면 자녀와 공부에 관한 대화를 하지 못하기 때문에 아이들을 학원에 보내는가 하는 의문이 든다. 자녀의 성적을 올리려고 선택하는 것이 사교육이다. 그런데 성적이 나쁘게 나오는데도 엄마들은 계속 학원에 보낸다. "학원을 안 가겠다"는 말만 안 하면 좋겠다고도 한다. 엄마들은 학원 교사에게 사감 선생님의 역할도 위임한다. "수업 후에 집에 좀 일찍 들어오라고 얘기 좀 해주세요"라거나 "게임 좀 그만하라고 잘 얘기해주세요. 제 말은 듣지도 않아요"라는 일상에 대한 관리와 통역(?)을 부탁한다. 마치 각각 다른 언어를 사용하는 민족들처럼 말이다. 사교육 시장은 엄마가 할 말을 대신 전달해주는 '통역사'의 역할을 수행하기 때문에 그렇게 번성하고 있는지도 모르겠다.

사교육 현장에서의 오랜 경험을 통해 볼 때, 기준은 애매하지만 아이와 엄마의 관계가 좋으면 아이가 공부를 잘할 확률이 높다는 개인적 확신이 있다. 하지만 대부분 아이들은 이미 공부에 질리고, 일부 아이들은 중학교에 올라가기도 전에 엄마가 드러내 보인 감정의 민낯을 경험한다. 자녀의 성적을 위해서든, 더 나아가 화목한 관계를 위해서든, 엄마의 감정을 정제 없이 표현해서 얻을 수 있는 것은 없다. 특히, 성적 때문이라면 자녀들은 그동안 엄마에게 빚졌던 애정에 배신감마저 느낀다.

아이가 공부를 잘하길 바란다면 정서적 친밀감을 유지하기 위해 노력해야 한다. 공부에서 제일 중요한 것이 아이들의 감정이기 때문이다. 하지만 자녀의 성적이 기대에 못 미칠 때, 많은 엄마가 아이의 학습 정서를 무너뜨리는 실수를 빈번하게 저지른다. 순간적으로 감정을 조절하지 못해 오랫동안 인내하며 높고 튼튼하게 쌓아온 정서적 지지를 단번에 무너트리곤 하는 것이다. 교육적 성취가 마더링의 주된 목적이 되어버린 한국에서는 누구나 쉽게 경험하곤 하는 일이다.

어떤 얼굴의 엄마가 될 것인가

로마 신화에 등장하는 야누스는 경계선을 지키는 신이자 문을 여는 신, 곧 모든 사물과 계절의 시초를 주재하는 신이다. 반대 방향을 바라보는 두 얼굴 때문에 앞면과 뒷면이 다르다는 이유로 인간의 양면성을 상징하기도 한다. 이 두 얼굴이 공간적으로는 문의 앞과 뒤, 시간적으로는 과거와 미래를 동시에 보기 위함이라는 해석도 있다. 이처럼 이중적 성격을 지닌 야누스는 두 가지 측면을 동시에 볼 수 있는 능력을 상징한다.

야누스가 균형과 이중성의 개념을 구현하는 의미의 은유로 사용된다면, 자녀 양육과 교육에도 야누스의 특성이 절실하다 하겠다. 엄마는 사랑과 규율, 독립성과 지도, 자유와 안전 사이에서 섬세한 균형을 유지해야 하는 경우가 많기 때문이다. 야누스의 두 얼굴이 시간적으로는 과거와 미래를 동시에 보기 위함이라는 긍정적 의미의 해석은 현명한 마더링의 특성을 보여준다. 그렇다면 부정적인 의미는 어떨까? 현대에 인식되는 야누스는 앞면과 뒷면이 다른 지킬 박사와 하이드처럼 이중적 상징으로 많이 사용된다. 말과 행동이 다르고, 겉과 속이 다른 이중인격자 말이다.

섬세한 균형의 의미로서의 긍정적인 야누스인지, 온화하다가도 성적에 관해서만은 괴물로 변신하는 부정적인 의미의 야누스인지, 어느 모습의 야누스로 인식되는지 그 갈림길은 엄마의 감정 표현에 달려 있다.

그럼에도 불구하고 감정을 자제하라

자녀에게 표출하는 감정적인 반응 중 가장 파괴적인 것은 성적과 관련한 분노의 표현이다. 아무리 사교육 없이 아이를 잘 키울 수 있다며 연구 논문을 보여줘도 그때뿐이다. 사교육 없이 성공한 엄마들의 성공담을 마르고 닳도록 들어도 모두 남의 집 얘기다. 성적표 때문에 가정의 평화가 금 가는 일이 많다. 하지만 이는 한두 번만으로도 엄마에게 적대감을 가지게 하는 결정적인 효과를 낳는다.

물론 엄마에게도 억울한 면은 있다. 원인의 제공자인 '그분들'이 지나치게 당당하다는 점이다. 공부는 과정에 따라 결과가 나온다. 그러니 과정이 없는데 어찌 결과를 기대할 수 있겠는가. 그래서 엄마들은 화를 낼 수 있는 당위성이 있다고 믿는다. 그런데도 아이는 한 만큼 했다며 '박박' 우겨대고, 엄마가 뭘 아느냐며 대든다.

엄마들은 노력한다. 당근과 채찍을 잘 사용하는 전략적 엄마들의 생생한 간증을 배우려고 학부모 모임에 나가고, 여러 부모 교육 설명회를 쫓아다닌다. 유튜브에 널린 전설적인 엄마들의 교육도 찾아보는데, 따라 하기 쉽지 않아 착잡하고 지친다. 그런데 자녀들이 오늘도 말도 없이 학원에 가지 않거나, 시험이 내일모레인데 '친구랑 조금만 놀고 오겠다'고 한다. 때로는 이번 시험을 잘 볼 테니, 아이패드를 사달라는 협박과 거래를 또 시작한다. 엄마가 시키는 대로 공부할 테니 '무엇무엇'을 해달라는 아이들의 '민원'은 창의적이기도 하다.

이 모든 상황은 조금의 세부 사항만 다를 뿐 한국 엄마의 마더링에서 일상이 된 지 이미 오래다. 엄마의 기분을 상하게 하는, 때로는 자녀의 사소한 부주의함으로 생기는 일들이 넘쳐난다. 요즘은 10대 청소년의 술, 담배도 흔하다. 이렇게 엄마가 노력해도 상황을 조절할 수 없고 분노하도록 만드는 자녀가 있는데, 그 어느 '우아한' 엄마가 평정심을 유지할 수 있다고 쉽게 말하겠는가? 솔직히 어느 때는 사랑을 꾸며내는 것이 훨씬 할 만하다고 생각될 정도다.

그럼에도 자녀와의 친밀감을 위한 노력이 마더링의 시작과 끝이라고 강조하고 싶다. 엄마는 분노를 표현하는 방식에 신중해야 하며, 어떤 방식으로든 엄마의 감정이 엄마 노릇mothering practice에 영향을 주지 않아야 한다는 사실도 변함이 없다. 자녀가 충고나 조언, 훈육을 엄마의 분노라고 느끼지 않도록 엄마는 감정을 표현할 때 전략으로 접근할 필요가 있다. 이 모든 것은 자녀가 사춘기에 들어선 이후에 더욱 필요하다.

분노 속에서 이성을 찾는 방법

자녀의 안녕과 성공을 위해 정보와 이성, 감성에 입각한 결정을 내리려면 상황의 다양한 면을 모두 살펴봐야 한다. 엄마의 분노는 이성을 흐리게 하고 상황을 명확하게 볼 수 없게 만든다. 이미 감정적으로 흥분한 탓에 통제력이 작동하지 못한다. 자녀교육의 기본은 엄마 스스로 자신의 감정을 제어하는 것이다. 일상에서 예상치 못한 난감한 상황에 마주쳤을 때, 엄마가 보이는 여러 부정적이고 감정적인 반응은 마더링에 가장 큰 장애물이 된다.

과거, 현재, 미래를 떠올리기: 엄마 스스로 직면하고 있는 현재, 예를 들어 아이와의 갈등 상황, 당면한 문제의 해결 방안을 스스로 찾을 수 없다고 느껴질 때가 있다. 그럴 때는 자신의 과거, 사춘기 시절, 또는 누군가가 나를 이해해주지 못해서 힘들었던 때를 떠올려보자. 그리고 미래, 즉 자녀가 성인이 된 10년 뒤의 내 삶을 떠올려보자.

호흡과 거울 보기: 호흡을 두세 번 크게 하고, 거울을 보자. 정말 화가 날 때는 곱게 꾸민 상태로 보면 더 효과적이다.

불가능한 영역을 인정하기: 마지막으로 "내가 어찌할 수 없는 영역이 있다"라고 입 밖으로 차분히 소리내보자. 내가 어찌할 수 없는 영역이 있음을 인정하는 것이 현명한 마더링의 출발점이다. 객관적으로 나와 자녀를 대할 수 있는 능력을 키우기 위해서는, 마치 엄마가 아이 앞에서 전지전능해야 한다는 강박에서 벗어나야 한다. 자신의 역할에서 한 발짝 물러나 조망하는 노력이 엄마의 감정을 제어할 수 있도록 도와줄 수 있다.

감정적인 엄마는 좋은 철학을 실행할 수 없다

누군가 내게 교육의 목적이 무엇이냐고 묻는다면, 주저 없이 이렇게 말할 것이다. "좋은 선택을 할 수 있는 자유인이 되기 위함이다." 우리는 모두 언제 어디서든 옳고 그름에 대한 판단과 선택의 기로에 선다. 그 기준을 잘 정할 수 있는 사람이 리더가 될 수 있고, 자신의 삶을 주도적으로 개척해나갈 수 있다. 마찬가지로, 엄마의 모든 마더링의 구체적인 행동의 기저에도 각자의 교육 철학과 양육 철학이 있다. 기업도 경영철학을 먼저 세우고, 그에 걸맞은 목표와 가치로 구체화한 전술들을 다듬는다. 마찬가지로, 한 생명을 키우는 엄마에게 교육 철학과 양육 철학이 필요하다는 것은 어찌 보면 당연하다.

감정적인 엄마는 아무리 좋은 철학을 가지고 있어도 그것을 실행해낼 수가 없다. 그 이유가 자녀에서 비롯된 것이라 해도 감정 변화가 심하고 그로 인해 우왕좌왕하는 엄마의 일관성 없는 모습은 자녀에게 기준의 모호성만을 학습시킬 뿐이다. 감정적이 아닌, 감성적인 엄마가 되고자 노력해보자. 이를 위해서는 엄마가 먼저 자기 자신의 감정에 솔직해져야 한다. 그래야 자녀에게 감정을 쏟아내지 않을 수 있다. 잠깐 내려놓고, 있는 그대로의 모습으로 나를 바라볼 수 있다면 자녀에게 어떤 모습으로 나아가야 할지에 대한 방향이 보일 것이다. 자녀에겐 엄마가 '야누스'다. 나의 자녀가 엄마인 나를 어떤 '야누스'로 규정할지는 오늘 나의 감정 표현에 의해 결정된다.

감수성 조정 스킬 4 칭찬을 할 때는 신중하게

고등학생인 지인이는 누가 봐도 모범생이다. 공부도 잘하고, 책을 좋아하고, 악기 연습도 열심인 소위 '엄친딸'이다. 헌신적이고 여린 감성을 지닌 지인이 엄마는 뭐든 자신이 생각한 것보다 아이가 잘해주는 것을 고마워했다. 어릴 때부터 많이 밀어부치지도 않았는데 스스로 알아서 하는 것을 대견해했다. 지인이는 학년이 올라갈수록 좋은 성적을 받았고, 엄마는 늘 뿌듯해했다.

지인이가 항상 스스로 하는 우등생인 데다 부모의 속을 한 번도 썩이지 않는다는 이유로 지인이 엄마는 항상 주위 학부모들에게 부러움을 샀다. 이 역시 엄마의 기쁨의 '덤'이자 일상의 활력이 되곤 했다. 주변에서 봤을 때는 과하지 않으면서도 필요할 때면 적극적으로 지원하고 지지하는 모습이 무척이나 이상적인 마더링을 행하는 듯 보였다.

지인이 엄마는 가끔 자녀교육의 비결을 묻는 주변 엄마들에게 '칭찬은 고래도 춤추게 한다'는 '물개박수' 마더링 전략을 선파했다. 마음껏 칭찬하고 마음껏 자랑해주는 것이 아이의 기를 살리는 비결이라는 것이었다.

문제는 성적이 한두 번씩 미끄러질 때였다. 누구나 그렇듯이 지인이도 실수를 했고 엄마는 언제나 "괜찮아, 네가 공부를 못하거나 성적이 조금 떨어져도 상관없어"라며 등을 두드려주곤 했다. 그런데 어느 날, 이 모범생 아이는 "말만 그렇게 하지. 사실 엄마도 공부를 잘하는 나를 자랑하고 다니잖아"라며 냉소적인 반응을 보였다고 한다. 물론 지인이가 오직 엄마만을 위해서 공부한 것은 아니었다. 하지만 자신의 성적이 엄마의 자랑과 기쁨이라는 것을 깨닫기 시작하면서 부담을 느꼈고, 공부의 과정과 노력의 기쁨보다 결과에 더 집착하기 시작했다.

물개박수 마더링은 무조건적인 지지와 칭찬을 퍼붓는 교육 방식이다. 언제나 양팔로 박수를 치는 물개처럼 '잘한다, 잘한다' 격려하면 아이가 더욱 잘하게 될 것이라 기대하는 것이다. 칭찬과 격려는 아이가 건강하게 자라는 데 꼭 필요하다. 의욕을 불어넣어주며 인정받고 사랑받는다는 긍정적인 자아상을 갖게 해준다. 자신감을 심어주고, 실패를 극복하는 도전정신도 길러준다. 하지만 때와 장소를 가리지 않거나 아이의 성향이나 상황을 고려하지 않는, 혹은 정도를 벗어난 칭찬은 때로는 독이 되기도 한다.

지인이는 과도한 물개박수 마더링으로 결과에 집착한 나머지 공부의 이유를 자기 자신이 아닌 타인에게서 찾아 문제가 됐다. 언제나 칭찬을 받고, 그를 통해 학습의 동기를 찾다 보니, 무엇보다 중요한 내재적 동기를 키울 기회를 놓친 것이다.

무조건적 칭찬과 물질적 보상이 지닌 위험성

아이에게 동기를 부여하고, 자부심을 느끼게 하는 마더링은 어떻게 하는 것일까? 첫째, 사춘기 자녀에게는 무조건적인 칭찬과 물질적 보상을 주의해야 한다. 부모가 칭찬이나 물질적 보상을 줄 때 대부분의 아이는 즉각적으로 행동의 변화를 보인다. 하지만 이런 방식은 스스로 공부할 때 얻을 수 있는 즐거움과 만족감을 없애고, 장기적으로 공부를 열심히 하겠다는 의욕과 관심을 떨어뜨린다.

예를 들어, 매일 숙제를 끝낸 후 보상을 준다고 해보자. 이것은 주어진 과제 이외의 새로운 것을 스스로 탐구하고 학습하려는 아이의 마음속 욕구를 방해할 뿐이다. 읽고 싶은 과학책이 있어도 수학 숙제를 해야 게임을 할 수 있다면, 할당받은 일부터 끝내려 하고 책에 대한 아이의 호기심은 사라질 수 있다.

학습 동기 요인에 관한 교육심리학적 연구에 따르면, 어린아이들은 주위의 칭찬이나 선물 등 외적 보상을 기대하면서 공부하지만, 자랄수록 어른의 인정보다는 또래 집단이 정한 기준과 인정을 더 우선시한다. 중고등학생이 되면 다른 평범한 학생보다 뛰어나게 좋은 성적을 얻거나 누구나 받을 수 없는 상을 받는 등 특정한 성과를 이뤘을 때 동기 유발이 더욱 효과적으로 이루어진다. 오히려 그다지 어렵지 않은 과제를 완수했을 때마다 어른들이 지나치게 칭찬하면 오히려 자신의 능력을 낮게 인식하는 경향을 보인다. 분별 없는 물개박수는 아이에게 엄마의 평가나 판단을 신뢰할 수 없게 만드는 역효과를 낼 뿐이다.

나의 경우만 해도 아이들로부터 종종 "엄마는 언제나 잘했다고 하잖아, 진짜 그래? 좀 더 객관적으로 말해봐"라는 불평을 듣는다. 이럴 때면, 당황해 얼른 칭찬의 구체적인 근거를 찾아 조목조목 설명한다. 깐깐한 막내는 내 평가의 근거가 자기 생각에 논리적이거나 합당하다는 판단이 들면 그제야 비로소 칭찬을 받아들인다. 그렇게 신뢰가 쌓인 후에는 스스로 생각했을 때 뿌듯한 성과를 낸 것에 대해 나의 평가로 확인받고자 하는 욕구를 보이기도 한다.

근거 없는 낙관은 불안을 가중시킨다

무조건적인 칭찬은 오히려 스트레스가 된다. 엄마의 정서적 지원과 관심은 자녀가 학습 과정에서 겪는 어려움을 극복하거나 스트레스를 견디는 데 큰 도움이 된다. 하지만 자녀를 지지하고 불안감을 잠재우려는 시도가 의도치 않게 스트레스가 될 수 있다. 어떤 일이든 문제가 발생했을 때 그 심각성을 인정하지 않은 채 "괜찮다, 너는 모든 걸 잘하니, 잘될 것이다"와 같이 지나치게 낙관적인 확신을 주는 부모들이 적지 않다. 하지만 근거 없이 성공을 확신하는 태도는 아이에게 과도한 압력을 가하게 된다.

대학 입시를 앞둔 고등학생이라면 무조건 불안감을 잠재우려 하는 것보다는 일단 그 마음을 인정해주는 것이 좋다. 그 후에 실질적으로 아이를 안심시킬 수 있는 방법을 찾아야 한다. 예를 들어, "걱정되고 불안한 것이 당연해. 하지만 네가 지금 최선을 다하고 있다는 것을 알고 있어"라고 말하는 식이다. 아이의 상황을 충분히 공감하고, 이해한다는 마음을 전달해야 한다. 자신의 감정을 가볍게 넘기거나 묵살하지 않고 인정하는 말을 들으면, 자녀는 엄마를 실망시킬지 모른다는 부담감을 덜 수 있다.

아이에게 필요한 것은 실패의 감정 연습이다

물개박수 마더링에만 노출된 아이들은 학습에서 중요한 감정 자립을 위한 훈련의 시간을 놓치기 쉽다. 승승장구하면서 칭찬만 받다 보니 실패에 대한 감정을 받아들일 기회가 없는 것이다. 이 때문에 한계에 직면한 '엄친아'들이 급작스럽게 무너질 수 있다. 중학교까지는 약간의 노력과 성실성 혹은 타고난 머리가 있으면 어렵지 않게 최상위권을 차지할 수 있다. 하지만 고등학교는 차원이 다르다. 학습량이 기하급수적으로 늘어나는 것은 물론 하루하루가 평가와 비교로 채워진다. '엄친아'들도 생각하지 못한 몇 번의 실수로 석차가 떨어지고, 학업 자체에 대한 감정을 추스르지 못해 무너지기가 쉽다.

앞서 말한 지인이도 이 같은 경우였다. 한두 문제 실수했을 뿐인데 의외로 회복할 기미를 보이지 않았다. 성적이 떨어지면서 그동안 행해왔던 물개박수 마더링이 역효과를 내기 시작했다. 뛰어난 성적을 냈을 때마다 엄마가 기뻐하는 모습을 보아왔던 아이는 왠지 모르는 미안함을 느꼈고, 이런 일이 거듭되자 좌절했다. 시험 혹은 평가 자체에 대한 거부감을 가지게 되고, 등교 거부로 심리적 부담감을 피했다. 종종 이런 분위기에서 자란 아이들은 심한 경우 자퇴를 함으로써 수능 시험 한 번으로 모든 과정을 평가받는 심리적 부담감에서 벗어나려 하곤 한다. 때문에 아이들이 연령에 따라 각각 다른 학습 동기를 갖게 된다는 것을 잊지 말아야 한다. 더 나아가 성장 과정에 맞춘 동기 부여와 심리적 자극을 주는 장기적인 전략이 필요하다.

건설적인 비평이 칭찬을 돕는다

물개박수 마더링이 빛을 발하기 위해서는 무조건적인 박수가 아닌 건설적 비평에 자주 노출시키는 것이 좋다. 균형 감각을 유지하면서 다양한 감정을 탐색할 수 있고, 변화하는 상황 속에서도 안정을 유지할 수 있기 때문이다. 비판과 비평은 사물이나 사람의 옳고 그름을 판단하여 밝히거나 잘못된 점을 지적하는 것이다. 둘 다 논리적 사고를 동반하고, 감정적 의사 전달을 포함한다. 마더링에서 비판과 비평은 그 목적과 이면의 의도가 전달되는 방식을 기준으로 구별할 수 있다.

비판은 자녀의 결함이나 잘못에 주목하여 강조하는 행위다. 말투나 표정 등 주고받는 대화에서 부정적인 에너지가 흐른다. 이미 벌어진 일, 즉 과거에 대한 '지적'과 '인신공격성 비난'이 주류를 이룬다. 또한 해결책이나 건설적인 지침을 제시하지 않고 결점이나 단점을 지적하는 데 중점을 둔다. 어조가 더 부정적일 수 있으며 개인의 개선을 돕는 것이 목표가 아닌 비난 자체가 목표가 되기도 한다.

이에 반해서, 비평은 긍정적이고 미래지향적이고 건설적이다. 상황을 분석하여 각각의 의미와 가치를 인정하고, 전체 의미와의 관계를 분명히 규명하는 행위다. 비평은 개선을 목표로 하는 피드백을 제공하는 데 중점을 둔다. 성장이 필요한 영역을 인정하고 이를 해결하는 방법에 대한 제안이나 지침을 제공한다.

예를 들어, 자녀가 더욱 체계적이고 생산적일 수 있도록 시간 관리 기술에 대해 구체적인 조언을 제공하는 것은 건설적인 비평의 한 형태이다. 시험이 끝난 후, 지난 시험을 준비한 방법(문제집, 인터넷 강의와 사교육, 준비에 소요된 시간, 실수했던 이유 등등)에 대해 자녀와 함께 분석해보고 의견을 듣는 것이 중요하다.

비판과 비평을 구별하는 훈련을 꾸준히 하면 타인의 인정 등 외부의 시선과 평가로부터 지속적인 검증을 추구하기보다는 자신에게 집중한다. 메타 인지 능력이 강화되고, 타인에게 자신감과 자존감을 구걸하지 않는다. 자기 가치에 대한 자부심이 있으면 다른 사람의 인정에 의존하지 않을 수 있다. 자신의 감정을 올바르게 비평할 수 있는 사람만이 지원이나 지도가 필요한 순간을 정확하게 인식할 수 있다. 압도적인 감정이나 상황에 직면했을 때 두려워하지 않고 도움을 요청하는 성숙한 모습을 보일 수 있다. 이러한 감정적 탄력성과 적응성을 지니면, 아이들은 학습 과정에서 만나게 될 다양한 감정적 상황에 효과적으로 대처하는, 내면이 단단한 사람으로 성장할 수 있다.

감수성 조정 스킬 5 성적표 앞에서 흔들림 없는 대범함을 가지자

초등학생인 시훈이에겐 고등학교에 다니는 누나가 있다. 그런데 누나가 시험을 보고 오면, 집안의 분위기가 너무 어둡다고 했다. 엄마는 침대에 누워서 방 밖으로 나오지도 않고, 배고프다고 저녁을 달라고 하면 짜증을 낸다는 것이다. 며칠 후에는 누나 방에 있던 책상이 거실로 나오는 등 집 안 가구 배치가 바뀌기도 하고, 결국 엄마와 아빠가 언성을 높였다는 얘기도 뒤따랐다. 너무 흔한, 감정적 반응에 휘둘리는 가정 분위기이다. 다음 시험 기간이 올 때까지 이는 가정 내 주된 감정 지수에 반영된다고 했다.

가끔은 그 반대도 있다. "오늘은 시험을 잘 봤나 봐요"라며 이야기를 시작한 시훈이는, "엄마와 누나가 웃으며 얘기하는 걸로 보아서 당분간은 저도 생활하기 편안할 것 같아요"라며 웃는다. 너무나 전형적인 '고딩맘'의 감정적 대응이다. 시훈이네 이야기를 듣고서 우리나라 엄마들이 자녀의 시험 성적에 얼마나 감정적으로 유착되어 있는지 짐작할 수 있었다.

대범할 수 없지만 그래서 더 대범해야 한다

이런 상황은 감정 조절에 미숙한 엄마 혹은 시훈이 엄마만의 이야기가 아니다. 많은 엄마가 결과에 직간접적으로 반응할 수밖에 없을 정도로 현재 우리나라 고등학교 학생의 삶은 시험 위주로 돌아간다. 방학을 제외하고 3월, 6월, 9월, 11월 총 네 번의 전국 모의고사와 1학기와 2학기에 각각 중간고사와 기말고사까지 총 네 번의 내신 시험을 치러야 한다. 이뿐인가. 내신 시험 외에도 50퍼센트나 되는 만만치 않은 무게감이 있는 수행평가까지 준비해야 한다. 때문에 자녀의 한 해 시험 일정과 계획에 관심이 있는 고등학교 학부모라면, 딱히 특별한 일을 하지 않고 이것만 챙겨도 한계를 느끼는 실정이다.

엄마의 감정은 아이에게 그대로 전해진다. 엄마가 당황하면 아이는 더 불안해진다. 학습에서도 이러한 원칙은 그대로 적용된다. 사실 자녀의 성적에 대한 반응만큼 자녀에게 자신의 '마더링'을 여실히 드러내는 것은 없다. 단순히 괜찮다고 말하는 것만으로는 부족하다.

그동안의 사교육에서의 경험을 바탕으로 돌아보면, 한국의 중고등학생이라면 스스로 아무리 공부를 안 하고 싫어한다 해도, 생각보다 공부에 스트레스를 많이 받고 신경을 쓴다. 이렇게 공부하며 살아가야 하는 시기의 청소년들은 누구나 배움에 스트레스를 받는다. 이런 상황에서 자녀의 부진한 성적표를 받아 들고 이불을 싸매고 드러눕는다거나 "이제 어쩔 거냐, 좋은 대학은 다 갔다"라며 소리를 지른다면 아이는 더욱 깊은 좌절에 빠질 뿐이다. 실패의 원인을 분석하고 그다음으로 나아가기보다 엄마와의 언쟁이라는 불편한 상황을 회피하기 위해 자신에 대한 기대를 놓아버린다.

정중동 마더링으로 답을 찾는다

그렇다면 어떻게 해야 할까? 간단히 말하면 '정중동靜中動 마더링'이 답이다. '정중동'은 '고요함 속에 움직임' '움직임 가운데 고요함'이라는 뜻으로 주변 환경과 외부의 자극에 상관없이 자기 의지대로 몸과 마음을 다스릴 줄 아는 경지를 의미한다. 고요한 환경 속에서 고요함을 얻는 것은 누구나 할 수 있고, 즐거운 분위기에서 즐거운 것은 어려운 일이 아니라 당연한 일이다. 그러나 동요하기 쉬운 가운데서 침착함을 유지하고 고통으로 견디기 힘든 상황에서도 감정을 조절하여 즐거움을 찾는 것은 아무나 할 수 있는 일이 아니다. 《채근담》에서는 이를 높은 경지에 도달하고 깊은 이치를 통달해야 가능한 일이라고 말한다.

이렇게 힘들고 걱정되는 상황 속에서도 자신의 마음을 달래고 다스리는 정중동 마더링을 체화하기 위해서는 어떤 노력을 기울여야 할까? 엄마가 스트레스나 돌발 상황을 관리하기 위해 정중동 마더링 전략을 보여줄 때, 자녀들은 이를 관찰하고 그로부터 배운다. 이 모델링은 특별히 한국처럼 경쟁이 치열한 교육 환경에서 살아가는 10대 자녀들이 학습과 관련한 역경에 직면했을 때 모방할 수 있는 청사진 역할을 한다.

정중동 마더링의 중요한 효과는 스트레스 대처 및 회복력이다. 엄마가 정중동을 통해 정서적 조절을 보여주는 것은 스트레스 대처 메커니즘을 발달시키는 데 필수적이다. 아이들은 엄마가 차분하고 지지적으로 스트레스를 관리하는 모습을 지켜보면서 귀중한 삶의 기술을 배우게 된다. 평정심을 통해, 엄마가 어려운 상황을 처리하는 방법을 보여줌으로써 아이에게 회복력을 간접적으로 가르친다. 학업적 압박에서 더 효과적으로 대처할 수 있도록 준비시킨다.

자녀가 학습에서 스스로 하는 기쁨을 누리기를 바란다면, 엄마 스스로 감정을 잘 조절하며 결과와 무관하게 평안한 모습을 보이려고 노력해야 한다. 감정 자본의 활용에 유능한 엄마야말로 진정한 실력자 엄마다. 이러한 엄마의 마더링을 통해 자녀들은 감정적 자기 조절, 적응력, 긍정적인 사고방식을 키워 어려움을 극복할 수 있다는 것을 배운다. 결국, 정중동 마더링에서는 엄마의 정서 조절이 절대적이다.

성적보다 감정 자본 계발이 먼저다

우리는 영어니 수학이니 하는 입시 과목 교육에는 치중하면서, 감정 자립을 키워주는 가정 내 감정 자본 계발의 중요성은 쉽게 간과한다. 하지만 평가의 당사자인 아이의 정서적 자립이 학습에서 차지하는 비중은 고학년이 될수록 필수적이다. 한국의 엄마들이 학습적인 면에서 가장 원하는 가정에서의 교육 풍경은 무얼까? 아마 '스스로' 그리고 '공부 잘하는 아이'라는 답에는 이견이 없을 것이다.

이를 위해서는 학습과 관련한 자율적 자아 성장 훈련이 급선무다. 양육의 궁극적 목적은 독립이며, 그중 가장 중요한 정서적 (혹은 감정적) 독립을 위해서는 강한 자기 인식 능력, 감정 조절 능력, 자율적 결정 능력, 건강한 경계 유지 능력, 필요할 때 지원을 구하는 능력을 키우는 마더링이 필요하다. 이들 능력은 단지 학령기에만 필요한 능력이 아니다. 자녀가 성인이 되어 부모로부터 독립한 후에도 전반적인 웰빙과 다양한 분야의 성공에 기여하는 귀중한 특성이다.

자녀의 독립에서 신체적·경제적 독립만큼 중요한 것이 감정적 자립이다. 이를 위해서는 자녀가 건설적인 방식으로 자신의 감정을 인식하고 관리하고 표현하도록 도와줘야 한다.

정중동 마더링의 핵심은 엄마의 감정 조절이다

정중동 마더링을 위해서 가정에서 실천할 최우선 과제는 감정 조절을 모델링하는 마더링이다. 이것은 자녀가 학업과 관련한 역경 속에서 회복력을 키우는 것과 밀접하게 연결되어 있다. 감정 조절 모델링은 문제에 직면했을 때 건강한 대처 메커니즘을 보여주는 것을 의미한다.

지후 엄마는 자녀들이 초등학생일 때 뉴질랜드로 어학연수를 다녀왔다. 당시 막내는 종종 멀미를 했는데, 영어학원에서 차를 타고 가다가 멀미 때문인지 배탈 때문인지 심하게 토를 했다고 한다. 놀란 현지 선생님이 엄마에게 전화를 걸어 아이를 바꿔주었는데, 내심 놀랐지만 엄마마저 당황한 반응을 보이면 아이가 더 당황할 수 있겠다는 생각에 첫마디는 평소처럼 "괜찮아?"로 시작했다고 한다. 이후에도 "아마 멀미일 거야. 우리 지후 많이 겪어봤지? 곧 괜찮아질 거야. 많이 힘들면 병원에 갈 수 있어. 조금만 더 기다려보자"라며 차분한 목소리로 대처했다. 엄마의 반응에 아이 역시 아프긴 했지만 별일 아니라고 생각했는지 이내 진정했다고 한다. 병원을 가야 하니 여권이 있는 곳을 묻는 선생님께 침착하게 가방에서 여권을 꺼내주고, 현지 병원에 도착해서도 울지 않고 침착하게 진료를 받아 "엄마 없이 혼자 왔느냐? 용기 있는 소녀다"라는 칭찬을 받았다고 했다. 엄마의 성향을 나타내는 트레이드 마크가 된 사건이었다고 했다.

이러한 엄마의 대응은 현지의 선생님을 비롯해 함께 간 아이들 사이에서도 회자되었다. 마치 엄마가 감정이 없는 사람인 듯 너무나도 침착했기 때문이다.

엄마에게 진정으로 필요한 것은 평정심이다. 감정 조절 모델링은 아이들에게 스트레스를 처리하기 위한 실질적인 도구를 제공한다. 엄마가 가지지 않은 감정 조절을 자녀에게 알려줄 수 없다. 엄마의 모든 감정은 자녀의 학습에 긍정적이든 부정적이든 영향을 미친다. 엄마가 스트레스가 많은 상황에서 마음챙김으로 문제 해결에 접근하는 '정중동' 기술을 보여주면 자녀들은 이러한 전략을 내면화하여 심리적 불안감과 역경을 극복하고 대처하는 능력을 향상시킨다.

무엇보다, 정중동에 뿌리를 둔 정서 조절은 엄마가 자신의 감정을 효과적으로 관리하는 모습을 보여줌으로써 자녀들이 부담 없이 엄마에게 지도와 지원을 요청할 수 있도록 한다. 엄마와 학습적 고민을 나누다 보면 자녀는 스스로 역경에 대처하는 능력을 향상시킨다. 이러한 정서적 안정은 아이들로 하여금 안전하게 탐색하고, 위험을 감수하고, 학습 과정에 적극적으로 참여하도록 돕기 때문에 효과적인 학습을 위한 기초를 형성한다.

엄마의 감정에 자녀가 압도되지 않을 때, 자녀는 엄마와 강한 정서적 유대감을 형성할 수 있다. 정서적으로 깊이 연결된 자녀는 열린 의사소통을 통해 자신의 감정, 걱정, 학업적 어려움을 자유롭게 표현할 수 있게 된다. 이러한 의사소통은 학습 장애를 해결하고 어머니로부터 지도를 구하는 데 필수적이다.

감수성 조정 스킬 6 때를 기다리는 인내심을 발휘하자

자녀 양육을 농사에 빗대는 경우가 많다. '자식 농사'라는 표현이 대표적이다. 농사를 짓는 농부처럼, 부모가 자녀를 키울 때 천편일률적인 돌봄만으로 모든 양육이 완성되는 것은 아니다. 예를 들어, 농사에 시기적절한 물 공급이 필수적이듯이 자녀 양육에도 시기적절한 부모의 훈육과 애정, 돌봄과 같이 적절한 '때'에 내리는 비가 필요하다. 철 따라 흡족한 비를 바라는 농부의 염원처럼, 부모는 하늘의 축복을 갈구하며 노심초사 자녀를 양육한다. 그렇다면, 자녀를 양육할 때 풍년을 기원하는 농부의 마음으로 '이로운 비'를 갈구한다는 것은 무슨 의미일까?

아이의 감정적 지지대가 되어주어야 한다

많은 것들이 있겠지만, 그중 한 가지는 이로운 비를 기다리는 간절한 마음으로 '자녀의 때'를 기다리는 것이다. 엄마가 앞서서 시간을 주도하고 서두르며 번잡하게 하지 않는 것이다. 한 생명이 태어나 자라고 성인이 되기 위해서는 희생적 사랑과 고통이 필요하다.

이것은 마치 때가 차면 껍질을 깨뜨리고 나오기 위해 껍질 안에서 병아리가 쪼는 것과 봉방에서 자라던 어린 벌이 밀랍으로 된 봉방을 뚫기 위해 벌이는 사투와 같다.

병아리가 알에서 깨어나기 위해 필요한 것은 어미 닭이 밖에서 쪼고 병아리가 안에서 쪼며 서로 돕는 것이다. 이처럼 안팎에서 서로 도와야 일이 순조롭게 완성됨을 의미하는 표현이 줄탁동시啐啄同時이다. 성공적인 양육을 위해서는 자녀의 내부적 역량을 독려하며 기다리는 부모와 가뭄을 해소하는 적절한 비 같은 외부적 환경이 조화를 이루어야 한다. 하늘이 '이로운 비'를 내려주기를 기다리는 농부는 멍하니 하늘만 바라보거나 엉뚱하게 기우제에만 열성을 다하지는 않는다. 그렇다면, '자식 농사를 짓는다'는 엄마가 지금 해야 하는 것은 무엇일까? 엄마는 '있어야 할 그 자리'에서 '잘 있어주고' 자녀의 감정적인 지지대로서 잘 버텨줘야 한다. 이를 전업주부가 되어야 한다는 식으로 일반화하는 오류를 범하지 않기를 바란다. 너무 뻔한 말처럼 들릴지 모르지만, 언제나 그렇듯이 진리는 단순하고, 자연의 순리처럼 꽤나 명쾌하다. 누구나 할 수 있는 작지만 아주 중요한 일인, 자녀의 일상을 관찰하고, 자녀가 보이는 특정한 행동에 더 많은 관심을 기울이자.

관찰의 중요성은 모든 사회과학과 교육 분야의 연구에서 가장 중요한 기술 중 하나이다. 연구의 관찰 대상을 정하면 모든 연구원은 관찰하고, 그중에서 유의미한 특징을 자신만의 특별하고 창의적인 방식으로 논리적 결과물로 풀어낸다. 같은 이유로 마더링에서도 '질적·양적 관찰'을 해야 자녀가 원하는 것을 파악할 수 있다. 자녀의 일상을 잘 관찰해야 자녀가 보이는 특정한 행동에 더 많은 관심을 기울일 수 있다. 그래야 아이의 꿈을 이해하고, 같이 꿈꾸고, 아이가 소망하는 그 꿈을 위해 함께 기꺼이 희로애락의 감정을 나눈다. 결국, 자녀의 성공으로 이끄는 파트너의 자리까지 간다.

마더링을 잘하는 엄마들은 꽤 모험적이고 다소 도전적이기까지 하다. 그들은 자녀가 현재의 생각과 상황을 뛰어넘어 익숙하고 안심되는 것에서 벗어나는 도전을 제안하는 데 주저하지 않는다. 최고의 기량을 보이기 위한 준비는 놀랍게도, 이처럼 도전을 받아들일 수 있는 담대함audacity이라는 것을 현명한 그들은 이미 경험했기 때문일 것이다.

이처럼 부모가 자신의 가치와 가능성을 존귀하게 여기고 있다고 믿는 자녀는 활기차다. 부모의 '조용한 열심'이 힘든 학업을 버티게 해주는 위로와 응원인 줄 알기 때문이다. 성공하는 사람에게는 자기만의 철학이 있다. 하지만 성공의 조건에 필요한 여러 조건 중 무엇보다 중요한 것이 태도라는 점은 이미 많은 사람의 인식에 뿌리박혀 있다.

아이를 위한 '기다리는 마더링'

한국어로 '기다리다'로 번역될 수 있는 영어 단어는 몇 가지가 있는데, 뉘앙스 및 용도에 약간의 차이가 있다. 우선, 'wait'는 특정 사건이나 시간까지 행동을 미루거나 한곳에 머무르는 것을 뜻하는 일반적인 용어이다. 'wait for'는 구체적으로 누군가나 사물을 기다리고 있을 때 기다리는 대상과 함께 사용할 수 있다. 예를 들어, 'waiting for my friend'는 '친구를 기다리다'의 의미이다. 'wait up'은 누군가가 늦게 돌아올 것으로 예상될 때 깨어 있는 채로 누군가를 기다린다는 뜻이다. 'wait around'는 특정 목적 없이 (그냥) 기다리는 느낌이 있다. 반면, 'wait in line/queue'는 줄을 서서 차례를 기다리는 목적 있는 기다림이다. 이처럼, 영어로 '기다리다'를 표현하는 몇 가지 일반적인 방법 중에서, 마더링과 연관하여 전달하려는 특정 유형의 '기다림'은 'wait on'이다.

영어로 'wait on'은 '봉사하다'로 번역되는데, 이는 종종 서비스 지향적 맥락에서 누군가의 시중을 들거나 도움을 제공한다는 의미로 사용된다. 예를 들어, 레스토랑에서 웨이터나 웨이트리스는 주문을 받고, 음식을 가져오고, 필요에 따라 서비스를 제공하기 위해 고객을 '기다린다.' 한국어로 이 개념을 '돌봐주다'로도 표현할 수 있는데, 이는 마더링의 맥락에서 누군가를 보살피거나 돌보는 것을 의미한다. 특히, 명시적으로 요청하는 것이 없는데도, 필요를 예상하고 보살핌으로써 아이는 명시적 요구를 할 필요도 없이, 엄마의 '먹여주기' '위로하기' '돌봐주기' 등을 기대한다. 자녀의 요구 사항에 주의를 기울이고 반응하는 것, 자녀의 필요 사항을 적극적으로 충족함으로써 사랑과 보살핌을 보여주는 것이라는 면에서 본질적으로 '기다리는 마더링wait-on mothering'이다. 이런 면에서 생각해봐도, 마더링을 잘하려면 무엇보다 '관찰력'이 필요하다.

사람과 사람 사이에서 사랑과 믿음을 확인할 수 있는 방법 중 하나는 '기다릴 수 있느냐'의 여부이다. 마찬가지로 부모가 자녀를 진실로 믿고 사랑하는지를 객관적으로 확인할 수 있는 방법 역시 '자녀를 기다리는 것'이다. 하지만 오늘날 이렇게 자녀를 기다리는 사랑을 하는 부모를 찾아보기는 너무나도 힘들다. 이 시대의 특징은 '기다리는 부모'로부터 '도망가려는 자녀'들이 많다는 점이다. 이러한 자녀들은 부모와 대화하는 시간을 식전 행사처럼 해치우려는 듯 보인다. 그 결과로 함께 마음을 모으면 성공했을 일에서도, '의도치 않게' 곤란해지는 상황을 마주하게 된다. 적시에 적절한 대응을 하지 못하고 부모로서 '무능력'한 자신을 마주하는 비참한 상태에 처하기도 한다.

기다리는 부모가 되려면 '둔감력'의 재능을 가져야 한다

　자녀를 기다리는 부모들은 행복한 관계를 꾸릴 수 있는 시간적 여유를 가진다. 함께 힘든 상황을 논의하고 극복할 수 있는 기회를 선물로 받게 된다. 그렇다면 어떤 엄마가 자녀를 '기다리는 마더링'을 할 수 있는 것일까? 어떻게 하는 것이 자녀를 기다리는 마더링일까?

　우선, 엄마의 비전이 아니라 자녀의 비전을 꿈꿔야 한다. 초초해져서 기다림에 실패하는 이유는 엄마가 마더링을 통해 얻고자 하는 것이 엄마 자신이 설정한 비전이었기 때문일 것이다. 또한, 하루하루를 둔감하게 살아야 한다. 자녀의 비전을 이루는 것은 오랜 시간이 요구되는데, 그것을 이루는 전략은 둔감한 엄마로서 하루하루를 사는 것이다. 일반적으로 둔감함은 나쁘다고 생각되기 쉽다. '둔감한 사람'이라는 표현은 부정적인 의미로 사용되곤 했다. 하지만 둔감함에는 커다란 장점이 있다. 일희일비하지 않아 일상이 편안하고, 정서가 안정된다. 작은 일에 사사건건 신경 쓰지 않아 피곤함을 덜 느끼는 등 체력과 정신력을 낭비하지 않는다. 주변의 시선에 휩쓸리거나 흔들리지 않아 자신의 내면에 집중할 수 있고, 주위와의 비교를 통해 상대적 박탈감을 느끼거나 생에 불만을 느끼는 등의 일도 적다.

《둔감력》의 저자 와타나베 준이치渡邊淳一는 의사였던 시절의 수많은 만남과 힘겨웠던 경험을 바탕으로, 자신의 분야에서 나름의 성공을 거둔 사람들에게는 좋은 의미의 '둔감력'이 잠재해 있음을 보여주었다. 저자는 세상을 행복하게 살아가기 위해 필요한 지혜, 성공을 하기 위해 오늘을 사는 지혜가 '둔감력'이라는 주장을 중점적으로 다룬다. "각자의 분야에서 나름대로 성공을 거둔 사람들에게는 재능은 물론이고 그 밑바닥에 반드시 좋은 의미의 둔감력이 잠재한다. 둔감, 그것은 바로 본래의 재능을 더 크게 키우고 꽃피우는 최대의 원동력이다"라고 강조한다.

더 나아가, 우리가 사는 세상은 개인의 능력이나 재능이 일률적으로 통용되는 곳이 아니며, 이러한 세계에서 필요한 게 바로 좋은 의미의 둔감함이라는 주장을 펼친다. 그는 예민하고 날카로운 것만이 재능은 아니라고 주장한다. 어느 정도의 재능은 필요하지만 그

것을 크게 갈고닦을 수 있는 것은 강하면서도 우직한, 사소한 일에 흔들리지 않는 둔감력이고, 이 역시 살아가는 데 있어서 가장 중요하고 기본이 되는 재능이라고 말한다. 둔감력이라는 바탕 위에서 예민함, 순수함, 소박함, 진지함을 가진다면, 진정한 재능인으로 빛나게 된다는 것이다. 이런 의미에서 '둔감'이야말로 자녀의 재능을 크게 키워주고 열매 맺게 해주는 원동력으로 생각된다.

둔감한 훈육을 하는 엄마는 자녀에게 괴롭고 힘든 일이 생겼을 때, 자녀가 일이나 관계에 실패해서 상심했을 때 크게 걱정하거나 두려워하지 않는다. 다른 사람과 비교하거나 다른 사람을 따라 하느라 아이를 지치게 만들지도 않는다. 작은 소동을 대범하게 넘기며 주저앉지 않고 다시 힘차게 나아가는 내면의 힘을 가질 수 있도록 기다려준다. 이러한 둔감력은 엄마와 자녀의 마음에 여유로운 태도가 자리 잡게 도와줄 것이다.

내일 일은 내일 염려한다

현명한 엄마는 자녀가 나중에 감당해야 할 일을 미리 염려하지 않는다. '내일 일은 내일 염려한다'는 것은, 오늘의 괴로움이나 염려는 오늘 하루로 충분하다는 '둔감한 감각'을 유지하려는 양육의 태도라고 해석할 수 있다.

자녀의 일거수일투족에 일일이 반응하는 대신 둔감하려는 부모는 자녀의 일을 대신 해결하려 하지 않는다. 일일이 개입하여 완벽한 결과를 만들려고 애쓰지도 않는다. 오히려, 매일의 일상에서 자녀와의 대화 창구가 끊어져 있는지를 살핀다. 자녀의 입장에서 생각해보려는 태도까지 겸비한다면 금상첨화다. 자녀의 마음을 얻기 위한 이러한 노력이 아이가 '자기주도학습'을 실천할 수 있는 첫 걸음이라는 것은 분명하다. 그러한 엄마의 자녀는 그날그날 자신이 해야 할 일을 충실히 감당하면서도, 때때로 이뤄지는 적절한 엄마의 개입에 반감을 가지지 않을 것이다.

엄마가 가지는 자녀에 대한 기대는 자녀의 먼 미래의 모습이다. 동시에, '북극성'처럼 먼 자녀의 성공을 위한 엄마의 전략은 하루하루를 '둔감하게' 자녀와 함께 나아가는 것이다. 이렇게 하루하루 자녀를 기다리며 엄마는, 눈으로 보지 못할 것이라고 생각했던 일, 귀로 듣지 못할 것이라고 생각했던 일, 마음으로 미처 상상하지도 못할 듯한 결과들을 자녀가 어느새 이루어가고 있음을 깨달을 수 있다. 이렇게 기다리는 엄마에게 자녀는 한 걸음씩 성장하는 모습을 보일 것이다.

5

엄마와 아이가 함께 즐거워야 한다
즐거운 관계 마더링

엄마라면 누구나 아이를 사랑한다. 하지만 제대로 사랑하는 방법을 모르는 엄마들이 너무 많다. 지나치게 챙기고, 숨 쉴 틈을 주지 않고, 입시에 집착해 아이의 속마음에 눈을 감고, 자유로움이라는 미명 아래 방치해 상처를 주고 상처를 입는다. 사랑한다는 것은 관계를 잘 맺는다는 것이다.

부모와 자녀가 지속적인 대화를 나눌 수 있게 해주는 것은 바로 관계의 즐거움Pleasure이다. 좋은 관계란 각자의 자리에서 일상을 꾸려나가기 위해 생각과 마음을 공유하는 관계다. 아이가 위안과 즐거움을 집 밖이 아닌 가정 내에서 찾는다면 이미 충분하다.

막내는 어릴 때부터 '끼'가 많았다. 혼자 거울 앞에서 춤을 추고, 교회에서는 '어린이 댄스부'를 하며 전 교인 앞에서 춤을 추기도 했다. 고등학생이 된 지금도 기분이 좋을 때면 언제나 몸을 흔든다. 학교 수련회 장기 자랑을 앞두고 친구들과 케이팝 댄스를 연습할 때에는 수학 학원에 가는 차 안에서도 노래를 흥얼거렸고 춤을 출 생각에 마냥 즐거워 보였다.

아쉽지만 아이가 콧노래를 부르며 즐거운 시간을 기다리는 일은 흔치 않다. 보통의 공부 좀 하는 아이들은 내신 시험을 위해 적어도 6~8주 전부터 준비한다. 1~2등급* 안에 들기 위해서는 과목별로 한두 문제만 틀려야 한다. 때문에 아이들은 시험 기간 내내 '순공부' 시간 기준, 하루 8~10시간을 쏟아붓는다. 지필 시험이 끝은 아니다. 요즘은 정기 고사 전후로 수시로 보는 실기시험을 비롯해 보고서 제출과 발표 등 수행평가의 비중이 꽤 높다.

상위권의 공부는 상상 그 이상이다

중학교 때 공부를 꽤 하던 딸아이는 전국단위 자율형사립고등학교(전사고), 특수목적고등학교(특목고)를 고민하다가 전교 1등을

• 이 책의 내신 등급 관련 서술은 9등급 상대평가 체제를 기준으로 작성되었다. 2025년 고등학교 입학생부터 내신 등급이 5등급 체제로 개편됨에 따라, 학년별로 내신 등급 관련 서술의 적용 기준이 다를 수 있음을 밝혀둔다.

노리고 전략적으로 일반 고등학교로 진학했다. 그런데 변수가 생겼다. 아이가 선택한 학교의 전년도 입시 결과가 좋지 않았고, 미달이 됐다. '특목고' '자사고' '영재고' '과학고' 입시를 지원한 아이 중 불합격한, 그래도 아주 우수한 아이들이 이 학교로 대거 배정받았다. 예상치 못한 상위권 아이들의 입학으로 학교는 치열한 전쟁터가 됐다.

1학년 1학기 중간고사에서 '통합 사회'와 '통합 과학' 과목의 100점이 70명을 넘겼고, 그 결과 100점을 맞은 학생들이 모조리 4등급을 받게 되었다. 적당한 난이도의 문제를 출제해왔던 선생님들은 변별력을 높이기 위해 '킬러 문제'를 내기 시작했다. 국어와 영어 과목에서는 '외부 지문'도 쏟아졌다. 아이들의 노력은 문제집 한두 권을 풀거나 '실수만 안 하면 된다'는 상황을 벗어났다.

딸아이는 평일을 기준으로 새벽 5시 30분에 기상해서 7시 30분까지, 하교 후 5시 30분부터 11시 30분까지 깨어 있는 시간 대부분을 혼자 공부했다. 시험 기간에 아이가 기울이는 노력은 상상 이상이다. 국어 과목은 인터넷 수업을 듣는다. 그 내용을 정리하고 외운 후 관련 문제집을 서너 권 푼다. 이후에는 기출문제를 위주로 한 변형 문제를 인터넷 사이트에서 다운받아 두세 세트를 해치운다. 중간중간에 학교 선생님이 수업 시간에 주신 학습지와 교과서를 정독하고 암기한 후, 백지 노트에 개념 정리를 한다. 대략 들어본 아이의 학습량은 무시무시하다.

이렇게 공부하는 아이가 내 아이만은 아니다. 고등학교 3년간 자기와의 싸움을 하며 뼈 빠지게 공부해야 상위권에 머물 수 있다. 어디 이뿐일까? 한두 개의 실수만으로도 내신 등급이 달라지고, 지원할 수 있는 대학의 이름이 바뀌기 때문에 아이들은 항상 긴장 상태로 매 학기를 보낸다. 고등학교 내신 중 대학 입시에 사용하는 시험은 1학년 1~2학기 중간고사와 기말고사, 2학년 1~2학기 중간고사와 기말고사, 3학년 1학기 중간고사와 기말고사, 이렇게 총 10번이다. 이 시험을 치르는 동안 아이들은 강도 높은 감정적 압박을 견뎌내야 한다.

수험생인 아이 옆에서 함께 울고 웃는 엄마의 긴장감도 대동소이하다. 그래서 아이들 시험이 끝나면 엄마들 마음도 덩달아 한가해진다. 고등학교 3년간 엄마와 자녀의 전우애를 만드는 치열한 한국의 교육 환경 속에서, 딸아이에게 소소한 재미를 안겨주는 춤이 있어서 다행이었다. 딸이 느끼는 부담과 긴장감을 조금이라도 해소할 무언가가 있는 것이 그저 반갑고 고마웠다.

입시보다 엄마와의 관계가 문제다

그때 딸아이의 친구 중에는 춤 연습에 나오지 못한 아이가 있었다. 성실한 아이였는데, 기말고사 성적이 좋지 않았다고 했다. 부모님이 많이 엄격해 유난히 춤이나 노래 등을 꺼려 한다는 얘기도 들었다.

아이들은 너무 힘든 시기를 생존 경쟁하듯 지내다 보면 스스로도 어쩌지 못하는 두려움과 긴장감에 예상치 못하는 돌발행동을 하기도 한다. 이유도 모른 채 엄마에게 소리를 지르고, 생채기를 내는 언행을 한다. 공부의 'ㄱ' 자만 꺼내도 소리를 지르는 '배은망덕'한 자식들이 되기 일쑤다.

'사랑한다는 것'은 관계를 잘 맺는다는 것이다. 대학 입시를 준비하는 고등학교 3년 때문에 평생의 관계가 깨지지 않도록 노력해야 한다. 힘든 시기는 누구에게나 있다. 그리고 그것이 견딜 만한 것이 되길 바란다면 아이가 순간순간 마음을 내려놓고 긴장을 풀 수 있는 시간과 공간을 반기는 마더링이 필요하다. 입시, 시험이라는 눈앞의 목표에 사로잡혀 시도 때도 없이 아이를 타박하거나 조급함이 앞서는 마더링을 한다면 아이는 지칠 수밖에 없다.

막내는 대학 응원단에서 치어리딩을 하고 있는 자신의 모습을 상상하면서 잠깐 숨을 돌리고 있다고 했다. 이렇게 잠깐씩 숨 트일 것이 소소하게 뭐가 있을까 오늘 잠시 또 생각해봤다. 그리고 무엇보다 아이가 숨이 트여야 엄마도 숨이 트인다.

관계 향상 스킬 2 부모와 함께 즐거움을 누려라

서하와 유하, 두 남매는 전형적인 한국 중산층 가정이라 여겨지는 환경에서 자랐다. 아빠는 대기업 임원이었고, 엄마는 아들과 딸을 살뜰하게 챙기는 전업주부였다. 경제적으로도 학군지에 거주하며 원하는 만큼의 사교육을 하는 지역적 장점을 충분히 누렸다.

큰아들 서하는 늘 자신감이 없었다. "나는 잘하는 게 없어"라는 말을 입에 달고 다녔다. 이와 대조되게 둘째인 유하는 공부 욕심이 하늘을 찔렀다. 첫 만남에서부터 꿈이 '의사'라며 "저는 숙제 많이 내주세요" 하며 의욕을 보였다. 목표를 당당하게 내세우는 말과 행동에 온통 자신감이 충만했다.

외적으로는 남부럽지 않았지만 이 가정에도 고민은 있었다. 다소 권위적이고 엄한 아빠 때문에 서하 엄마는 언제나 아들의 성적이나 잘잘못을 아빠에게는 알리지 않는다고 했다. "아빠가 워낙 엄해서 잘못하면 간혹 때리기도 하거든요"라는 설명을 곁들였다.

서하가 중학교 때, 아빠가 아들의 성적을 알게 되면서 갈등이 시작됐다. 엄하고 철두철미한 성격의 아빠는 사교육은 물론이고 하교 후 시간이나 친구 관계 등 서하의 일거수일투족에 관여했다. 점점 가정 내에서 언성이 높아지는 빈도도 높아졌다.

서하가 워낙 소극적인 성격이었기에 엄마는 아이의 편에 섰고, 아빠에게 비밀로 하는 것들이 점점 많아졌다. 하지만 고등학교에 입학한 후 거의 매월 ㅏ오는 성적표를 감출 수는 없었다. 서하 가족은 엄마와 자녀, 그리고 아빠로 나뉜 채 갈등이 지속됐고, 결국 아빠는 서하와 아무런 소통을 하지 않는 남남 같은 사이가 되었다.

집 밖의 즐거움을 경계한다

공부 때문에 오빠가 아빠에게 혼나고 집안이 시끄러워지는 것을 지켜본 둘째 유하는 마치 '오빠처럼 되고 싶지 않다'는 의지를 온몸으로 증명하듯이 열심히 공부했다고 한다. 시험 기간은 물론, 평소에도 학원과 과외 등 엄마가 정해준 학습 시간을 잘 따랐다. 워낙 의욕적이고 욕심이 있는 아이였기에, 엄마는 아이를 믿었고 최대한 집 밖의 '자유'를 허용했다. 덕분에 유하는 시험이 끝나면 소위, '엄카족'(엄마 카드를 사용하는 아이들)들과 함께, 노래방과 '맛집' 등을 순회하곤 했다. 그러던 중 유하가 남자친구를 사귀게 됐다. 공부 외 '딴 즐거움'에 사로잡힌 유하는 엄마가 걱정스러운 내색을 비쳐도 알아서 한다고 대꾸할 뿐이었다. 열심이던 학원도 부지기수로 빠졌다. 서하 엄마는 "딸은 공부도 잘하고 욕심이 많은 아이라 오빠와는 다를 것이라는 믿음이 있었어요. 우리 애가 이럴 줄은 몰랐어요"라며 후회했다.

하루는 유하가 가방에 옷가지 등 소지품을 빵빵하게 챙겨 넣고 학원에 왔다. 엄마랑 싸웠다는 것이었다. 유하의 방황에 엄마는 그러려면 공부고 학원이고 그만두라고 화를 냈고, 그러겠다는 아이에게 "네 마음대로 할 거면 나가"라고 소리쳤다는 것이다. 아이는 정말로 짐을 싸서 나왔다. 그동안 모아둔 용돈도 있고 재워줄 친구도 있다고 했다. 다음 날에는 찜질방에서 친구들과 잘 계획도 세웠다. 이후의 문제는 "나중에 생각해볼 것"이라고 말하며 아이는 홀가분한 표정을 지었다.

사소한 일을 크게 키우지 않는다

나도 같은 일을 경험했다. 큰아이가 초등학교 6학년 때 반나절가

량 가출을 한 것이다. 원인은 휴대전화 때문이었다. 미국에서 홀로 초등학교 4~5학년의 유학 생활을 마치고 돌아온 후였다. 휴대전화에 폭 빠진 듯해 밤 10시 이후에는 거실에 휴대전화를 둔다는 규칙을 정했다. 그런데 이 녀석이 케이스만 살짝 뒤집어놓은 채 휴대전화를 가지고 방에 들어간 것이다. 처음 든 생각은 '대단하다'였고, 다음은 이대로 모른 척 넘어가면 교육적으로 '옳지 않다'였다. 약속을 어긴 것부터 그동안 얼마나 엄마가 기다려주었는지에 대해 '나름 잘 참으며' 교육적으로 혼을 냈다. 아이는 가만히 듣고 있더니, 나의 일장 연설이 끝나자마자 방으로 들어갔다. 잠시 조용한가 싶었는데 누군가 집 밖으로 나가는 인기척이 들렸다. 잠깐 바람 쐬러 나갔나 했지만 그게 바로 가출 시도였다. 아이는 휴대전화의 전원을 꺼놓았다. 동네를 돌아보고 '친구들에게 연락을 해야 하나?' 조바심을 치는 사이, 한두 시간이 훌쩍 지났다.

한참 후 시어머니로부터 "아이와 함께 있다"는 전화를 받은 후에야 안심 반, 노여움 반으로 가슴을 쓸어내릴 수 있었다. 나중에 들은 이야기로는, 초등학생이었던 이 '간 큰' 아이가 호주머니에 '키티칼'을 들고(위험할 때 써먹으려고) 지하철을 타고 할머니 댁으로 간 것이었다. 아이의 소재를 알기까지 그 짧은 서너 시간 동안 온갖 상상과 걱정으로 마음을 졸였던 기억이 지금도 생생하다. 처음에는 '뭐 이렇게 억울한 일이 있나?' 기가 막혔다. 심하게 나무란 것도 아니고, 약속을 어겼기 때문에 야단을 쳤는데 감히 '가출'을 하다니 '괘씸한' 생각뿐이었다. 당장 달려가려는 나를 시어머니는 "둘 다 생각할 시간과 거리가 필요해 보인다"며 만류했다. 할머니 집에서 따뜻하고 푸짐한 밥상을 받은 아이는 편해졌는지 이래저래 속내를 털어놓은 듯하다. 누군가 고개를 끄덕이며 찬찬히 이야기를 들어주는 것만으로도 마음이 풀렸는지 아이는 퇴근길 아빠와 함께 한결 밝은 얼굴로 돌아왔다.

당시 아이는 나름대로 스트레스가 많았다고 했다. 유학을 마치고 돌아온 후, 친하게 지내던 아이들로부터 '은근한 따돌림(은따)'을 겪었다는 것이었다. 대놓고 따돌리는 '왕따'는 아니었지만 친했던 아이들이 슬슬 피하고, 나쁜 소문을 퍼트렸다는 것이다. 가뜩이나 미국 생활을 그리워하던 아이가 또래 관계에 문제가 생기면서 휴대전화에 빠지게 된 것이다. 시어머니는 단순히 휴대전화의 문제가 아니라 아이 마음의 문제였던 듯하다며 아이의 입장을 대변해주셨다. 돌아온 아이는 미안하다며 용서를 구했고, 화를 가라앉힐 시간을 가졌던 나 역시 사과를 하며 해프닝으로 마무리지었다.

가방에 옷가지와 속옷 등을 챙겨서 나오는 중고생들은 생각보다 많다. 꼭 심각한 사건이 있어서 가출하는 것은 아니다. 엄마나 아빠가 꾸중하면서 "제멋대로 굴려면 집에서 나가" "여기는 엄마, 아빠 집이야"라며 호통을 치면 아이들도 본인들만의 논리(?)로 짐을 싸곤 한다. 하지만 가출한 아이의 미래가 모두 같은 것은 아니다. 어떤 아이는 잠깐의 일탈 후 곧 일상으로 돌아간다. 반면, 다른 아이는 습관적으로 가출하거나 반대로 방문을 꼭 걸어 잠그고 은둔하는 등 관계가 극에 달하기 시작한다.

돌아보면 가출했던 아이에게 '할머니'라는 존재가 있던 것이 다행이었다. 엄한 엄마 대신 할머니가 '비빌 언덕'이 되어준 덕에 큰 일탈을 막을 수 있었다. 과거 할아버지, 할머니, 엄마, 고모, 삼촌 등 여러 명이 함께 부대끼던 대가족제에서는 아이가 엄마에게 혼나거나 상처를 받으면 할머니 방에 숨거나 고모나 삼촌, 큰언니, 큰오빠 등이 나서서 아이 편을 들어주곤 했다. 요즘에는 가족이 부모님과 많아야 한두 명의 형제, 자매뿐이라 집안에 아이가 마음을 털어놓을 수 있는 대상이 없는 경우가 많다.

가정 안에 속마음을 잘 표현할 수 있는 대상이 없다면 아이는 의지할 곳 없이 외로움을 느낀다. 감정 표현을 제대로 하지 못하고 내면에 해소되지 못한 감정이 쌓이다 보면 반항을 하는 거친 아이가 된다. 반대로 물을 머금은 솜처럼 한없이 가라앉아 우울 증세를 보이기도 한다. 청소년들이 "집이 싫어요"라고 말하는 경우는 대부분 가정 내에서 이런 '버퍼링buffering' 역할을 해주는 존재가 없을 때다.

버퍼buffer의 사전적 의미는 '완충제'다. '어떤 것으로부터 (어떤 것을) 보호하다, 해로운 영향을 줄이다'리는 뜻이다. 마더링에서 버퍼의 존재는 절대적이다. 부모와 자녀 모두에게 미치는 정서적 유해성을 줄이고, 완화하는 장치이기 때문이다. 정서적·심리적으로 아이를 지지하는 환경이 조성돼야 안정될 수 있다. 부모 중 한쪽이 엄한 경우에는 의도적으로 다른 한쪽은 반드시 스펀지 역할을 해줘야 한다. 문제가 생겼을 때 "다 이해해"라며 갑작스레 다가가는 것이 아니라 평소 아이의 반응에 따라 수위를 조절하며 '스펀지' 역할을 하는 존재가 아이에게 꼭 필요하다.

가뜩이나 성적표를 보고 속상한 판에 엄마에게 잔소리 폭격까지 받아 좌절했을 때 조용히 좋아하는 '케이크'를 사준다거나 가만히 어깨를 두드려주는 등의 존재가 가정에 있기만 해도 아이들은 집을 나가지는 않는다. 설사 순간의 감정을 이기지 못하고 나가더라도 다시 돌아온다.

버퍼링 역할에도 원칙이 있다

훈육의 원칙과 배치되는 언어는 금물: 효과적인 버퍼링 역할을 하기 위해서는 전략이 필요하다. 가족 내 양육 철학의 통일은 기본이다. 훈육의 원칙과 배치되는 언어는 사용하지 말아야 한다. 아이를 달래려거나 호감을 얻기 위해 엄한 부모를 비난하거나 훈육의 기준을 벗어난 표현을 하면 아이는 올바름에 대한 혼란을 느낀다. 나아가 부모를 불신하고 존중하지 않으며, 그때그때 상황에 따라 자신에게 유리한 입장만 내세운다. 권위와 영향력이 없어져 장기적으로 훈육과 교육이 불가능해진다.

지나친 허용은 치명적: 상처 혹은 분노를 표하는 아이를 위한다는 마음에 지나치게 허용해주는 태도도 주의해야 한다. '오냐오냐' 하다 보면 아이는 범위를 벗어나 과한 요구를 할 수 있다. 가끔은 원하는 것을 위해 가짜 분노를 폭발시킬 수 있고, 분노 표출이 습관이 되기도 한다.

고정불변한 역할 벗어나기: 아빠는 언제나 허용적이고 엄마는 언제나 엄하다거나, 역으로 엄마는 언제나 관대하고 사랑만 주는데, 아빠는 권위적이기만 하는 식으로 고정적인 역할에만 충실한 부모 노릇도 멈추어야 한다. 자녀가 앞에서는 순종적이지만 진짜 감정을 감출 수 있기 때문이다. 이런 상황은 자녀의 문제를 미리 파악하지 못하도록 방해한다. 이 경우 아이 스스로 감정을 조절하는 방법을 배우지 못하게 되며, 이는 학습에도 부정적인 영향을 미칠 수 있다.

집 밖에서의 버퍼링은 위험하다

때로는 엄하고 때로는 부드럽고 자상하게 타이르는 등 훈육에서 무엇보다 중요한 것이 '강약 조절'이다. 갈등이 생기면 서로의 마음을 살피고, 가족 관계 속에 어떤 문제가 있는지, 그 안에서 찾고 해결해야 한다. 그리고 이를 위해 가장 중요한 것은 아이가 마음을 터놓고 막다른 길에서 함께하고 싶은 대상이 가족 안에 있어야 한다는 점이다. 이런 존재가 없을 때 아이는 가족이 아닌 밖에서 위안을 찾게 되고, 더 밖으로 나돌게 된다.

서하 엄마는 엄한 아빠를 둔 아이의 마음을 달래고 스트레스를 풀어주겠다는 생각에 '버퍼링' 대상을 집 안이 아닌 집 밖에서 찾도록 허용했다. 하지만 서하 엄마는 10대, 특히 중학생 시절에는 또래 친구들의 영향을 많이 받는다는 것을 간과했다.

과하게 허용된 자유 시간과 돈이 함께하는 '집 밖' 즐거움은 생각보다 되돌릴 수 없는 결과로 이어지기 쉽다. 아이들의 변화는 너무 순식간이기 때문이다.

부모는 있어야 할 자리에 있어야 한다

초등학교 6학년과 중학교 1학년 남매를 둔 하은이 엄마가 상담을 신청했다. 하은이 엄마는 본인이 영어를 잘하지 못하고, 워킹맘이다 보니 무언가 부족할 것이라는 이유로 걱정이 많았다. 남매는 공부를 주로 집에서 하고 있었다. 온라인으로 영어와 수학 강의를 규칙적으로 들었고, 도서관을 다니며 다양한 책을 꾸준히 읽었다. 챙겨온 교재를 보니 꽤 수준이 높았고, 아이들을 테스트한 결과 해외에서 공부하고 온 여느 집 아이들보다도 뛰어났다. 자기주도적 학습 습관이 잡혀 있으면서 여러 면에서 '정돈'된 느낌을 풍기는 학생들이었다.

나는 "지금까지 공부한 영어가 너무 훌륭하다"라며, 아직 한두 해 더 지금까지 해왔던 방식으로 온라인 프로그램을 더 활용해 학습할 것을 권했다. '마더링'에 항상 관심이 있었기에 다른 과목의 실력과 공부 방법을 묻고, 엄마의 학습적 관여 정도도 물어보았다.

전망이 밝은 아이들에겐 공통점이 있다

교육 현장에서 일하다 보면 다양한 엄마와 아이들, 그리고 다양한 가정 환경과 마더링을 접하게 된다. 가끔은 학업적으로 우수할 뿐만 아니라, '정돈되었다'라는 표현이 적절한 아이들을 만날 때가 있다. 이들은 자신의 의견을 당당하게 밝히면서도 예의 바르다. 어른과 대화를 할 때 주눅이 들어 우물쭈물하는 일이 없다. 삐죽거리거나 옆에 있는 엄마를 '쿡쿡' 찌르고, 눈짓하며 나가자고 독촉하지도 않는다.

학생들과 엄마를 만나는 일에 '잔뼈가 굵은' 사람이라면 아이를 잠깐 보기만 해도 '이 아이가 공부를 잘하겠구나' '참 괜찮은 아이구나' 파악할 수 있다. 나 역시 성적을 알기도 전에, 학습적 전망이 밝은 아이들이 눈에 보인다. 이러한 아이를 키우는 엄마들에게는 공통된 특징이 있다. 우선은 엄마가 먼저 '정돈'됐다. 전업주부 중에도 있고, 워킹맘 중에도 있다. 부유한 환경의 엄마도 있고, 소박하다는 느낌이 드는 경우도 많다. 어떤 배경이든, 내 아이를 잘 파악하고 있고, 과한 사교육을 시키면서 '집 밖'으로 아이들을 내돌리지 않는다는 공통점을 보인다. 유치원, 초등학생 시절에는 이름난 학원을 찾는 대신 집에서 인터넷 수업과 독서로 많은 부분을 해결하는 경우가 많고, 중학교 2학년과 3학년에 들어서면서부터 '슬슬' 학원을 찾는다. 이들은 전혀 요란하지 않다. 무슨 '경시대회'나 '영어 말하기 대회' 등에 참가하는 일도 드물고, 엄마가 학교 일을 한다거나 주도적으로 모임을 이끄는 등 무언기로 번잡해지지도 않다.

엄마의 할 일은 있어주는 것

이런 부류의 엄마들은 주로 "그냥 저는 제가 할 일 해요"라고 말한다. 그들이 생각하는 '할 일'이란 아이들과 함께 있어주는 일이다. 엄마가 대단한 심리상담가이거나 자녀와 소통을 잘하는 전문가여서가 아니다. 자녀의 일상에서 함께 있는 것만으로도 아이들은 안정감을 느낀다.

그래서 마더링에서 가장 중요한 것은 '있어주기'다. 이때의 '있어주기'는 전업주부로서 항상 아이의 옆에 있어야 한다는 것을 의미하지 않는다. 마치 매일 숨을 쉬면서도 평소 공기의 존재를 감지하지 못하듯, 아이의 생각과 마음을 이해하고 공유하면서도 평상시에는 각자의 일상을 열심히 보내는 것이다.

조금 더 나아가 '그렇게 하기 싫은 (힘든) 공부를 하느라고 애쓰고 있다는 것을 엄마가 충분히 잘 알고 있다'는 것을 아이가 느낄 수 있도록 한다는 의미를 내포하기도 한다. 이 경우에서도 자녀의 성적의 높고 낮음이 엄마의 '있어주기' 정도를 결정하는 기준은 아니다.

아이와 같이 호흡하기: 같이 '있어준다'는 것은 자녀와 '호흡을 같이 해주는 것'이다. '같이 호흡한다'는 것은, 엄마와 아이가 한 공간에서 각자 해야 할 것을 하면서 서로 신경 쓰지 않는 것이다. "왜 그렇게 산만하니?"라거나 "지금 무슨 과목 공부하니?" "숙제 다 했어?" 등 부족한 점이나 궁금한 점이 있어도 꾹 참는다. 잔소리를 하지 않는 '묵언수행'이 '있어주기' 마더링이다.

아이가 공부할 때 엄마도 할 일을 해보자. 나의 경우에는 빨래를 개기도 하고, 글을 쓰거나 필요한 자료를 만들기도 한다. 자연스레 아이는 '나도 해야 할 것을 한다'는 분위기를 느낄 수 있다. 자녀와 '함께 공부(일)하고, 함께 쉬자(놀자)'를 암묵적으로 느끼게 해주는 것이 '있어주기' 마더링의 목적이다.

엄마 노릇을 의무가 아닌 전문적으로 하기: 오해하지 말아야 할 것은 각자 할 일에 집중한다고 해서 자녀의 관리에 무심한 것이 아니라는 점이다. 찬찬히 살펴보면 정돈된 엄마들은 아이들을 챙기는 일을 전문적으로 하고 있었다. 우선, '직업'과 '전문직'으로 구분해보는 것으로부터 시작해보자. 이 차이는 전문화, 교육, 헌신의 수준에 있다.

직업은 일반적으로 지불 대가로 수행되는 특정 작업 또는 작업 집합을 의미한다. 이를 위해서는 다양한 수준의 기술과 교육이 필요할 수 있으며 개인은 평생 여러 직업에 참여할 수 있다. 직업은 소득을 얻기 위한 수단인 경우가 많으며, 반드시 광범위한 훈련이나 자격이 필요한 것은 아니다. 반면, '전문직'은 일반적으로 특정 교육, 훈련 및 자격을 요구하는 전문 분야의 업무를 의미한다. 전문직은 실무 표준과 윤리 지침을 확립한 경우가 많으며, 개인은 일반적으로 지속적인 학습과 전문성 계발에 전념한다. 직업과 전문직 모두 보수를 위해 수행되는 업무를 포함하지만, 전문직은 일반적으로 더 높은 수준의 교육, 전문화, 헌신을 요구하며 규제 표준과 감독의 대상이 되는 경우가 많다.

이들 엄마들은 스스로의 일을 '전문직'이라고 생각하는 만큼 개인적인 영역에서도 하는 일이 조건에 맞게 완료되도록 책임과 헌신의 태도를 유지한다. 다시 말하면, '완성도'를 높이기 위해 스스로 분투한다. 자신의 일을 독립적으로 처리하고 부지런히 처리하는 엄마는 많은 노력과 고민을 한다. 이러한 자세는 자녀에게 성실과 긍정적인 삶을 현장에서 보여주는 롤모델이 된다. 어찌 보면, 결국 자기 일을 잘하는 엄마가 마더링도 잘한다. 사실, 엄마가 전업주부든, 워킹맘이든, 자기 할 일을 열심히 하는 모습만큼 자녀에게 동기를 부여해주는 것은 없다 할 정도다.

감시는 금물: 주의할 점도 있다. 있어야 할 자리에 '있어주기'만 하면 된다는 것을 과하게 하는 것은 금물이다. 공부하는 자녀와 함께 밤을 새우거나, 아이의 스케줄을 하나하나 꼬치꼬치 묻는 것은 '있어주기 마더링'이 아니다. 더 나아가 숙제하는 것을 지켜보거나, 엄마가 평상시에는 읽지도 않는 책을 펴면서 옆에 있는 것은 아이에게 오히려 '최악'이다. '감시'받는 분위기 때문이다. 엄마가 자녀와 '있어주기'를 이렇게 1차원적으로만 해석하고 마더링을 하는 순간, 장기적인 자녀의 자기주도학습은 불가능해진다.

'있어주기'에도 균형이 필요하다

간혹, 아이들이 중간고사, 기말고사를 치르는 동안 엄마가 지인들과 해외여행을 가거나, 학부모 모임 등으로 집을 비우는 일들이 생각보다 많다. 엄마들은 어차피 아이들은 학원에서 공부하고 있으니 '상관없다'라는 말로 합리화한다. 아이들 역시 크게 상관없다고 말한다. 하지만 직접 아이들을 현장에서 보면, 이런 경우 어딘가 모르게 아이들도 산만하다. 무의식적으로 아이들도 엄마와 함께 긴장의 끈을 놓기가 쉽기 때문이 아닌가 싶다.

실제로 내가 만난 대부분의 최상위권 엄마들은 아이들과 함께 공부하지는 않더라도 아이들과 '호흡을 맞춘다'는 느낌으로 아이들의 공부 스케줄에 따라 엄마의 스케줄을 맞춘다. 그러고 보면, '함께 웃고, 함께 울고, 함께 긴장하는 것'이 한국의 중산층의 '있어주기' 마더링의 본질이라는 점은 분명해 보인다.

관계 향상 스킬 4 아이의 적기를 찾아 개입하자

윤서는 서울 소재 중상위권 대학교를 졸업해 남부럽지 않은 회사 생활을 하고 있는 자랑스러운 딸이다. 하지만 이런 윤서에게도 고등학교 3년을 '위태위태'하게 보낸, 엄마에게는 아찔했던 시간이 있었다.

윤서는 중학교 3년 내내 전교 최상위권을 유지했다. 국어, 영어, 수학 모두 상당히 선행을 많이 해놓았기에 고등학교에 가서도 극상위권이 되리라는 것을 누구도 의심하지 않았다. 문제가 발생한 것은 중학교 3학년 겨울방학이었다. 윤서는 중학교 1학년 때부터 공부를 하다가 힘들 때면 친구들과 '노래방'에 가는 것으로 기분 전환을 하곤 했다. 당연히, 엄마는 이번에도 '그러려니' 했다. 그런데 아이는 겨울방학 내내 집 밖을 맴돌았다. 나중에 아이에게 듣기론 별다른 이유는 없었다고 했다. 노래하고 춤을 추면 그저 후련하고 좋았던 것뿐이란다. 무언가 문제가 있을 것이라는 추측과 달리 너무나 단순한 대답이 오히려 놀라웠다.

그렇게 대입에서 가장 중요한 시기 중 하나인 중학교 3학년 겨울 방학을 노래방과 함께 '불살라' 버린 탓인지 고등 1학년 1학기 성적은 수직 하락했다. '메디컬(의과대학, 치과대학, 한의과대학, 약학대학)'을 목표로 했던 엄마는 망연자실했다. 하지만 윤서는 이미 너무 깊이 '노는 것'의 즐거움을 알아버렸다. 어떻게 해야 아이가 마음을 잡을까 고민하던 엄마는 학원 선생님들을 찾아가 아이의 '멘털을 잡아줄 것'을 부탁했다. 하지만 아이는 오히려 튕겨 나갔다. 선생이 면담을 요구하자 아예 학원도 다니지 않겠다며 으름장을 놓았다. '워킹맘'이었던 엄마는 본인이 집에 없었기 때문에 공부 잘하던 딸이 이렇게 되었다며 죄책감에 사로잡혔다.

엄마만의 촉을 발휘한다

주변을 보면 아이들이 "답답하다" "잠깐 나갔다 오겠다"라는 말을 할 때 무심코 지나치는 부모들이 적지 않다. 하지만 '공부가 힘들겠지, 스트레스를 받았나 보다, 이러다 말겠지'라며 방치하면 공부의 흐름이 깨지고, 제자리로 돌아오기가 쉽지 않다. 아이가 평소와 다른 행동이나 말투, 표정을 보이면 주의 깊게 살펴봐야 한다.

윤서의 엄마는 갑작스러운 변화 앞에 당황했지만 일단 아이와 좋은 관계를 유지하는 데 집중하기로 마음먹었다. 물론 처음에는 아이를 붙잡고 야단도 치고 어르고 달래기도 했다. 하지만 역효과가 나자 아이의 상태가 지금까지와는 다르다는 엄마만의 촉이 왔다. 더 밀고 나가면 학창 시절만이 아닌 미래까지 망칠지 모른다는 위기감이 들었다.

일단 엄마는 아이의 친구들을 공략했다. 윤서가 유난히 친구들을 좋아했고 다행히 주변 아이들이 모두 '공부 좀 하는 아이들'이었기 때문에 친구들과 관계를 더욱 돈독히 하도록 노력했다. 약속을 잡으면 흔쾌히 외출을 허락해주었고, 종종 맛난 간식을 준비해두고 집에 초대했다. 공부에 욕심 있는 성실한 친구들과의 '또래 공동체'를 잘 활용한 덕에 윤서는 집 밖의 즐거움에 빠졌지만 큰 일탈로 이어지지는 않았고, 일정한 범주 안에서 마음껏 스트레스를 풀었다.

다음으로 학교 성적과 사교육에도 욕심을 내려놓았다. 아이가 그만두고 싶다는 학원을 단칼에 정리한 것이다. 아이의 요구를 받아들이는 대신 딱 한 과목, 아이가 가장 좋아하고 자신 있는 영어 학원은 계속 다니되, 숙제와 예습·복습을 철저히 하기로 합의했다. 지금까지 쌓아온 공부 습관을 조금이나마 유지시키고 싶었기 때문이다.

'눈치' 활용 능력을 높인다

엄마에게 '의사소통 능력'과 '눈치'가 없다면 원하는 마디링을 잘할 수 없다. 그 정도로 눈치는 중요하다. 자녀를 잘 마더링하고 싶다면, 스스로 언어적·비언어적 '눈치'가 얼마나 있는지를 생각해보길 권한다. 자녀의 세밀한 변화를 잘 관찰하는 '눈치' 활용 능력에는 절대적으로 민감한 감수성sensitivity이 필요하다. 엄마의 느슨한 관찰력과 '눈치 없음' 혹은 '과욕'이 청소년기 위기 행동을 방치해 장기적인 위기를 초래할 수 있다는 많은 연구가 있다.

청소년기의 위기 행동은 음주와 흡연, 언어 폭력, 정서 불안, 게임 중독 등 습관적(만성적) 위기 행동과 가출, 자해, 자살 시도 등 극단적 위기 행동, 두 가지로 구분할 수 있다. 습관적 위기 행동이 모두 극단적 위기 행동으로 발전하지는 않지만, 조기에 개입하지 않을 경우 극단적 위기 행동으로 전이될 가능성이 있다. 문제는 한국의 엄마들이 눈앞에 있는 '성적', '입시 결과'에 몰입하느라 보이지 않는 자녀의 '정돈되지 않은 내면'을 놓친다는 점이다.

이를 막기 위해서는 민감한 '감수성'과 '눈치'로 중무장한 '의사소통 능력'을 가정에 적용하는 마더링, 즉 적시에 개입하고 적절한 지원과 목표를 자녀와 함께 조율해나가는 '개입maternal involvement 마더링'이 중요하다. 이는 자녀가 성장하는 과정에서 겪을 위기의 위험을 완화할 뿐만 아니라, 무엇보다 교육적 성취에서도 긍정적인 결과를 유도하는 좋은 해결책이다.

가족을 대하는 태도 관찰하기: 자녀의 행동이나 생각 또는 감정을 표현하는 방식을 잘 살펴보자. 가족과 눈을 마주치고 대화할 때 어색함은 없는지, 긍정적인 언어를 사용하는지, 비아냥거리는 언어 사용이 늘었는지 등을 보자.

외부에서의 모습 살피기: 집 안만이 아닌 바깥에서의 모습도 주의해서 보자. 친구들과 함께하는 모습, 가방을 메고 학교에 갈 때 자녀의 시선은 어디를 향하고 있는지 등을 살피자. 아이의 스트레스나 흐트러짐은 생각보다 작은 행동과 습관에 영향을 끼친다. 이외에도 요즘 주로 시간을 보내는 친구가 누구인지, 새로운 친구를 사귀었는지, 친구들과 만나서 노는 장소나 지역이 바뀌었는지 등을 조심스레 알아본다. 행동 반경이나 어울리는 친구가 아이의 관심사와 변화 등을 보여주기 때문이다.

자주 대화하기: 마더링의 성공 여부는 엄마가 자녀와의 '의사소통 능력'을 얼마나 잘 활용할 수 있는가에 달려 있다. 자녀의 위기 행동을 조기에 발견하고, 이를 해결하기 위해 적절한 지원과 자원을 제공해야 하는데, 이러한 엄마의 민감성은 아이와 이야기를 나누지 않고서는 발휘되기 어렵다.

관계 향상 스킬 5 민감할 때와 둔감할 때를 구분하자

민지는 교육대학교 진학을 꿈꾸는 고등학교 학생이었다. 공부도 열심히 하고, 체력이 중요한 만큼 규칙적으로 운동하며 계획적으로 하루하루를 채워갔다. 그런 민지가 며칠 전 SNS에 자기 팔뚝 안쪽에 '용'과 '꽃' 무늬 문신을 한 사진을 올렸다. 문신을 한 지 얼마 안 돼 벌겋게 부어오른 사진을 본 아이들은 만만치 않은 충격을 받았다고 했다. 더 놀라운 것은 바로 다음 날 "그동안 즐거웠어"라는 마지막 말을 남기고는 학급 단톡방을 나갔다는 것이다. 그리고 자퇴 소식이 들려왔다.

민지는 고등학교 1학년 1학기에는 학급 반장이었다. 교육대학교 진학을 희망했고, 고농축 카페인 음료를 마시면서 하루 서너 시간만 자면서 공부했다. 첫 중간고사 후 자기 등수로는 교육대학교 진학이 요원하다는 생각에 심각하게 진로 고민을 하다가, 기말고사 후에는 공부에서 손을 놨다. 나중에 들은 얘기로는 엄마가 아이의 휴대전화를 빼앗았다고 했다. 딸의 일탈을 막으려는 노력이었겠지만 아이는 그날로 가출을 했다. 딸에 대한 실망, 스마트폰 집착에 대한 분노, 고강도 관리를 통해 성적을 올리려는 의도 등 엄마의 마음도 이해는 된다. 하지만 누구보다 속상했을 아이를 다독이고 격려하는 대신 엄마는 단 두 번의 성적표에 딸보다 더 충격을 받고 예민함을 폭발시켰다.

순간의 감정을 다스리지 못하고 휴대전화를 압수한 엄마의 잘못된 민감성은 결국 아이와의 관계를 해치고 말았다. 3월부터 6월까지, 서너 달 동안 너무나 '찐한' 노력을 한 민지는 극단적인 행보로 너무나 '빨리' 인생의 큰 결정들을 쉽게 내려버렸다.

집요함보다 둔감함이 먼저다

아이를 잘 지도하는 데 엄마의 민감성만큼이나 중요한 것이 둔감함이다. 아이의 변화상 등을 파악하기 위해서는 민감해야 하지만 이를 활용할 때는 '둔감함'이 필요하다.

10대 아이들에게 변화가 감지된다고 해서 "무슨 일 있어?" "친구들과 괜찮아?" "왜 갑자기 답답해졌어?"라고 적극적으로 다가간다 해도 구체적인 답을 듣기란 쉽지 않다. 엄마와 말하고 싶지 않을 수도 있지만 무슨 말을 해야 할지 모를 수도 있기 때문이다. 이럴 때 무언가 이유를 말해보라며 집요하게 굴면 아이는 더욱 입을 닫을 뿐이다. 다 괜찮다는 듯, 아무 일도 아니라는 듯 무심코 넘겨주는 대범함이 필요하다.

또한 모의고사 성적표, 학원 레벨 테스트 등 사소한 과정을 마치 대입 결과인 양 비장하게 받아들이지 않도록 노력하자. 너무 예민하면 '다음 시험에서도 이러면 어떡하지? 이러다 입시에 실패하는 건 아닌가?' 하는 등 습관적으로 부정적인 자기 암시를 하게 된다. 엄마의 두려움은 아이에게도 영향을 미친다. 과도하게 사교육을 시키거나 학습 부담을 주거나 지나치게 개입해 정서적 안정을 깨뜨린다. 불안감은 아이에게 전염되어 아이도 시험에 대한 두려움을 얻게 된다.

잠재하는 두려움의 구체적 근거는 없다. 혼자만의 생각일 뿐이고, 주변의 환경이나 말에 자극받을 때도 있다. 부정적 생각과 걱정이 솟아난다면 살짝 눈을 감고 '괜찮다'고 자기 실현적 예언을 하자. 이 모든 것은 과정일 뿐 결과가 아니라는 팩트에 집중하자. 아이의 성취와 결과 앞에 필요한 것은 바로 엄마의 둔감함이다.

건드리지 않기 놀이: 이때 가장 좋은 방법 중 하나는 '원시인 놀이' 이다. 일주일에 하루는 '건드리지 않는 것'이다. 잔소리도 없고, 챙겨주는 것도 없는 날이다. 온 가족이 '완전히 자유로운 날All-Free Day' 을 실천하는 것이다. 밥을 먹으라고, 방 좀 치우라고, 더 나아가 공

부하라고 등 그 어떤 개입도 잔소리도 없는 날이다. 온 가족이 자신이 하고 싶은 것만 하는 것이다.

스스로 감정을 추스르고 자신의 시간과 공간을 갖도록 해주는 것만으로도 아이들은 답답함을 해소하기도 한다. 더 나아가, 학업 스트레스에서 자유로워지는 이 하루들 덕에 나머지 일주일을 성실하게 공부하며 버틸 수 있게 된다.

뒹굴뒹굴 놀이: 또 다른 방법은, 스킨십이 가지는 강점을 강조하는 '뒹굴뒹굴 마더링'이다. 대단한 것이 아니라, 아이와 함께 침대에 누워서 이야기하는 것이다. 편한 자세로 일상에서 있었던 일을 비롯해 자신의 생각과 느낌을 듣고, 적절히 반응하고 응수하는 것이 전부이다.

나의 경우에는 특별히, 고등학생인 막내에게 많이 사용하는 마더링 방법이다. "뒹굴뒹굴할까?"는 "잠깐 쉴까?"를 의미하기도 하고, "잠깐 얘기할까?"를 의미하기도 하고, "할 말 있어"를 의미하기도 한다. 주로 들어주고, 위로해주고, 때로는 아이와의 관계를 점검해보는 척도로 사용하기도 하는 마더링 전략이다. (물론, 자녀를 안아주거나, 뽀뽀해줄 수 있는 연령을 자녀가 고등학생 시기까지 확장한 엄마라면, 이것은 이미 성공적인 '즐거운 관계 마더링'을 하고 있다는 증거다). 다만 갑자기 하자고 하면 아이가 경기를 일으킬 수 있으니, 괜찮은 상황 혹은 관계인지 먼저 눈치를 살펴야 한다.

엄마의 노력은 거꾸로 간다

안타까운 점은 현장에서 만나는 많은 엄마들이 이와 반대로 움직인다는 것이다. 자녀의 작은 변화를 발견하지 못하거나, 공부를 위해 일부러 모른척하며 '둔감함'을 발휘한다. 자녀의 변화에는 둔감한 듯 일단 '밀어붙이기'를 하는 반면, 학교 성적에는 엄마 자신의 인생을 건 듯이 민감하게 반응하여 관계를 망치곤 한다. 이러한 면에서 많은 한국 엄마들은 역주행 중인 기차 같다.

명문 대학에만 합격시키면 자녀교육에 성공했다며 '칭송'을 보내는 사회·문화적 경향이 우리 엄마들을 사교육에 옭아매고 있는 것이 아닌가 싶다. 더 나아가, 지나친 갈등 속에서 자녀의 중고등학생 시절을 보내며 엄마 인생의 모든 역량을 대입에 쏟아부은 뒤 무기력한 엄마와 증오심 가득한 자녀만 남겨지는 것은 아닌가 하는 생각도 든다.

관계 향상 스킬 6 내 아이를 내가 제일 모를 수 있다

A: 얘들아 나 죽고 싶어.

B: 갑자기?? 왜???

C: 별일도 아닌데 이런 말 남발하면 XXX.

D: 무슨 일 있어? 왜 그래?

A: 엄마가 시험 얘기하면서 나한테 계속 소리 지르면서 어떻게

할 거냐고 계속 그래. 엄마한테 그냥 알아서 하겠다고 말하고 싶은데, 그럴 깡도 없어서 계속 말도 못 하고 혼만 나고 있음….

E: 힘들만 하네.

C: 나도 그랬었는데. 난 나도 같이 소리 지르고 화냄.

A: 그럴 틈도 안 주고, 우리 엄마는 계속 소리 지름.

B: 아이고….

A: 아… 나도 그냥 짐 싸서 나가고 싶다.

지도하고 있는 학생이 보여준 단톡방의 대화다. 고등학교 1학년인 재훈이에 따르면, 중학교 때부터 친구였던 A는 중학교 때는 '한 공부' 하는 아이였다. 아마 이번 중간고사를 망친 모양이라면서, "그래도 이건 좀 낫다"며 웃는다. 자기 엄마는 시험을 못 보면 자기를 '투명 인간' 취급한다며 차라리 잔소리 듣는 게 마음이 편하단다.

이런 얘기를 접할 때마다 속으로는 '무섭지도 않나?'라는 생각이 들곤 한다. 사춘기 아이에게 이렇게 소리 질러도 괜찮다고 생각하는 엄마의 '대담함'에 한 번 놀라고, 요즘 애들을 잘 모른다는 '무지함'에 두 번 놀란다.

현실은 영화와 다르지 않다

많은 엄마들이 자신의 자녀를 너무 쉽게 믿는다. 가출, '술담'(흡연과 음주를 이르는 은어), 문신, 임신, 자살 등의 일을 자기 아이들과는 무관하고, 그저 영화에나 나오는 일로 치부한다. 그런 상태에서 '시험 성적'만 얘기하는 것이다. 정말 큰 착각이다. 어느 누구도 나쁜 길로 향하는 경로에서 자유롭지 않다.

학군지의 한 중학교에서는 엄마가 없는 사이에 자녀가 '방 렌탈'을 해 돈을 번 사건으로 동네가 떠들썩했다. 이성 교제 중인 친구들에게 '찐한 스킨십'을 위한 배려(?) 차원으로 시간당 돈을 받고 친구들에게 방을 빌려주다가 발각된 것이다. 아이러니한 것은 이 아이들이 '넉넉한' 가정의 자녀들이었다는 점이다. 돈을 벌어야만 하는 이유가 있는 것도 아니었다. 이렇게 방을 빌려 쓰고 빌려준 후 이 아이들은 '학원'에 가서 천연덕스럽게 앉아 공부를 하곤 했다.

중산층의 지극히 평범한 가정에서, 너무도 평범한 아이들도 이렇게 쉽게, 그것도 아주 빠르게 상상치 못한 일을 벌이곤 한다. 이런 이야기가 실제로 지금 중학교와 고등학교에서 벌어지고 있는 현실이다.

좋은 관계는 가족마다 다르다

아이들은 수만 번도 더 변한다. 엄마는 그 변화를 잘 지켜봐주고 싶다. 그리고 그 변화가 너무 두려운 것이 되지 않기를 소망한다. 그래서 자녀의 독립된 영역과 엄마의 관여(훈육이라고 불러도 좋겠다) 사이에서 마더링은 '줄타기'를 하는 것이다. 가족, 특히 엄마와 자녀의 '관계가 좋아야' 마더링이 효과적으로 되는 것은 분명하다.

하지만 좋은 관계에 대해 엄마들이 오해하는 지점이 있다. '관계가 좋다'는 것의 의미가 뭘까? 균형 잡힌 마더링을 위해서는 균형 잡힌 가족의 '관계성'에 대한 기준과 가족 구성원 간의 정서적 유대 관계(이를 '응집'이라고 한다)에 대해 먼저 생각해봐야 할 필요가 있다. '응집'의 정도에 따라 네 가지 가족 유형이 있다.

해체된 가족: 해체된 가족Disengaged Family에서는 구성원들이 감정적으로 분리되는 경향이 있다. 서로의 삶에 제한적으로 개입할 수 있기 때문에, 열린 의사소통과 정서적 연결이 부족하다. 가족 구성원은 종종 자신의 이익과 활동을 독립적으로 추구하여 가족 단위 내에서 고립감을 느끼게 된다.

분리된 가족: 분리된 가족Separated Family은 다양한 이유로 가족 구성원이 서로 신체적·정서적 거리를 두고 있는 가족을 말한다. 이혼, 지리적 별거 또는 기타 요인으로 인해 발생하는 '육체적 분리'는 명백한 이유다. 하지만, 함께 있어도 정서적으로 분리되어 있어서 가족 구성원 간의 공동체 의식이나 유대감은 여전히 약해진 상태의 가족 유형이다.

연결된 가족: 연결된 가족Connected Family은 구성원 간의 강한 정서적 유대와 열린 의사소통을 특징으로 한다. 이 가족 유형 안에는 '단결감', 가족의 '지원', '공유되는 가치'가 있다. 가족 구성원은 정서적으로 서로 밀접하게 연결되어 있고 서로의 삶에 적극적으로 참여하여 지원하는 환경을 조성한다.

얽힌 가족: 얽힌 가족Enmeshed Family은 그물에 걸린 것처럼, 가족

구성원 간의 경계가 모호하거나 존재하지 않는 가족이다. 가족 구성원은 서로의 삶에 '지나치게 관여'하기 때문에 자신의 정체성과 독립성을 확립하는 데 어려움을 겪을 수 있다. 이는 '상호 의존성'과 개인의 '자율성 부족'으로 이어질 수 있다.

가족의 '응집' 유형에 따라 가정마다 대화에 대한 기준과 방식 또한 영향을 받는다. 또한, 마더링의 방식으로서의 '관여'의 정도와 방식, 훈육을 위한 가족 내의 '규율', 학습에 대한 투자와 환경 조성 등 '마더링'의 구체적인 행위가 달라진다. 이러한 행위가 장기간 일관적으로 만들어진 '경향성'('취향'이라 해도 좋다)이 바로 가족 아비투스다. 이러한 가족 간의 '의사소통'과 '관계성'의 유형에 대한 성찰이 자녀의 학습과 일탈의 과정에서 발생할 수 있는 다양한 문제를 해결하는 첫 번째 단계가 될 수 있다.

일단 가족 간의 감정적 연결의 수준, 의사소통 패턴 및 가족 구성원 간의 심리적 경계 등의 요인을 고려하여 자신이 속한 가족 유형을 파악하자. 그러고 나서 해당 유형에 따라 적합한 대화법이나 의사소통 방법을 찾는다. 무관심의 정도를 줄이고 숨겨진 문제를 대화로 해결하고, 감정적 연결을 촉진하는 활동을 하는 것이다.

함께하는 저녁 식사 시간, 가족 모임이나 활동을 통해 정기적으로 모여 유대를 높이고 관계를 강화해보자. 갈등이 발생할 때 개방적이고 존중하는 의사소통을 유지하고, 일상적인 대화와 상호 간의 격려와 지지를 통해 긍정적인 의사소통 패턴을 유지하는 것이 중요하다.

해체된 가족: 말투나 억양, 몸짓이나 표정, 자세, 분위기와 같은 비언어적인 요소가 대화법과 마더링 개입을 고려할 때 훨씬 중요하다. 자녀의 눈을 마주 보며, 따뜻한 목소리로, 가능한 가까이에서, 편안하게 일상적인 이야기를 하는 것으로부터 감정적 유대를 키워가는 훈련을 먼저 해야 한다.

엄마가 자녀의 말을 경청하고 있음을 나타내는 반응을 보여주자. "그랬구나" "아, 정말?" "그래?" 등의 반응과 몸짓을 보여주는 것이 필요하다. 고압적인 자세는 자녀에게 위압감을 주어 전달하려는 메시지를 해친다. 자녀가 대화를 원할 때는 대화하면서 다른 일을 하지 않고, 진지하게 귀를 기울여주고, 자주 그리고 적절히 칭찬해주는 대화를 하자.

분리된 가족: 물리적 거리로 생긴 감정적 거리를 좁히기 위한 노력이 선행되어야 한다. 가족의 분리로 생긴 변화에 대한 적극적인 설명이 있어야 한다. 자녀가 자신과 가족에게 어떤 일이 일어나고 있는지, 무슨 일이 일어날지 모르는 상태로 가족이 분리되어 있다면 자녀는 상실 때문에 신체적·정신적 질환에 취약해진다. 문제가 있으면 있는 대로 드러내는 솔직한 태도가 필요하다.

또한, 부모라도 자신의 잘못은 솔직하게 인정해야 한다. 탐탁지 않은 자녀의 행동을 윤리적·도덕적인 말로 선도하려는 태도는 저항감을 불러일으킨다. 감정을 이해하도록 노력하고, 비판하지 않으려고 노력하자. 가족은 분리되어 있지만 엄마와 아빠는 여전히 자신과 계속 연결되어 있다는 것을 안다면, 자녀들은 자신의 능력을 최대한 발휘하며, 가정 내 갈등 상황을 건설적으로 다루어나갈 수 있다.

연결된 가족: 단단한 유대관계를 맺고 있는 이상적이고 화목한 가정이다. 다만, 학업 스트레스와 그로부터 발생하는 부모와 자녀의 갈등은 아무리 단단한 유대관계도 무너트릴 수 있다는 것을 항상 유념해야 한다. 연결된 가족에서 주의할 또 다른 점은 청소년인 자녀를 너무 아이 취급하는 것이다. 자녀를 인격적으로 성장한 한 개인으로 인정하는 방식으로 대해야 한다.

얽힌 가족: 자녀와 부모가 서로에게 무의식적으로 의존하거나 개입하는 정도를 조절하는 대화가 필요하다. 가족 구성원 간의 경계가 모호하기 때문에 부모가 선택한 것을 자녀에게 강요하듯이 대화하기가 쉽다. 자녀가 스스로 선택하도록 의사를 묻는 방식의 대화가 중요하다.

이 가족은 서로의 삶에 지나치게 관여하기 때문에 서로에 대해 아는 것도 많다. 이미 지나간 일에 대해, 또는 이미 책임을 지거나 처벌을 받았던 일들을 끄집어내는 것은 자신감을 상실하게 한다. 기를 죽이거나 주눅 들게 하는 말을 조심하자. 부모가 이미 다 안다는 듯이 중간에 말을 끊기보다는 끝까지 들어주는 대화가 필요하다. 자신의 정체성과 독립성을 확립하도록 자녀의 생각과 견해를 비판하기보다는, 잘했던 것과 긍정적인 행동에 대해서도 같이 말해주자.

근래에 뜨는 '마더링' 스타일인, '자녀 마음 만져주기' 간섭하지 않는 민주 엄마' 등은 이렇게 현재 가족에 대한 깊은 '성찰'이 없다면 '해야 할 일what-to-do'만을 빠르게 습득하게 하는 '철학' 없는 마더링의 산물이 될 수도 있다는 점도 간과하지 않아야 한다.

선의의 간섭은 필수다

자유에 관한 일종의 '경전'과 같은 책인《자유론On Liberty》의 저자인 존 스튜어트 밀John Stuart Mill은 '개인적 결정권'에 대한 무한한 지지를 보낸다. "각 개인 고유의 문제라면 그 사람의 개별적 자발성에 전적으로 맡겨야 한다"라고 그는 말한다. 결국 어떤 상황에서든 자신이 최종 결정권을 가져야 한다는 주장이다. (사실, '민주적'인 삶을 위한 자기 결정권과 '개인의 자유'를 온전히 누리는 것이 생각 밖으로 어렵다는 사실을 우리는 오랜 역사를 통해서 절감한다.)

그토록 개인의 자유를 강조한 존 스튜어트 밀도 강조한 조건은 '다른 사람에게 해를 끼치지 않는 한'이었다. 즉 사회 속에서의 자유는 책임과 의무가 있으며, 무조건적인 절대 자유가 아님을 강조한 것이다.

같은 맥락에서, 그는 아직 다른 사람들의 보호를 받아야 할 처지에 있는 사람들(=미성년자)은 외부의 위험 못지않게 '자신의 행동에 따른 결과'로부터도 보호받아야 마땅하다며, 임의로 자유의 원칙이 적용돼야 할 대상에서 미성년자를 배제한다. 이러한 의견의 배경에는, 미성년자에게는 옳은 길을 제시하면서 간섭하는 것인 '삶의 필요에 따른 선의의 간섭'이 필요하다는 전제가 깔려 있다.

민주적인 마더링을 위해 대화를 점검한다

'아이를 믿어주는 것'이 가장 중요하다는 생각에 발등 찍혔다는 부모들이 많다. 아이를 믿는다는 표현은 너무도 민주적이고, 멋진 말이다. 하지만 민주적일수록 가정의 응집 유형과 의사소통 방식을 점검해야 한다. 아이의 생각과 감정을 맥락 속에서 잘 해석하고 있어야 진심으로 신뢰하는 관계를 지속할 수 있다.

첫째로 아이에게 사소한 일상을 물어보자. 시시콜콜 답한다면 아이는 엄마가 자신의 생각과 감정을 잘 이해하고 있다고 느낀다는 증거다. 문제가 있으면 아이들은 부모와 일상적인 이야기를 나누지 않는다. 뭘 물어보든 "몰라"라는 시큰둥한 대답이 전부다. 대답이라도 하면 다행일 수도 있다. 아이가 지금 무엇을 원하는지, 문제가 생겼을 때 어떻게 느끼고, 일의 결과가 어떻게 되어야 한다고 생각하는지 등 자녀의 생각과 감정을 구체적으로 확인하는 것이 중요하다.

다음으로 가족 모임에서 대화에 참여하는 정도를 확인하자. 표징이 없어지고 어울리기를 싫어하는 등 우울 증세가 있거나 사소한 거짓말이 늘었다는 느낌이 든다면, 문제가 있다는 신호 중 하나이다. 한두 번의 거짓말을 가지고 부모가 고민할 필요는 없다. 하지만 습관적인 거짓말이나, 학교, 집, 친구 등 여러 상황에서 나타나는 거짓말은 심각하게 받아들여야 한다.

이럴 때는 우선 거짓말을 하게 만드는 가족 환경이 아닌가 돌아보자. 부모의 따뜻함이나 진실성이 부족한 경우, 부모가 자녀에 대한 불신을 표현하거나 자녀를 거부적으로 대하는 경우, 자녀의 행동이나 생활을 감독하지 않고 방치하는 경우, 화합되지 못한 가족 분위기 등 가정 내 감정 자본이 고갈되면 아이들은 거짓말을 많이 한다.

자녀를 잘 이해하는지에 대한 점검은 아주 사소한 것에서부터 시작할 수 있다. 대화할 때 아이의 말은 물론 표정, 눈빛, 태도 등 비언어적 행동도 살펴보자. 그래야 진정한 '민주적' 마더링을 행할 수 있다. 결국, 무엇을 향한 '자유'와 '경계'인지, 마더링의 '철학과 방향성'에 대한 엄마의 성찰은 언제나 선행되어야 할 절실한 과정이다.

관계 향상 스킬 7 엄마도 아이와의 대화가 즐거워야 한다

중고등학생 자녀를 둔 학부모가 가장 많이 하는 불평 하나가 "애가 말을 잘 안 한다"는 것이다. 뭐를 물어봐도 단답형 대답뿐이다. 아예 묻지 말라며 질문 자체를 봉쇄하기도 한다. 아이러니한 것은 이들 가정이 대부분 화목해 보인다는 점이다. 아이도 성실하고 부모도 자녀를 살뜰히 챙긴다. 하지만 엄마들은 "요즘 우리 아들은 어때요? 열심히 하고 있나요?"부터 "우리 애는 무슨 생각을 하고 사는지 모르겠어요" "학원에 안 간다고 하지 않는 것만으로도 살 것 같아요" 등 남 얘기하듯 말하기도 한다. 자녀를 꼼꼼히 챙겨주고 가장 가까이에서 시간을 보내지만, 현실은 자녀들의 생각을 모른다.

부모와 관계가 좋으면 심리적으로 성취 동기가 올라간다. 학습 동기에 긍정적인 영향을 미쳐 스스로 책을 펴고, 공부하는 시간이 증가해 결과적으로 학업 향상에 도움이 되는 경우를 현장에서 자주 접했다. 그래서 학부모들이 "어떻게 하면 애들이 스스로 공부를 할까요?"라고 질문할 때마다 언제나 "무엇보다, 아이랑 사이가 좋아야 해요. 그래서 아이가 엄마랑 공부 얘기하는 것을 싫어하지 않아야 해요"라고 대답했다.

그런데 평소 사이가 원만하고 얘기를 많이 한다 해도 유독 '공부' 얘기만 나오면 예민해지는 경우가 있다. 승우는 누가 봐도 엄마와 사이가 좋은 중학교 3학년 학생이다. 모자가 외식도 자주 하고, 영화도 보러 나가고, 쇼핑도 항상 함께 다녔다. 승우 역시 엄마와 사이가 좋다고 말한다.

그런 승우조차 "엄마랑은 너무 길게 얘기하면 안 돼요. 잘 얘기하다가도 언제나 공부 이야기로 끝나거든요"라며 분명한 한계를 표현한다. 승우 엄마 역시 "공부니 성적 얘기만 빼면 아주 사이가 좋죠"라고 얘기하는 것을 보면, 아들만이 느끼는 정서적 벽은 아닌 듯 보인다.

공부 얘기가 편해야 진짜 좋은 관계다

엄마들은 자녀가 공부만 잘하고 있으면, 또는 엄마랑 얘기만 잘 나누는 사이이면, 아이에게 아무 문제가 없다고 '착각'한다. 하지만 한국에서 엄마가 10대 자녀와 '진짜 관계가 좋다'라고 말할 수 있으려면 공부 또는 성적에 대해서 허심탄회하게 이야기를 나눌 수 있어야 한다.

우리나라 아이들은 아무리 공부에 관심이 없다 해도 성적이나 입시 이야기가 나오면 스트레스를 받을 수밖에 없다. 성적을 자신의 치부로 여기는 경우도 많다. 가장 힘들고 부담스러운 이야기를 자연스럽게 나눌 수 있어야 진짜 소통이 되는 관계라 할 수 있다.

또한 엄마들은 공부 얘기를 시작하면 모든 이야기가 잔소리가 된다. '덕질'하는 아이돌 이야기든, 맛집 이야기든, 심지어 이성 교제 이야기까지 공감해주던 다정한 엄마가 갑자기 다른 반응을 보이는 순간은 성적표 이야기를 할 때다.

공부 혹은 시험이나 성적에 대해 자유롭게 이야기를 나눈다는 것은 엄마와 아이의 대화에 화, 짜증, 분노가 없다는 뜻이다. 자연스럽게 아이는 엄마와의 대화를 편하게 받아들이고, 즐긴다.

잔소리 말고 제대로 된 공부 얘기를 하자

엄마가 성적이나 결과에 무관하게 자신에게 '기대'와 '관심'을 거두지 않는다는 것만큼 한국의 10대에게 고맙고 미안한 것은 없다. 그래도 공부 얘기는 어렵다. 그렇다면 공부를 주제로 편안히 이야기 나누기 위해서는 어떻게 해야 할까?

일단, 엄마부터 학업에 조급한 마음을 버려야 한다. 마더링의 성적표로 자녀의 성적을 인식하는 한국 사회의 모종의 압력, 가정 경제의 큰 부분을 차지하는 사교육비, 미래에 대한 불안 등 여러 영역의 압력 때문에 엄마들은 공부 이야기를 할 때마다 화가 난다. 속상하고 불안해지기도 한다. 주변이 아닌 나와 우리 아이에게 집중하고, 내 불안감이 어디서 생겨났는지 찾아보는 등 스트레스와 압력을 줄이자.

다음으로 결과가 아닌 과정에 대해 이야기하자. 대부분 엄마가 주로 하는 공부 얘기는 결과로서의 성적을 탓하는 일이다. 이는 도움이 되는 얘기가 아닐뿐더러 아이들의 반발도 크다. 진정한 공부 이야기는 학습과 관련한 규칙과 계획을 함께 나누는 것이다. 학습의 목표, 과정, 이를 이루는 방법 등을 논의하자. 여기에는 의무만이 아닌 분량을 다 채웠을 때 누릴 수 있는 자유 시간, 즉 보상의 기쁨도 함께 들어 있어야 한다.

더불어 대화에도 성과가 있어야 한다. 가령 학습 선택의 주도권을 아이에게 주자. 학습 스트레스의 강도만큼 아이들이 스스로 고민하고 결정할 수 있도록 자녀를 신뢰하는 마더링이 제대로 된 공부 얘기를 가능하게 한다.

나의 경우 사교육의 선택권을 전적으로 자녀에게 주었다. 필요한 사교육을 요구하는 것도 아이들이고, 학원을 그만두고 혼자 힘으로 공부하겠다는 결정도 아이들이 내렸다. 그럴 때마다 엄마의 역할은 믿음을 가지고 요구를 수용하는 것이었다. 이유나 설명을 듣기도 전에 아이가 말을 꺼내자마자 '말도 안 돼'라는 식으로 요구를 묵살한다면, 아이는 학습에 관한 이야기를 엄마와 할 이유가 없다.

마지막으로 자녀의 일상을 온몸과 마음으로 공감하는 모습을 보여줘야 한다. 가정에서 공부하지 않으면 미안할 정도로 '진지한' 환경을 만들어주는 것이 잔소리나 지시 없이 공부 얘기를 할 수 있는 최고의 방법이다.

공부하는 시간, 주로 주중에는 최소한 가정에서 텔레비전 시청, 손님 방문, 가족 행사, 저녁 외출을 자제하는 등 아이가 책상 앞에서 외로이 분투하고 있다는 느낌에 사로잡히지 않도록 분위기를 조성하자. 학습의 흐름을 깨는 일을 방지하고 가족이 배려하고 있다는 강한 신호를 보내자.

이것이 잔소리나 지시가 아닌 제대로 된 공부 얘기를 나눌 수 있는 기본 바탕이 된다. 또한 이것만큼 강력한 교육적 효과를 높이는 '가족 아비투스'가 따로 없다.

성적은 마스터 카드가 아니다

주의할 것은 '관계가 전부다'라는 조언을 들은 일부 '착한 엄마'들이 좋은 관계만을 위한 마더링을 한다는 것이다. 10대 자녀를 마치 초등학교 저학년 대하듯 싫은 소리 한번 안 하고, 아이가 해달라는 것을 다 들어주면서 '요즘 사이가 좋다'고 만족해한다.

대표적인 예가 성적을 마스터 카드로 삼는 것이다. 공부를 잘하기만 하면 뭐든지 허락해주는 것이다. 돈은 물론이고, 스터디카페에서 공부한다고 하면 외박도 허락하는 집이 있다고 한다. 이렇게 피상적으로만 원만한 관계는 문제가 수면 위로 드러나지 않을 뿐, 쉽게 깨질 수 있다. 부모가 뭐든 허락하니 갈등이 생기지 않을 뿐이기 때문이다. 아이의 과한 요구를 들어주지 않거나 아이가 성적이 떨어지면 평화는 바로 깨질 수밖에 없다.

또한 알아서 잘하기 때문에 혹은 너무 '믿어서'라고 하더라도, 돈과 자유가 넘치다 보면 문제가 발생한다. 특히 표면적으로만 사이가 좋을 뿐, 부모와 정서적 유대감이 없는 아이들은 집 밖에서 즐거움을 찾아 헤매기가 쉽다. 아이가 공부를 잘하든 못하든 어느 순간, 갈등이 생기더라도 엄마가 아이의 미세한 변화를 발견할 수 없다.

아이들의 변화는 순식간이다

청소년들은 우리 엄마들이 손도 써보지 못할 정도로 너무나 빠르게 변하고, 너무나 무서울 정도로 영화에나 나올 만한 일들을 저지른다. 처음 시작이 어디인지도 모르게 아이들은 엄마의 품에서 안개처럼 사라져버린다. 일이 벌어진 후에야 엄마들은 "내 아이가 이럴 줄은 몰랐다"는 말을 한다.

미친가지로, "내 아이가 이럴 줄은 몰랐다"의 또 다른 영역은 고등학교 입학 후의 성적이다. 중학교까지는 엄청난 사교육과 엄마의 열성으로 지켜낸 성적이 고등학교 첫 시험 이후 무너지는 일이 부지기수다. 이때 엄마의 첫 반응이 자녀의 고등학교 3학년까지의 행보를 정한다고 해도 과언이 아니다. 아니 어쩌면, 엄마와 자녀 간의 평생 '관계'와 '응집'을 좌우할 수도 있다.

교육적 성취만을 중시해서 경쟁 속에서 과정이야 어떻든 무조건

승리해 가족(특히, 엄마)의 명예를 높여야 한다는 무언의 강압으로는 자녀와 민주적 관계성을 가질 수 없다. 마찬가지로, 자녀의 세상에 대한 몰이해와 맥락 없는 대화로는 자녀의 마음을 얻을 수 없다.

소프트 마더링 스킬을 기른다

마더링의 진정한 목적은 물질적 성취나 교육적 성취를 위한 환경을 조성하는 것이 아니라, 마음과 정신 건강 자원에 대한 접근(나는 이를 '소프트 마더링 스킬'이라 부른다)을 제공하는 것이다. 이는 학생들이 위기에 더 건강한 방법으로 대처하도록 돕는 중요한 역할을 한다. 더불어 좌절과 실패의 상황에서 자녀가 회복력과 대처 기술을 초기에 구축하도록 돕는다.

성적이 우수한 아이로 키우고 싶을 때 필요한 것은 내면이 잘 정돈되도록 도와주는 것이다. 내면이 '단단한' 중고등학생이 학업과 관련한 도전을 더 효과적으로 탐색하고, 대학 입시를 준비하는 과정에서 겪게 될 수많은 크고 작은 위기를 평생의 문제로 확대하지 않는다.

내면이 잘 정돈되고 마음이 단단한 사람들의 가장 큰 특징은 미래 지향적이라는 것이다. 이들은 미래 자신의 모습을 시각화visualizing한다. 즉 마음속에 그려보거나 상상하는 습관이 있다. 현재의 산만하고 무리한 상황에 압도되고 걱정하다 포기하는 대신 스스로 '미래의 어느 때에 나는 무엇을 하고 싶고 싶은가?'라고 물으며 미래를 위한 현재를 산다.

원하는 바를 찾고, 그것을 성취할 방법에 대해 생각하고, 그것을 이루기 위한 시간을 보낸 사람이 결국 목표를 이루어낸다. 소망하는 것에 대한 낙관적 잠재의식이 긍정적 에너지를 증가시키고, 높은 수준의 실천을 하도록 자극하기 때문이다. 이를 위해서는 자신이 무엇을 원하는지 생각하는 것에서 출발해야 한다.

평소 아이가 자신의 꿈을 찾도록 자주 대화하자. 꿈이 없다고 말한다면, 무엇을 원하는지 자주 생각하도록 격려해보자. 자기 자신에 대해서 바르게 생각하고 느끼기 시작하면 내면이 정돈되기 시작한다. 보다 가치 지향적인 미래에 대해서 자녀와 많은 대화를 나누어야 한다. 자신을 탐색하는 시간을 많이 갖는 훈련을 하는 것이다. 무엇을 좋아하고, 어떤 분야의 일을 하며 살고 싶은지, 120세 시대에 여러 개의 직업을 가질 수 있을 텐데, 어떤 종류의 직업을 20~50세까지 하고 싶고, 그 후 50~80세에는 어떤 일을 하고 싶은지 등 아주 구체적이고 창의적인 방식으로 자녀와 함께 미래를 생각해보는 시간을 나누자.

미래에 성취하고 싶은 목표를 생각하면 적절하고 명확하게 현재에 대한 결정과 판단을 내릴 수 있다. 미래로부터 거슬러 내려와 현재의 문제를 해석하고 과거를 반성하는 사고 습관을 길러주자. 이런 사고를 루틴화하면 현재의 복잡다단한 상황을 잘 정리하고, 난관을 이겨내게 된다.

성공과 성취를 끌어내는 데 결정적인 역할을 하는 투지 또는 용기를 뜻하는 그릿grit은 미국의 심리학자인 앤절라 더크워스Angela

Duckworth가 개념화한 용어로, 단순히 열정과 근성만을 의미하는 것이 아니라, 담대함과 낙담하지 않고 매달리는 끈기 등을 포함한다. 그녀가 주장하는 그릿의 핵심은 열정과 끈기이며, 몇 년에 걸쳐 열심히 노력하는 것이라고 강조한 바 있다. '결국 해내는 노력'이야말로 보이지 않는 가장 중요한 '능력'이라고 말이다.

지속가능한 대화 능력이 절실하다

요즘 아이들은 "할 게 너무 많아요"라는 말을 입에 달고 산다. 그러면서도 수업이 끝났는데도 "조금만 더 있다가 가면 안 돼요?"라며 자리를 떠나지 않는다. 한참을 친구들과 얘기하거나 휴대전화를 조물락거리기도 한다.

이미 '공부 좀 한다'는 아이들에게 잠자는 시간을 제외하면, 학원과 학교를 오가는 시간까지 포함해 하루의 일과 중 거의 모든 시간이 공부와 관련된 시간이다. 이 빠듯한 시간에서 아이들은 틈틈이 짬을 내서 스스로 쉬어가며, 다져간다.

이런 한국의 평범한 10대 아이가 더 건강하고 성취감 있는 삶을 살기 위해서는 내면이 '단단'하고 '정돈된' 아이로 성장하는 것이 관건이다. 단기적으로는 교육적인 투자 효과를 증폭시킬 뿐만 아니라, 장기적인 관점에서도 다양한 위기 상황에서 자녀들의 방황을 완화할 수 있다. 많은 연구가 청소년의 위기 행동과 학업 성취 간의 관계에 대한 엄마의 인식과 이러한 문제를 해결하기 위한 총체적 접근의 중요성을 강조하는 것은 이 때문이다.

사교육에서든 공교육에서든, 학업적 성공을 위한 지원, 정서적 안정, 학업 이외의 활동, 교우 관계 등에 관한 종합적인 마더링이 가능하기 위해서는 다양한 전문 지식만큼이나 중요한 것이 '학업(성적)'을 주제로 자녀와 지속적인 대화가 가능한 '진짜 관계'를 쌓을 수 있는 마더링이다. 지속적인 대화가 기능하려면 자녀의 사소한 일상에 관심을 가져야 한다. 존재 자체를 깊이 인정해주고, 부정적인 것보다는 긍정적인 측면에 초점을 맞추어 생각하는 것이 필요하다. 먼 미래에 대한 계획으로 걱정과 불안을 가득 담아 대화하기보다는 미래에 성장해 있을 자녀를 생각하며 '존중해주는 것'이 대화를 지속하게 해준다. "너 이래 가지고 나중에 뭐가 되려고 그래?" 같은 말보다는 "오늘은 좀 부족한데, 내일은 오늘보다 더 좋아질 거야"라고 말하려고 노력하자. 이러한 엄마의 의사소통 능력은 위기에 처해 있는 중고등학생 자녀의 회복 탄력성과 학업 성공을 촉진하는 데 꼭 필요한 능력이라고 할 수 있다.

6

엄마 없이도 우뚝 설 수 있도록 키워라
권한 위임 마더링

건강하게, 똑똑하게, 고생 없이 아이를 키우고픈 엄마의 마음은 이해한다. 하지만 먹고 싶은 메뉴, 입고 싶은 옷, 하고 싶은 공부 한 번을 스스로 선택해본 적 없는 아이가 커서 무엇을 스스로 결정하고 선택할 수 있을까?

거쳐야 하는 과정을 남에게 맡기고 보호만 받던 아이들은 책임과 수고도 남에게 미룬다. 장애물을 만났을 때 해결하려는 의지와 독립심은 나이가 든다 해서 갑자기 생기는 것이 아니다. 어릴 때부터 나이에 맞는 책임을 지고 권한을 사용하는 훈련이 필요하다.

권한 위임Empowerment 마더링은 아이의 회복 탄력성을 굳게 믿으면서 아이가 독립된 인격체로 성장할 수 있도록 기회를 만들어주는 마더링이다.

자립심 함양 스킬 1 캥거루 마더링은 유아기에 끝내자

재윤이 엄마는 의사인 남편과 늦둥이 아들, 든든한 친정과 시댁 배경까지 남들 보기에 부러울 것 없는 가정의 주부다. 조부모의 넉넉한 지원 덕분에 유명 사립초등학교를 졸업한 외아들 재윤이는 초등학교 시절 공부를 잘하던 '엄친아'의 전형이었다. 재윤이 엄마는 재윤이 얘기를 할 때면 초등학교 때 과학 영재였다는 자랑을 빼먹지 않았다.

재윤이는 유아기 무렵에 장이 좋지 않았다. 그 시절 재윤이 엄마에게는 아들의 유아식이 관심의 전부라 좋다는 식품을 다 집어넣은 특제 유아식을 만드는 것이 주요 일상이었다. 문제는 중학생이 된 지금도 이 일이 일상이라며 한숨을 쉰다는 것이다.

이유식에서 고형식으로의 진행은 점진적이며 아이마다 다르다. 때문에 자녀의 발달 상태에 따라 고형 음식을 먹을 준비 신호를 잘 관찰해 아이의 성장에 맞춰 식단을 바꿔야 한다. 그런데 재윤이 엄마는 애가 조금이라도 편했으면 하는 마음에 나이가 들어서까지 '속 편한 이유식'을 계속 대령한 것이다. 아이가 학교에 들어간 후에는 더 열심이었다. 배가 아프면 공부에 지장을 주기 때문에 편히 공부해야 한다는 이유로 끊임없이 이유식으로 식사를 준비했다.

이런 열성은 식단에만 한정되지 않았다. 대표적 예가 숙제 채점이다. 아이 말을 들어보면, 학교가 끝나고 집에 가면 엄마가 모든 문제집을 채점해서 책상 위에 겹겹이 포개놓는다. 이런 모습에 재윤

이는 엄마가 자기를 좀 내버려두길 바란다며 한숨을 쉬었다.

아이의 책임은 엄마 몫이 된다

캥거루 마더링은 엄마 캥거루가 자연 속에서 새끼를 돌보는 방식과 유사하다. 엄마 캥거루가 육아낭 안에 새끼를 넣은 채 안전하고 따뜻한 환경과 영양분을 제공하며 양육하는 것처럼, 세상으로 나갈 수 있을 만큼 충분히 성숙할 때까지 자녀를 캥거루 주머니처럼 안전한 곳에서 보호하며 성장과 발달을 주도하는 마더링이다.

재윤이 엄마가 행한 캥거루 마더링의 문제는 완벽하게 보호하려는 노력이 너무 오래 이어졌다는 것이다. 맨 처음 이 엄마에게 들은 이야기는 아이러니하게도 후회였다. 너무 오랫동안 이유식을 먹여서 중학교 2학년인 지금도 이유식인지 죽인지 모를 음식을 항상 냉장고에 준비해둔다는 것이다. 그렇게 장이 약한 것을 너무 안타깝게 여기다 오히려 아이의 상태를 더 악화시켰다고 했다.

심각한 부작용은 조금만 수가 틀어지면 장이 아파서 아무것도 할 수 없다며 자기 방에 문을 잠그고 들어가는 상황이었다. 아이가 방문을 닫아버리면, 대부분의 엄마들은 어쩔 줄 모른 채 문 밖에서 발만 동동 구른다. 이때부터 학습 및 학교 생활과 관련한 자녀의 모든 걱정과 책임은 엄마 몫이 된다.

공부는 아이 몫으로 남겨야 한다

재윤이 엄마만의 이야기가 아니다. 학원에서 만나는 사람 중에는 학원 숙제로 푼 문제집 채점부터 아이의 일정 모두를 엄마가 꿰뚫고 있어야 아이를 제대로 관리한다고 믿는 엄마들이 정말 많다. 언뜻 자녀의 학습 시간을 벌어주기 위한 엄마의 정성으로 보이지만, 엄마가 채점할 것을 인지하는 아이는 언제나 감시받는다는 생각에 자기주도학습을 진행하기 어렵다. 가끔은 고등학생 시절 내 아들 또한 시간이 없으니 채점을 해달라고 부탁할 때가 있었다. 하지만 이는 정말 시간에 쫓긴 아이가 부탁할 때 거들어주는 형태이지, 엄마가 먼저 해주는 것과는 다르다.

자녀가 상처받지 않도록 안전하게 보호하겠다는 엄마의 의지는 아주 사소한 결정에서부터 드러난다. 주위를 보면 초등학교 1학년 때의 반 모임이 중고등학교까지 유지되는 경우가 종종 있다. 정현이 엄마도 한 모임에 속해 있었다고 했다. 아이들이 초등학교 때까지 정현이 엄마는 아이의 교우 관계 혹은 사회성을 위해 모임에 적극 참여했다. 주위에서 듣기로 초등학교 때 아이들이 학교에 잘 적응하기 위해서는 엄마들이 모임에 잘 참여해야 한다는 '정설(?)'이 있있기 때문이다.

정현이 엄마 말에 따르면, 이 모임은 초등학교를 졸업한 후 중학교까지도 계속되었다. 재미난 일은 엄마들이 아이들을 위해 순살치킨을 주문한다는 점이었다. 아이들이 초등 저학년 시절, 치킨을 먹다가 닭 뼈가 목에 걸리면 위험하므로 순살치킨을 시키기 시작했는데, 중학생이 된 지금도 같은 이유로 아이들에게 순살치킨만을 고집한다는 것이다.

물론 이는 취향의 문제일 수 있다. 하지만 이런 식으로 시작된 보호는 자녀가 성인이 되어서도 계속되곤 한다. 정현이 엄마는 이 모임의 아이들은 초등학교 때는 꽤 공부를 잘했는데 중학생이 된 이후로 학업 성취도가 떨어졌다고 했다. 학업 성취도와 순살치킨의 연관 관계를 무리하게 해석한다는 생각도 들었지만, 왠지 모르는 '아하' 모먼트(갑작스러운 깨달음이나 통찰력을 의미하며, 종종 특정 상황, 문제에 대한 이해가 수반된다)가 있었다. 아이에게 치킨의 뼈를 바르는 수고나 혹시 모를 위험으로부터 완벽하게 보호한다는 캥거루 맘 정신 덕에 당연히 거쳐야 하는 과정을 건너뛰고 보호받는 것이 몸에 밴 아이들이 학습과 관련한 책임과 수고를 감당하기는 쉽지 않을 것이다.

'빨대족'은 남의 얘기가 아니다

물론 캥거루 마더링은 장점이 크다. 긴밀한 신체적 접촉은 강한 정서적 유대를 형성하고 아기의 발달에 중요한 애착을 촉진한다. 다양한 연구에 따르면 캥거루 양육은 미숙아의 체중 증가, 수면 패턴 개선, 정서적 안정성 향상, 스트레스 수준 감소에 기여하는 것으로 나타났다. 하지만 모든 일에는 때가 있다. 캥거루 마더링의 효과는 유아기부터 아동기까지고, 학령기에 들어서면서부터는 독립심을 위해 어렵더라도 부모가 노력해야 한다. 아동기를 지나 청소년 시기까지 캥거루 마더링의 시기를 연장하는 것은 자녀와 부모의 장기적 복지에 큰 장애를 만들 뿐이다.

대표적인 예가 캥거루족이다. 캥거루족은 학교를 졸업해 자립할 나이가 되었는데도 부모에게 경제적으로 기대어 사는 젊은이들을 일컫는 용어이다. 캥거루족이 사회 문제가 된 지는 이미 오래다. 통계청이 발표한 〈한국의 사회 동향 2023〉을 보면, 결혼하지 않은 채 부모와 사는 캥거루족이 청년의 절반 이상을 차지했다. 19~34세 청년의 가구 유형 가운데 부모와 동거하는 미혼 청년 가구가 59.7퍼센트로 가장 많았다.

이와 유사하게, 청년 실업 등으로 30대 이후에도 부모님으로부터 경제적 도움을 계속 받는 사람들은 '빨대족'이라고 불린다. 위험할 때 목을 등껍질에 감추는 자라처럼 어떤 문제가 생기면 부모라는 단단한 방어막 뒤로 숨는 사람들을 '자라족'이라고도 한다.

물론 팬데믹 이후 인플레이션, 고금리 장기화, 고령화 등이 맞물리면서 독립을 미루는 MZ세대부터 부모와 기혼 자녀가 함께 거주하는 '신 캥거루족'까지 생겨나고 있다는 점에서 볼 수 있듯이, 캥거루족의 양산이 엄마의 잘못된 양육 탓만은 아니다. 하지만, 캥거루 마더링 방식의 유아, 청소년기의 훈육은 장년기까지 영향을 줄 수 있다는 점을 간과해서는 안 된다.

아이가 공부를 대충할까 봐, 혹시 위험에 처할까 봐, 이왕이면 편하게 공부했으면 해서 걱정하는 엄마들의 마음도 이해는 한다. 하지만 자녀가 중고등학교 시절 스스로 공부하는 아이로 자라기를 바란다면, 고비가 있을 때 스스로 해결하려는 의지와 독립심을 갖길 원한다면, 엄마가 한발 먼저 움직이는 조급함을 버려야 한다. 여유롭게 바라보고, '아는 것도 모르는 척' 해주는 아량이 더욱 절실하다.

자립심 함양 스킬 2 기 살리려다 평생 '배 째라' 아이로 키운다

자녀 양육과 관련해서 자주 듣는 말 중 하나가 '기 죽이지 마라'다. 시호 엄마는 시호의 초등학교 시절 내내 학교 운영위원회를 도맡아서 할 정도로 자녀의 학교 생활에 적극적으로 참여했다. 학교만이 아니었다. 학교의 학년별 '반 모임'을 비롯해 여러 학부모 활동에도 의욕적이었다. 이렇게까지 열심인 이유를 물어보니 "그래야 아이의 기가 산다"라고 답했다.

시호는 가끔 "오늘은 교장실에서 교장 선생님이랑 얘기했어요"라는 등 자신이 특별 대우를 받는다는 이야기를 했다. 학교의 큰 행사 때 엄마가 단상 위에서 교장, 교감 선생님과 함께 앉아 있는 모습을 보면 왠지 엄마가 달라 보인다고도 했다.

평소 시호 엄마는 아이를 혼내지 말라는 의도에서 학교에 자주 찾아간다고 말했다. 한번은 학교에 갔는데 시호와 친구들이 교실 복도 창문을 뛰어넘다가 걸려 복도에 서 있었다. 그 모습에 "남자애들이 다 그런 것 아니냐"며 "아무리 그래도 다른 반 아이들과 선생님들이 다니는데, 아이들을 복도에 서 있게 하는 것은 너무 심하다. 벌을 주더라도 교실에서 주면 좋겠다"고 소리를 높였다고 했다.

시호는 종종 학교를 결석하기도 했다. 체육대회에 참가하기 싫다는 이유로 학교를 빠지고, 엄마에게 떼를 써 롯데월드를 다녀온 적도 있다. 각종 행사일에 가정학습이며, 체험학습을 쓰는 등 대개 담임 선생님의 눈치를 볼 만한 일도 별로 유념치 않았다. 하지만 시호가 중학생이 된 이후에 문제가 생겼다. 시호는 중학교 2학년 때부터 시험 기간만 되면 체험학습을 신청하고 빠지게 해달라고 요구하기 시작했다. 엄마는 "공부는 둘째치고 애가 틈만 나면 엄마가 학교에 전화해주면 안 되냐는 거예요"라며 고민을 털어놓았다. 초등학교와 달리 중학교의 교칙은 더 엄격하다. 체험학습을 쓸 수 없는 시기도 지정돼 있고, 무단 지각이나 결석 등 출결도 철저히 관리한다. 엄마는 이제 중학생이 됐으니 달라져야 한다고 하고, 시호는 초등학교 때는 자신의 요구를 잘 들어주던 엄마가 변했다며 펄쩍 뛰었다.

사춘기라는 든든한 방패를 가진 아들과 뭐든지 '오냐오냐' 했던 엄마 사이의 보들보들했던 관계는 중학교 2학교 첫 중간고사 결과가 나오기 시작하면서 악화일로를 걸었다. 아이의 노력과 성실성을 바탕으로 점수화되는 시험 성적은 엄마도 어찌할 수 없는 것이었기 때문이다. 이럴 때부디 학교 혹은 주위 사람들에게 자연스레 평가나 비판을 받을 때마다 '기 죽이지 마라' '싫어하는 것을 억지로 시키면 안 된다'는 나름의 원칙에 따라 아이를 감싸던 기 살리기 마더링은 학습과 일상생활에서의 책임감을 약화시켰다.

더 나아가, 초등학교 때부터 엄마의 영향력으로 학교에서 받았던 규칙과 훈육상의 특혜가 중학교에서는 더 이상 통하지 않는다는 것을 알게 된 후 아이는 아예 이불을 뒤집어쓰고 누웠다. 조금만 힘들면 "나는 공부는 아니다" "하기 싫은 것을 어쩌란 말이냐" "엄마가 어떻게 해달라" 소리 지르며 침대 밖으로 나오질 않는다는 것이다.

과한 사랑은 자녀의 객관화와 독립을 방해한다

학원을 운영하면서 다양한 엄마들을 만났다. 예전에도 그랬지만, 최근에는 엄마들이 아이의 기를 살리는 데 더욱 열심이라는 생각이 든다. 한동안 그런 모습에 낯설어하다 '기를 죽인다'는 표현처럼 자녀의 자기 객관화 능력을 방해하는 것이 또 있을까 하는 걱정이 꼬리를 물었다.

캥거루 마더링이나 기 살리기 마더링을 하는 엄마는 항상 아이의 문제를 대신 해결해주고, 아이가 어려움을 항상 피해가도록 한다. 이러한 상황에서 자녀는 문제 해결 능력을 계발할 기회를 잃게 된다. 어려운 문제에 직면했을 때 스스로 생각하고 해결하는 능력을 발전시키는 기회를 얻지 못한 채 자신은 부족하며 항상 엄마의 도움이 필요하다고 느낀다.

이러한 마더링의 큰 단점은 학습에서 가장 중요한 요소 중 하나인 '자기 인식'과 '메타인지 능력'을 키우는 것을 막는다는 것이다. 항상 다른 사람에게 의존하는 태도가 자기 자신에 대한 확신을 감소시키고, 생각하고 문제를 해결하는 능력을 강화하는 데 제약을 받기 때문이다. 이러한 부작용으로 인해 아이의 성장과 학습 과정은 방해받는다.

청소년기에 학업 성취에 대한 책임감을 키우기 위해서는 자신의 능력과 행동에 대한 인식을 개선하는 것이 중요하다. 아이들이 자기 인식을 키우고 메타인지 능력을 향상시키는 과정에서 개입되는 지나친 보호('기 죽이지 말자'도 정서적 과보호의 한 형태이다)의 부작용은 생각보다 크고 장기적이다.

우선 지나치게 보호받은 아이들은 독립성을 키우는 데 어려움을 겪을 수 있다. 엄마의 지나친 개입으로 인해 판단력을 키우지 못할 수 있다. 엄마가 아이들의 모든 일, 심지어 학교생활에까지 지나치게 개입하면 자녀는 무엇을 해야 하는지, 어떻게 해야 하는지에 대한 판단력을 발휘할 순간을 얻지 못한다. 이러한 상황에서 아이들은 자신의 선택이나 행동을 결정할 필요가 없다. 이처럼 기 죽이지 않기 위해서 자신의 잘못과 실수에 대한 책임마저 엄마에게 떠넘기는 것은 실패와 어려움, 수치심과 반성을 경험하지 못한 채 성장하는, 독립된 인간으로 사는 데 필요한 능력을 계발하지 못한 미숙한 어른으로 성장하는 결과를 낳을 수 있다.

아이 대신 결정을 내리지 마라

스스로 노력해서 얻은 것이 아닌 엄마의 영향력으로 받아온 특권은 자녀에게 책임감을 가르칠 때 가장 큰 방해 요인이 된다. 무엇보다 위험한 것은 엄마가 대신해준 결정을 따르기만 한, 책임을 회피하는 명분을 만든다는 점이다. 시호도 "엄마가 해줘" "나는 힘들어서 못 해" "내가 어떻게 말해" 하며 엄마를 채근하고 투정을 부린다. 엄마는 '울며 겨자 먹기'로 아들을 대신해 원하는 것을 요청한다. 그럼에도 간혹 이로 인한 문제가 생기면, 엄마가 시키는 대로 했는데 왜 이렇게 됐냐고 엄마를 타박하기도 한다. 결국 엄마의 권위는 온데간데없이 사라지고, 모든 책임을 엄마가 지는 꼴이 된다.

이처럼 아이들의 기를 살리겠다며 엄마가 지나치게 앞서가는 마더링은 아이가 학교에서 스스로 해결해야 할 문제를 마주했을 때 항상 부모에게 의존하게 만든다. 결국 책임감에 대한 인식과 본인의 생각과 행동에 대한 메타인지 능력을 계발하는 데 부정적인 영향을 미친다.

'비판'에 반응하는 정도는 한 사람의 자기 객관화를 의미하는 메타인지 능력을 나타낸다고 해도 과언이 아니다. 메타인지란 자신의 사고 과정을 생각하고 이해하는 능력이다. 여기에는 자신의 생각, 지식, 인지 전략, 정신 과정을 모니터링, 제어, 규제하는 능력을 인식하는 것이 포함된다. 메타인지는 단순히 사건을 회상하고 무슨 일이 일어났고 그것에 대해 어떻게 느꼈는지를 설명하는 것이 아니다. 자신이 알고 행하는 것과 알지 못하고 행하지 않는 것을 반성하는 능력이다.

메타인지는 자신의 생각에 대한 비판적이지만 건강한 성찰과 평가를 낳는데, 이는 학습 방식에 구체적인 변화를 가져올 수 있다. 본질적으로 메타인지 능력은 학습자 스스로 자신의 '생각에 대해 생각하는 것'이다. 이 개념에는 자기 인식(자신의 지식, 강점, 약점을 인식하고 자신이 아는 것과 모르는 것을 이해하는 것), 자기 모니터링(문제에 접근할 때 자신의 생각, 행동, 전략을 관찰하고 추적하는 것), 자기 조절(학습 또는 문제 해결을 개선하기 위해 전략을 계획, 구성, 평가, 조정하는 등의 인지 과정을 제어하는 것), 그리고 가장 중요한 자기 성찰(경험, 작업 또는 문제를 되돌아보고 무엇이 효과가 있었고 무엇이 효과가 없었는지, 그리고 앞으로 어떻게 개선할 수 있는지 분석하는 것)이 있다.

이처럼, 메타인지는 학습, 문제 해결, 의사 결정, 전반적인 인지 발달에 매우 중요하다. 이를 통해 개인은 자신의 삶을 이해함으로써 더욱 효과적인 학습자가 될 수 있다. 메타인지는 학습 맥락에만 국한되지 않고 문제 해결과 의사결정에서도 중요한 역할을 한다. 자신의 인지 과정을 감시하고 통제하는 데 능숙한 사람은 복잡한 문제를 더 잘 탐색하고, 다양한 해결책을 평가하며, 정보에 대한 이해와 평가를 바탕으로 정보에 입각한 의사결정을 내릴 수 있다.

메타인지도 훈련으로 높일 수 있다

메타인지도 훈련과 연습으로 키울 수 있다. 이를 위해 로린 앤더슨 교수가 세분화한 전략을 활용해보자.

효과적인 학습을 위한 준비 및 계획: 학습을 위한 구체적이고 달성 가능한 목표를 세우도록 도와주자. 먼저, 큰 목표를 관리 가능한 작은 단계로 나눈다. 또한 자녀가 시간과 자원을 효과적으로 계획하고 가용한 시간을 고려해 '주별' '일별' '요일별'로 일정을 조절하는 방법을 연습시킨다. 과제를 우선순위에 따라 나누고, 이를 실행 가능한 단계로 세분화하는 방법을 알려준다.

시기별 특정 전략 사용: 문제를 해결하는 다양한 전략을 계발하도록 돕는다. 문제를 작은 부분으로 나누고, 가능한 해결책을 고민하고, 다양한 접근 방식의 효과를 평가하는 방법을 가르쳐주자.

전략 사용 모니터링: 자녀가 자신의 학습 진행 상황을 모니터링하고, 어려움을 겪거나 도움이 필요한 경우 이를 인식하도록 가르치자. 이때 도움이 필요한 경우 명확히 '도와달라'고 요청할 수 있는 분위기를 만들어주는 것이 중요하다.

다양한 전략의 결합: 자녀들에게 다양한 문제를 제시하고, 각각의 문제에 대해 다양한 전략을 시도하도록 격려하자. 그 후에 메타인지적 질문으로 "다른 방식을 시도해보기 전에는 어떤 생각을 했니?"와 같은 질문을 통해 자녀들이 자신의 학습 전략에 대해 생각하고 토론할 수 있도록 한다.

전략 사용의 효과 평가: 자녀들에게 자신의 학습 전략에 대해 스스로 평가하고 반성하는 기회를 주자. 학습 과정을 지속적으로 모니터링하고, 특정 전략을 사용할 때의 진행 상황을 주의 깊게 관찰하자. 자녀에게 학습 일지를 작성하도록 해, 자신의 학습 전략과 해당 전략의 효과를 기록하고 분석할 수 있는 기회를 마련해주자.

시험을 준비할 때는 구체적인 목표로 과목별 점수를 정하자. 이때 제일 자신 있는 과목부터 목표로 정하면 실행 능력을 높일 수 있다. 목표가 정해지면 사교육이나 인터넷 강의 중 어느 것이 효율적이라고 생각하는지 묻자. 인터넷 강의를 듣겠다고 한다면 과목별 강의 수를 시험 전까지 남아 있는 시간으로 계산한 후, 매일 몇 개씩 강의를 들어야 하는지 확인한다.

아이가 계획에 따라 잘 진행하고 있는지 확인하고, 혹시 진행되지 않는다면 다른 전략을 선택하도록 이야기를 나누자. 현재 공부하는 문제집이 아이와 잘 맞는지, 인터넷 강의가 너무 길지는 않은지 등을 논의한다. 문제가 생기면 이를 성장과 학습의 기회로 바라보도록 한다. 과도한 통제보다 제안을 하고, 아이가 선택한 학습 전략에 책임감을 가지도록 시간 관리를 도와준다.

마지막으로 어떤 전략을 사용할 때 효율적이었고 도움이 되었는지를 되짚어본다. 시험이 끝난 후에도 자신의 결정이나 선택, 사고 과정에 대해 말하도록 하는 메타인지적 행동을 훈련시키자. 이러한 전략을 일상적인 상호작용과 활동에 접목하면 메타인지 능력을 발달시킬 수 있다.

자립심 함양 스킬 3 감정적 자립이 가능한 아이로 키우자

하준이 엄마는 아들이 유해한 환경에 노출될까 언제나 노심초사했다. 대표적인 예가 친구 조심으로, 잘 아는 집안의 아이들과만 어울리는 '이너서클'의 중요성을 강조하는 마더링을 추구했다. 부모끼리 잘 아는 집 아이들과의 외출에는 허용적이었지만, 그렇지 않을 때는 여러 제한을 두곤 했다. 때문에 하준이는 다양한 친구 관계를 형성하기 어려워 보였다.

　뜻밖에도 하준이가 친구들에게 좋지 않은 행동을 전파하는 주범이 됐다는 사실을 알게 된 것은 여름방학 때 해외로 어학연수를 함께 떠난 아이들을 통해서였다. 어학연수는 영어 능력 향상이라는 목적에 맞게 정해진 시간 외에는 전자기기 사용을 제한했다고 했다. 일과시간이 끝난 밤 10시부터 오전 8시까지 취침 시간에는 휴대전화와 아이패드 등 전자기기를 제출하는 규칙이 있었다. 그런데 하준이는 향수병을 앓고 있다면서 아이패드에 있는 가족사진을 봐야 잠을 잘 수 있다며 사용하게 해달라는 요청을 했다. 하준이 엄마 역시 학교 측에 전화를 걸어 "아이가 엄마를 떠나 외국에 혼자 간 것이 처음이라서 그렇다" "기숙사에서 가족 없이 지내다 보니 감정적 상처가 생길까 걱정된다"며 특별히 허락해달라고 부탁했다. 현지 학교는 결국 마음 여린 자녀를 안타까워하는 애절한 모성애 때문에 예외적으로 하준이에게만 취침 시간에 아이패드 소지를 허락했다.

　그런데 아이패드를 유일하게 가지고 잘 수 있던 하준이가 문제를 일으켰다. 함께 방을 사용하는 룸메이트들에게 소위 '야동'을 함께 보자며 졸라댔다는 것이다. 당시 초등학교 5학년이었던 동급생들은 난감하다며 싫다고 거절하기도 하고, 일부는 함께 '관람'을 하기도 했다.

　이 일은 연수가 끝나고 한국에 돌아온 후 아이들의 입을 통해 퍼졌다. 무안해하던 하준이 엄마는 하준이가 미국에서 온 어떤 친구를 통해 '야동' 사이트를 알게 되었다며, 하준이 역시 피해자라고 호

소했다. 하지만 함께 연수를 갔던 아이들을 통해 들은 이야기는 엄마의 얘기와는 많이 달랐다. 친구들에 따르면 하준이에게서 가족사진을 봐야 잠이 온다는 여리고 어린아이의 모습을 어느 한순간도 찾아볼 수 없었다는 것이다.

감정 조절이 멘털력의 키다

감정 조절 훈련을 충실히 경험한 아이와 그렇지 못한 아이는 학습을 할 때 '멘털'에서 큰 차이가 난다. 미국 아이비리그와 영국 러셀 그룹 소속 대학 등 세계적인 대학들은 매해 대학 평가 순위가 발표될 정도로 경쟁적으로 인재 양성에 힘쓰며 명문 대학으로서 위상을 유지하기 위해 노력한다.

명문 대학 진학을 위한 해외 엄마들의 마더링 역시 한국의 엄마들의 열심과 대동소이하다. 하지만 분명 다른 점은 있다. 가장 큰 차이는 1등급 기준 안에 들어야 한다는 강박관념과 그로 인한 과도한 재정적·감정적 투자가 없다는 점이다.

학군지 엄마들이 지방이나 평준화 지역의 일반고에 대해 "그래도 거긴 쉽잖아요"라고 말하기도 하지만, 어느 집단이든 최상위권은 치열하다. 한 문제, 내신에서는 심지어 1점 차이로 2등급 문을 여는 경우도 다반사다.

이런 분위기 속에 정말 필요한 것은 '멘털'이다. 치열한 입시 경쟁이 본격화하는 고등학교 3년은 '실수를 안 해야 1등급이 된다'라는 명제가 증명되는 시간이기 때문이다. 아무리 선행학습으로 진도를 많이 빼놓았다고 해도, 최고의 사교육 인프라를 활용한다고 해도, 혹은 엄마와 아빠를 비롯한 가족으로부터 탁월한 유전자를 받았다고 해도 순간의 실수 앞에서는 무력해질 수밖에 없다.

누구나 실수를 한다. 최상위권일수록 실수를 피하기 위한 사투는 더욱 심하다. 이미 1~2등급의 아이들은 충분한 실력을 가지고 있기 때문이다. 최상위권 아이들이 가장 많이 꼽는 오답의 이유는 실수다. 다음으로 '고쳐서 틀렸다'가 뒤를 잇는다. 이렇게 본인이 어찌할 수 없는 변수와 그로 인한 결과에 대해 아이들이 느끼는 좌절은 생각보다 치명적이다. 때문에 공부 잘하는 '엄친아'를 둔 엄마의 마더링은 생각보다 감정적 소모가 큰 멘털 싸움을 위한 마더링인 경우가 많다.

감정적 자립이 가능한 아이로 키워라

'감정 조절 능력'의 중요성은 아무리 강조해도 지나치지 않다. 최근 화두가 되는 '멘토링' '코칭' 등의 교육 서비스도 결국은 멘털 잡기 훈련이다. 변화하는 교육 시장의 흐름만 보아도 학습과 감정 조절의 중요성을 알 수 있다.

멘털이 감정 조절력이라면, 결국 학습을 위한 마더링에서 핵심은 자녀의 감정적 자립을 키워주는 것이다. 감정적 자립은 외부 검증이나 부모의 정서적 지원, 사교육의 멘토링 서비스 등 여타 지원에 과하게 의존하지 않고 자신의 감정, 생각, 행동을 관리하고 규제하는 능력을 말한다. 여기에는 강한 자기 인식, 자기 통제, 다양한 감정적 상황을 독립적으로 헤쳐나갈 수 있는 능력이 포함된다.

어려서부터 자녀의 정서적 독립에 필요한 몇 가지 주요 측면을 항상 주지해야 한다. 먼저 과잉 보호적인 양육을 지양해야 한다. 과잉 보호는 혼자 해내는 힘과 보호자로부터 떨어져서 잘 지내는 능력을 방해할 수 있다. 예측할 수 없거나 불안정한 환경, 일관되지 않은 애착 표현도 조심해야 한다. 자녀가 갑작스러운 변화를 경험할 때 안정감이 깨질 수 있으며 학습뿐만 아니라 생활 자체에서도 불안감이 커질 수 있기 때문이다.

무엇보다 정서적 독립과 자립을 위해 가장 필요한 것은 엄마와의 뿌리 깊은 정서적 신뢰와 유대관계이다. 간혹 아이들을 강하게 키우려는 마음에 "그 정도로 뭐가 그렇게 힘들다고 그래?" "다 그만큼은 해"라는 식으로 자녀의 고민에 귀 기울이지 않고, '그냥 해' 식이 되는 대화만 나누는 관계가 많다. 하지만 학령기에 엄마가 자녀와 학습적인 이야기를 충분히 나누며 자녀의 학업적 불안감을 공유하지 않으면 더 이상의 관계는 없다. 자녀의 학업 상태, 심지어는 '학교 성적표'까지 학원 선생님한테 들어야 하는 일도 생긴다.

정서적으로 독립적이고 멘털이 강한 자녀로 키우기 위해서는 엄마가 자녀의 감정을 깊이 이해하고, 눈앞의 성과나 성적에 압도당하지 않아야 한다. 엄마가 먼저 실망과 흥분의 감정을 효과적으로 조절하는 능력을 보여주자. 그래야 자녀도 학업과 성적 관련 스트레스 관리, 충동적 행동 제어에 있어서, 외부 지원에 과도하게 의존하지 않고 자신을 진정시킬 수 있는 능력을 키울 수 있다.

아이가 정서적 안정성을 잃지 않고, 실패에서 회복하고, 실수로부터 배우고, 변화에 적응할 수 있도록 감정의 높낮이를 조절하는 훈련을 시킬 때 제일 효과적인 방법은 엄마 자신의 감정 조절을 통해 모델링해주는 마더링이다. 누군가는 양육의 목적을 '독립'이라고 말한다. 자녀가 성장함에 따른 독립은 자녀에게만 국한되지 않는다. 엄마도 자녀의 성취와 실패에서 감정적으로 독립할 수 있어야 균형 잡힌 마더링을 할 수 있다.

자립심 함양 스킬 4 감정 자립도 연습해야 한다

학업 성취와 관련해 아이가 자신의 감정을 건설적인 방식으로 인식, 관리 및 표현하도록 돕는 일은 생각만큼 어렵지 않다. 일상 속에서 '감정 자립'을 연습하는 가정 내 전략을 짜보자.

최우선 과제는 가정 내 루틴의 설정이다. 엄마의 일상을 먼저 일관된 것으로 만드는 것이 중요하다. 일부 엄마들은 "공부는 자기가 하는 거죠"라며 자신의 일정이 자녀의 학습과 무관하다고 여기곤 한다. 자녀의 학습적 성취를 위한 마더링에서 의외로 중요한 요소는 엄마의 예측 가능한 루틴이다. 물론 이것이 자녀가 공부하는 곳에 엄마가 항상 함께해야 한다는 것을 의미하지는 않는다. 엄마의 예측 가능한 일상이 자녀에게 감정적 안정감을 준다는 점을 강조한 것이다.

가정 내에서 학습 시간, 휴식, 여가 활동을 포함하는 일관된 일상의 규칙성(루틴)을 만드는 것은, 예측 가능한 일정을 통해 변화에 대한 스트레스를 줄이고 안정감을 제공하기 때문에 감정 조절에 도움이 된다. 이와 함께, 자녀에게 시간 관리, 우선순위 지정, 학업을 더 작고 관리 가능한 단계로 나누는 것을 조율하고, 자기 평가서로 관리하는 과정을 함께 연습하도록 한다. 이는 학습에 압도당하는 느낌을 완화하고 스트레스 관리 기술을 가르쳐주는 마더링 전략으로, 자녀는 엄마로부터, 엄마는 자녀로부터 감정적 자립을 할 수 있게 도와준다.

휴식도 계획적으로 완벽하게 한다

가정 내 루틴을 설정할 때 놓치기 쉬운 것이 자녀가 학습 시간 동안 휴식을 취하도록 하는 것이다. 무엇을 하든 휴식 시간은 '일절' 간섭하지 않는 것이 완전한 재충전을 돕는 방법이다. 시간이 아깝다고 느끼겠지만, 휴식을 일정에 넣어서 반드시 지키도록 하는 것 역시 자녀의 집중력을 높일 수 있는 훈련이다.

나 역시 방학 동안 자녀에게 '텐투텐(10-to-10)' 스케줄링을 했다. 순공부 시간 10시간에 점심, 저녁 식사 각각 2시간을 배정한 시간표였다. 고등학생에게 순공부 시간 10시간이 부족한 것이 현실이기는 하다. 그 정도로 할 것이 많지만 사교육에 할당하는 시간을 최소화하려는 노력과 함께 혼자 공부에 집중하는 시간을 최대한 늘려보자는 계획이었다.

스케줄을 따르다 보니 해도 해도 끝이 나지 않는 공부에 한번은 아이가 펑펑 울기도 했다. 나도 한국 엄마인지라, 휴식 시간에 휴대전화를 만지는 시간을 좀 줄이면 다 할 수 있지 않을까 하는 불평이 잠깐 스치기는 했다. 그래도, 휴식을 놓치는 공부는 (시험 기간에는 예외지만) 결국 멘털 붕괴의 주요인이 된다는 점이 분명했기에 휴식 시간을 줄이자는 말을 꾹 참았다.

둘째가 대학생이 된 후에 한 말이 생각난다. 아이는 고등학교 3학년 올라가는 겨울방학에 정말 열심히 공부를 했다. 아이는 고등학교 3학년 3월 모의고사에서 전 과목에서 1등급을 받겠다는 것과 탐구 과목 인터넷 강의를 모두 듣는 것을 목표로 겨울방학 동안 '나인 투 일레븐(9-to-11)'을 했다. 당시 유일한 즐거움은 '맛있는 밥'을 사 먹는 것이었다. 쉬는 날 없이 매일 그렇게 달린 덕분인지 결국 목표를 이룰 수는 있었는데, 모의고사가 끝난 후부터 중간고사를 보는 사이에 '번아웃'이 왔다. 공부가 하기 싫은 것도 아니고 어려운 것도 아닌데, 책을 보고 있는데도 멍하니 있는 시간이 많았던 것이다. 고등학교 2년 동안 전교 1등을 놓치지 않았던 아이였고, 성적이 계속 상승세였기 때문에 '이러다 괜찮아지겠지'라는 마음이었지만 어두워져만 가는 아이의 얼굴에 "독서실에 계속 앉아 있기보다 집에서 조금 쉬고 가자"는 제안을 해보았다.

하지만 고등부 상위권 아이들은 이러한 제안에도 스스로 쉬려 하지 않는다. 쉬라는 말에도 책상 앞에 앉는 아이 때문에 홍삼이며 각종 영양제를 챙기는 등 나름 엄마가 할 수 있는 도움을 주었지만,

이미 3년 가까이 긴장과 인내의 고무줄을 당겨온 아이를 위해 해줄 수 있는 것에는 역시나 한계가 있었다.

대학생이 된 후 아이의 말에 따르면, 그때는 그동안 해온 것이 아까워서 그냥저냥 엉덩이만 붙이고 앉아 있었다고 했다. 차라리 겨울방학 때 좀 쉬면서 했으면 길게 갈 수 있었겠다는 아쉬움도 뒤따랐는지, 고등학생인 여동생에게 "쉬는 것도 공부다"라는 조언을 해줬다.

모든 영역이 그렇겠지만, 정말 잘하는 사람은 정말 잘 쉰다. 아무리 해야 할 것이 많아도 시험 기간이 아니라면, 특히 방학 동안에는 일주일에 하루 정도는 반드시 아무것도 하지 않고 무조건 쉬도록 해보자. 그래야 장기간의 경주를 위한 일상을 탄력적으로 해나갈 수 있다.

아이의 성공을 위한 주문

이러한 전략을 가정 환경에 통합함으로써 엄마는 학습에 대한 긍정적인 정서를 키우는 동시에 미더링의 목적을 장기적인 관점으로 전환할 수 있다. 엄마가 현재와 과거에만 집착한 나머지 후회하는 감정에 매몰되기보다는, 자녀의 과거 성과와 관계없이 끊임없는 기대와 관심을 표현하는 것이 필요하다.

이를 위해 생각해볼 몇 가지 개념들이 있다. 먼저 골렘 효과Golem Effect라는 교육심리학적 개념을 들 수 있다. 교사나 권위자(부모)가 학생의 능력에 대해 비관적인 견해를 가질 때 이것이 학생에게 낮은 기대에 부합하는 자기 충족적 예언이 되어 학업 성적이 저하될 수 있다는 것을 의미하는 개념이다. 다시 말하면, 주변의 어른이 아이의 학업 성취도에 대한 기대가 낮을 때 아이들이 좋은 성적을 얻지 못한다는 것이다. 본질적으로 다른 사람들이 부정적인 기대를 갖고 있을 때 학생들은 충분한 노력을 기울이지 않아 더 나쁜 결과를 초래할 수 있다.

이와 대조적으로, 호손 효과Hawthorne Effect라는 것도 있다. 개인이 관찰되거나 연구되고 있다는 것을 알 때 평소 패턴에서 행동을 바꾸는 현상을 말한다. 즉 청소년기에 부모나 선생님 등 주변의 어른에 의해서 관찰이나 연구되는 것에 대한 인식이 청소년의 행동에 영향을 미친다는 것을 의미한다. 청소년은 자신이 단순히 관심을 받고 있다는 것을 인식하는 것만으로도 행동을 수정할 수도 있고, 학습 성과를 향상시킬 수도 있다.

상대적으로 많이 알려진 골렘 효과와 대조되는 또 다른 개념인 피그말리온 효과Pygrmalion Effect는 개인에 대한 사람들의 믿음, 기대, 예측이 개인의 행동이나 성과에 영향을 미쳐 그러한 기대가 자기충족적 예언이 되는 경향을 설명한다. 이러한 교육적 효과를 강조하는 것은 부모의 기대와 관심을 자녀가 인지하는 것만으로도 학습에 긍정적인 결과를 촉진하고 잠재력을 키우고 성장을 장려하기 때문이다. (자녀가 능력을 최대한 발휘할 수 있도록 하는 환경을 만드는 데 도움이 되는 마더링 전략이 '진로 탐색 마더링'이다. 이에 대해서는 다른 곳에서 더 다루기로 하겠다.) 전반적으로, 이러한 효과들을 인식하는 마더링은 학습을 위한 마더링에서 자녀와 긍정적인 감정 자본을 저축하는 것의 중요성을 강조한다. 또한, 교육에 있어서 자신감과 동기를 높여줄 뿐만 아니라, 자녀들이 학업과 관련한 좌절감을 느끼거나 부담감을 느낄 때도 학업 문제와 관련된 감정을 엄마에게 편안하게 표현할 수 있게 도와준다.

자립심 함양 스킬 5 학습에 대한 주도권과 책임은 아이에게 주자

'감정 조절의 모델링'을 통한 마더링은 규제를 통해 자신의 학습에 책임을 지는 것을 포함한다. 우리는 책임감을 생각할 때 행동의 인과관계에만 집중하는 경향이 있다. 모든 행동에는 내면의 동기뿐 아니라 감정과 이성의 작용에 의한 결정이라는 과정이 존재한다.

개인을 자신의 학습에 대한 책임이 있는 주체로 보는 관점은 학습자가 교육 목표를 설정하고, 참여할 활동을 결정하고, 진행 상황을 평가하는 데 필요한 선험적 이해를 가지고 있다는 가정을 수반한다. 엄마는 자녀를 목표 설정, 학습 계획, 성취 평가에 참여시킴으로써 이를 유도할 수 있다. 자녀에게 진행 상황을 추적하고 조정하는 것을 장려함으로써 아이의 자기 규제 능력을 키우자. 자기 규제는 자기 조절력을 기반으로 하는데, 자기 조절력이야말로 어려움을 극복하고 실패에서 지속하게 해주는 힘이기 때문이다.

엄마는 자녀가 어려움에 직면했을 때 독립적으로 솔루션을 찾고,

실패에서 배우도록 장려할 수 있어야 한다. 학습자 스스로 학습과 관련해 스트레스 유발 상황을 인식하고 정신적으로 평가하는 것은 스트레스 반응의 강도에 큰 영향을 미칠 수 있다. 이러한 과정에서 더 중요한 것은 교육의 초점이 되는 능력과 무관하게 학습자 스스로가 인지하는 학업 관련 스트레스에 대한 인지 평가이다. 이는 스트레스가 많은 상황을 처리할 수 있는 능력에 대한 느낌을 의미한다. 경험하는 스트레스에 대한 반응과 이를 조절할 수 있는 능력을 키우기 위해서는 아이를 돕고 이해해주는 지원적인 마더링이 중요하다.

통제감을 맛보는 기회를 마련한다

학습 과제의 실패가 무조건 학습된 무력감의 발달로 이어지는 것은 아니다. 무력감은 실제 통제가 아니라 통제에 대한 개인의 믿음에 더 크게 영향을 받는다. 즉 실패를 경험해서 무력해지는 것이 아니라 오히려 통제에 대한 사고방식과 성공과 실패에 대한 인식 때문에 무력해지는 것이다. 예를 들어, 자신의 노력이 결과에 영향을 미칠 수 있다고 믿는 행동 지향적action-oriented 사고방식을 지닌 사람들은 실패에 직면했을 때 회복 탄력성을 보이고 좌절에서 배우려는 끈기와 의지를 내보인다. 반면에 실패에 직면했을 때 무기력해지는 사람들은 결과가 자신의 영향력 바깥에 있다고 인식하는 상태 지향적state-oriented 사고방식을 지닌 이들이다.

실패에 대한 학습자의 반응에는 통제를 바라보는 학습자의 신념과 성향이 중요한 역할을 한다. 이러한 차이를 이해하는 것은 학업 성취와 적응적 학습 행동의 발달에 절대적인 영향을 미칠 수 있기 때문에 매우 중요하다. 평소 학업과 관련한 대화를 통해 자녀가 상태 지향적 사고방식 또는 행동 지향적 사고방식 중 어느 쪽으로 기울고 있는지 살펴보자. 매일의 과제 성취, 학교 시험 성적에 대한 인식을 챙겨 학습된 무기력으로 전이되는 것을 사전에 예방하려는 세심한 노력이 필요하다. 그 후, 행동 지향적 마더링 마인드를 함양하고, 성취에 대한 믿음을 장려함으로써 자녀들이 실패를 성장의 기회로 인식하도록 돕는 감정적 지지를 제공해야 한다.

무기력이 개인의 통제에 대한 사고방식과 성공과 실패에 대한 인식에 달려 있다는 점은 성적과 같은 외부 요인에만 적용되는 것이 아니다. 스트레스가 많은 상황에서 개인이 느끼는 통제 정도, 예측 가능성 등은 스트레스 수준에 영향을 줄 수 있다.

학업과 관련한 스트레스를 유발하는 유사한 상황에서도 개인의 반응은 크게 다를 수 있다. 사람마다 스트레스에 대처하는 독특한 접근 방식과 태도가 있고, 이것이 힉습된 무기력으로의 전이를 예방할 수 있다. 그래서 엄마는 자녀와 함께 심리적 상태가 최상의 기능을 발휘할 수 있도록 최적의 스트레스 수준을 찾는 것이 중요하다. 기능을 방해하지 않는 관리 가능한 수준으로 스트레스의 균형을 맞추는 것이 효과적인 멘털 관리의 핵심이다.

학습의 주도권을 아이에게 준다

성공할 수 있을 만큼 적절한 노력을 기울였을 때 칭찬해야 한다는 것이 마더링의 핵심이다. 따라서 학습된 무기력을 극복하게 하기 위해서는 적절한 노력으로 성공할 수 있는 학습량을 정할 때 자녀들이 참여할 수 있게 해야 하며, 자신들의 능력을 믿게 하는 구체적인 피드백이 필요하다.

또한 현실적인 목표를 만들어나가도록 힘쓰자. 현재의 실력과 학습량을 고려하지 않고 엄마가 주도해 밀어붙이기만 하는 학습은 자녀에게 학습된 무기력만을 훈련시키는 헛수고가 된다. 학습된 무기력을 지닌 학생은 학업 성취에서 잠재력을 거의 발휘하지 못하며 쉽게 포기하게 된다. 이런 학생들에게 학습은 자신의 부족한 부분을 발견하고 실패만을 경험하는 것이 된다. 그 결과 도전하기보다 차라리 피하는 것을 통해 자신을 보호하는 전략으로 일관하기 쉽다.

그런 면에서 볼 때, 자녀의 학업과 관련한 감정 자립을 위한 마더링에서는 '학습 시간에 대한 통제'를 주의해야 한다. 이때 자녀의 집중력이 지속되는 시간을 기록해두는 것이 좋다. 방학 기간을 이용하면 효율적으로 자녀를 관찰할 수 있다. 시간대별(오전, 오후, 저녁, 밤), 요일별(주중, 주말), 기간별(시험 전, 후, 시험이 끝난 후 며칠 이후부터 다시 자녀가 정상적인 학습으로 돌아가는지 등)로 나누어 관찰한 후, 자녀와 함께 학습 멘털 관리법을 조율해보자. 학업 스트레스 속에서 자녀가 고립감을 느끼기보다는 엄마와 함께 스트레스를 경험하는 것이 멘털을 관리하는 데 더 도움이 되는 경향이 있다. 엄마와 자녀가 학업 성취라는 공통의 목표를 향해 함께 감정 자립을 훈련하며, 비평과 책임이라는 도전에 직면하자. 불안과 갈등을 완화하는 가정만의 방법을 찾는 과정은 엄마와 자녀가 동지애를 키울 수 있는 성장의 기회가 될 것이다.

7

일관성을 지키며 잔소리하라
일관성 마더링

엄마의 일관성Consistency은 아무리 강조해도 지나치지 않다. 널뛰지 않는 감정과 일관성 있는 태도, 루틴화를 통한 일상적인 활동의 구조화는 자녀에게 안정감과 자기 효능감을 부여한다. 이 경우 자녀는 분위기를 파악하는 데 에너지를 낭비할 필요 없이, 예측 가능한 상황 속에서 편안함을 느낀다.

학습에서도 규칙적인 과제 완료 훈련을 통해 학습 과정을 조절하고 통제하는 능력을 기를 수 있다. 일관성 있는 태도로 자신을 대하는 부모에게 신뢰를 보내는 등 긍정적인 상호작용이 일어나는 효과는 덤이다.

일관성 유지 스킬 1 엄마의 변덕이 아이의 변덕을 만든다

예인이는 아침부터 기분이 좋다. 하교 후 엄마와 함께 옷을 사러 가기로 했기 때문이다. 수업이 끝나자마자 들뜬 마음으로 예인이는 엄마에게 전화했다.

예인: 어디야? 학교에 도착했어?

엄마: 지금 너희 학교 아닌데?

예인: 쇼핑 가기로 해서 엄마가 데리러 온다고 했잖아?

엄마: 지금 ○○몰에 와 있는데?

예인: 어? 왜 엄마 혼자 갔어? 내 옷은?

엄마: 오늘은 보니까 예쁜 것이 없네. 다음에 사자.

예인: 약속했는데 왜 혼자 가서 예쁜 것 없다고 그래! 왜 맨날 엄마는 사주기 싫으면 그렇게 말해? 그냥 사주기 싫어서 그런 거잖아!

잔뜩 화가 나 속사포로 쏘아붙이자 엄마는 "너 엄마한테 돈 맡겨 놓았어?"라며 예인이에게 소리를 지르고는 전화를 끊어버렸다. 짜증이 잔뜩 나 친구들에게 엄마 흉을 보며 열을 내고 있는데, 잠시 후 엄마가 옷 사진을 한 장 보냈다. 잠깐 둘러보니 이 옷이 예뻐서 샀다는 문자와 함께였다. 하지만 이미 화가 난 예인이에게 30분 만에 날아온 엄마의 문자와 급조한 옷 선물은 해결책이 되지 못했다. 예인이는 마음에 안 든다며 환불하고 차라리 돈으로 달라고 답장을

보냈다. 엄마는 다시 "옷은 엄마랑 같이 사야지. 다음에 같이 사러 가자"라고 문자를 보냈지만, 예은이는 답장을 보내지 않았다.

약속과 달리 이랬다 저랬다 하는 예인이 엄마의 태도가 처음은 아니다. 엄마가 학교 앞으로 데리러 가겠다고 했다가, 방과 후 끝났다고 전화하면 그냥 버스 타고 오라고 한다. 데리러 온다고 했잖느냐라고 서운해하면 "다 컸는데 혼자 집에도 못 오냐. 너는 다리가 없냐?"라며 오히려 짜증을 낸다. 용돈을 줄 때도 마찬가지다. 주급으로 주기로 정했지만, 엄마와 다툼이 생기면 용돈 없다고 딱 자르기 일쑤다. "열심히 공부해야 한다"고 격려하다가도 금세 "공부하면 얼마나 한다고 이렇게 위세냐"며 구박하기도 한다.

세민이는 집과 좀 떨어진 고등학교로 진학을 결정했다. 원하지는 않았지만 입시에 유리할 것이라는 컨설팅을 받은 후, 엄마가 강력히 권유했다. 차로 가면 15분 거리지만 대중교통을 이용하면 기다리는 시간까지 40~50분이 걸린다. 문제는 엄마가 어느 날은 차로 데려다주고 어느 날은 버스를 타고 가라고 한다는 점이었다. 일정이나 규칙에 따른 것이 아니라 기분에 따라 "내일은 데려다주지 않을 거야. 버스 타고 가"라며 협박하는 식이었다. 그래서 엄마와 다투는 날이면 세민이는 '내일은 또 버스 타겠군' 하고 생각한다. 아이는 버스를 타고 가든 엄마 차를 타고 가든 별 상관없다고 했다. 다만 운전을 무기처럼 사용하는 엄마의 변덕은 큰 불만이었다.

해경이는 단어 시험을 통과하지 못해서 항상 학원에 남아 따로 '재시'(시험에 통과하지 못한 아이들이 다시 보는 시험)를 보고 와야 했다. 보다 못한 엄마는 단어 시험에서 100점을 맞으면 2,000원씩 주기로 했다. 신이 나서 단어를 외운 덕분인지 해경이는 그날부터 연달아 서너 번 100점을 맞았다. 자랑스럽게 시험지를 집으로 가져가고, 상금을 받아 챙겼다. 그날도 시험지를 가져갔는데, 엄마의 반응이 영 신통치 않았다. 지금은 현금이 없으니 내일 주겠다고 하더니 일주일이 지나도 엄마는 상금을 잊어버린 듯 무심했다.

해경이가 엄마에게 밀린 상금을 청구하자 엄마는 "왜 이렇게 생각이 없어? 엄마가 너 단어 외우게 하려고 그렇게 한 거지, 계속 너한테 2,000원씩 주고 싶어서 그렇게 했겠니?"라고 버럭 소리를 질렀다. 상금을 못 받은 것도 억울한데 혼까지 난 해경이는 그 길로 그냥 문을 박차고 나왔다.

엄마의 변덕이 눈치 보는 아이를 키운다

본인이 인지하든 못하든, 변덕스러운 고무줄 마더링을 하는 엄마들이 많다. 고무줄 마더링은 일관성 없이 상황이나 기분에 따라 '그때그때' 달라지는 마더링이다. 이는 순간적인 감정과 성급한 판단으로 부모의 신뢰와 권위를 스스로 깎아내리는 행위다. 고무줄 마더링 아래 자란 아이는 엄마의 행동과 태도, 정서적 반응 등을 예측하는 데 어려움을 겪는다. 심리적 안정성이 떨어지고, 눈치를 보거나 핑계와 변명이 난무할 수밖에 없다. 무엇보다 자주 약속을 어기는 엄마에게 실망하고, 상처를 받는다. 엄마를 신뢰하지 못하기 때문에 엄마가 어떤 말을 해도 마음으로 따르지 않는다. 고무줄 마더링

의 대표적인 사례가 아이의 성과에 대한 보상과 처벌에 관한 약속
이 계속 변하는 것이다. 자신의 노력에 대한 보상이나 처벌이 어떻
게 변할지 예측할 수 없고 일관성이 없을 때, 아이는 건강, 학습, 생
활 습관 등 목표를 달성하는 데 필요한 동기를 잃게 된다.

고무줄 마더링은 학습적인 면에서도 치명적이다. 어느 날은 숙제
를 꼭 해야 한다며 밤 12시까지 책상 앞에 붙잡아놓았다가 어느 날
은 잠이 더 중요하다, 키가 커야 한다며 9시부터 불을 끈다면 어떨
까? 숙제에 대한 책임감은 물론이고 엄마의 컨디션을 살피며 학습
을 등한시하게 된다.

자기 조절력은 부모로부터 배운다

앞에서 강조했듯이 자녀 양육과 교육에서 가장 중요한 원칙 중
하나는 일관성이다. 일관성 있는 교육의 최고 장점은 행동의 한계
를 인지시켜 자기 조절력을 키우도록 돕는다는 것이다. 많은 연구
가 자녀의 자기 조절 행동은 부모와의 경험에서 비롯된다는 것을
보여준다. 가정에서 부모는 자녀의 행동과 규칙을 조절하고, 다양
한 행동에 대한 대처 패턴을 보여주고 가르침을 통해 자녀를 사회
화한다. 여기서 사회화란 개인이 사회적으로 적절한 행동과 가치
관, 문화, 규범 등을 습득하고 내면화하는 과정을 말한다.

가정 내 규칙을 통한 긍정적인 부모와의 소통은 아동이 독립적인
자기 조절 기술을 내재화하고 다른 사람들과 상호작용하는 방법을
배울 수 있도록 돕는다. 부모와 자녀가 함께하는 더 긍정적인 행동

공동 조절을 학습한 자녀는 공격적인 행동이 적고, 보다 적합한 자기 조절 행동을 보인다는 연구도 있다. 특히, 부모-자녀 행동 공동 조절의 '질quality'이 자녀가 다른 성인과 상호작용할 때 내부적인 모델을 제공한다는 연구도 있다.

따라서 일관성은 가정에서 시작하는 생활 습관 잡기와 훈육의 첫째 조건이 된다. 예를 들어, 약속한 귀가 시간이 있고, 엄마가 항상 그 시간을 엄격하게 지키도록 요구하는 경우를 생각해보자. 정해진 귀가 시간보다 늦어질 때는 엄마에게 미리 전화를 걸도록 약속을 해두어야 한다. 이 시간이 넘으면 아이에게 연락해 엄마가 시간 약속에 주의하고 있다는 것을 주지시켜야 한다.

이러한 일관된 태도는 자녀에게 항상 귀가 시간을 준수해야 한다는 것을 예측할 수 있게 한다. 만약 엄마가 한 번은 늦게 귀가한 것을 묵과하고 다음 날에는 엄격하게 귀가 시간을 준수하도록 요구한다면, 아이들은 엄마의 태도에 일관성이 없다고 느낄 것이다. 이는 엄마의 '그때그때' 다른 기분이나 가정의 분위기를 살피는 수동적인 태도를 키우게 되어 정서적 혼란을 야기할 수 있다.

또 다른 예로, 휴대전화나 인터넷 사용을 생각해볼 수 있다. 엄마가 자녀와 조율해 정한 가정 내 규칙이나 약속에 따라 휴대전화나 인터넷 사용 시간을 관리하고 제한한다면 아이들은 엄마가 항상 일관된 태도를 가지고 있다고 느낄 것이다. 그러나 엄마가 규칙 없이 기분에 따라 휴대전화나 컴퓨터 게임 제한을 풀어준다면, 자녀 역시 눈치와 핑계로 엄마를 설득하려는 '틈새 전략'을 키우게 된다. 특히 휴대전화에 대한 일관성 없는 관리는 학습 면에서 자기 조절 능력을 키우는 것을 방해하는 주범이다.

일관성 유지 스킬 2 엄마의 일관성이 아이의 일관성을 만든다

가정에서 부모가 규칙을 설정하고 일관성 있게 유지하는 마더링은 자녀의 자기 조절 행동을 형성한다. 또한 마더링에서 엄마가 보여주는 조절 및 대처 패턴은 엄마와의 긍정적인 상호작용을 촉진시킨다. 이를 통해, 자녀는 독립적인 자기 조절 기술을 내재화하고 다른 사람들과 상호작용하는 방법을 배울 수 있다.

이러한 결과는 엄마가 자녀와의 대화에서도 일관된 태도를 유지하는 것이 중요하다는 것을 방증한다. 엄마가 항상 자녀의 의견을 경청하고 존중하는 경우, 자녀는 엄마와의 관계에서 안정감을 가질 뿐만 아니라, 엄마와의 대화에서 학습한 규범 준수의 중요성을 학습할 수 있다. 결국, 엄마가 일관된 태도를 가지고 있다고 느낄 때, 자녀들은 엄마에게 더 많은 신뢰를 보내게 된다.

일관성을 지킬 때 네 가지를 기억한다

일관성 있는 마더링을 하기 위해서는 구체적으로 어떤 면을 고려해야 할까?

첫째, 일관성 있는 언어 사용을 위해 노력해야 한다. 기분이나 상황에 따라 엄마가 사용하는 언어가 다르다면, 아이는 엄마의 마더 링을 권위 있는 원칙이 아닌 감정적인 것으로 받아들인다. 잔소리 가 문제가 아니다. 어제는 부드러운 말로 가능했던 잔소리가 오늘 은 폭력적인 표현과 함께한다면, 아이는 잘못을 인정하고 수긍하 려 하기보다 스스로 엄마의 감정 쓰레기통이 되었다는 느낌을 받는 다. 자녀가 이해할 수 있고 잔소리의 효과가 있으려면, 목소리를 낮 추고 간결하지만 단호하게 잘못된 일을 전달하는 것이 더 효과적이 다. 항상 지적하던 똑같은 내용이어도 목소리의 높낮이에 따라 자 녀의 반응이 달라진다는 점을 잊지 말자. 아무리 화가 나더라도 인 격을 존중하지 않는 방식으로 꾸짖거나 체벌하는 태도는 금물이다.

둘째, 일관성 있는 상벌의 기준이 필요하다. 자녀를 칭찬하거나 혼낼 때 일정한 기준 없이 행하는 것은 아이에게 좌절감을 심어줄 수 있다. 순간적인 기분에 따라 주변 사람을 의식하지 않고 다짜고 짜 소리를 지르거나, 분명히 벌을 주어야 할 상황에서 주변을 너무 의식해서 유야무야 넘어간다면, 자녀는 규칙 준수의 중요성을 깨닫 지 못하게 된다. 특정한 상황에서 적절한 조치나 치벌 또는 칭찬이 따르지 않고 무시되는 경우를 종종 접하다 보면, 아이들은 스스로 행동을 조절할 필요를 느끼지 못한다. 자녀의 행동을 규제할 때, 엄 마의 감정이 개입되는 꾸지람과 칭찬은 전혀 효과적이지 않다. 약 속과 합의를 통해 원하는 행동을 구체적으로 정한 후 그에 맞는 칭 찬과 지도를 해야 한다. 이때 주의할 점은 "또다시 그러면, 너 이제 집에서 쫓아낼 거야"처럼 관계 단절적이거나, "이번에 1등 하면 다시는 너한테 공부 얘기 안 할게"처럼 지속 불가능하거나 현실성 없는 방식은 피해야 한다는 점이다.

셋째, 자녀에게 선택권을 주지 않는 단호함이 중요하다. 자존감, 인간으로서의 존엄성 등의 이유로 아이에게 많은 자율성을 주는 가정이 늘고 있다. 좋은 변화라 생각한다. 하지만 자유로운 것과 방만하게 키우는 것은 다르다. 가정에서부터 기본적인 규칙과 제한을 일관성 있게 가르치지 않으면 통제 불가능한 아이가 되기 쉽다. 특히 공공장소에서 소리를 지르는 등 집 밖에서 행동을 조절하지 못하거나 폭력적인 언행을 하는 등 범주를 벗어나는 행동을 한다면 반드시 현재의 마더링을 점검해야 한다.

선택권, 자율성은 종종 아이에게도 해가 된다. 어디까지 괜찮은 행동인지 모르기 때문에 불안감이 커지고, 오히려 자율성이 방해를 받는다. 자신과 타인에 대해 넓은 범주의 규칙은 아이가 아닌 부모가 선택하자. 그 안에서 마음껏 허용적으로 키우는 것이야말로 아이를 자유롭고 안전하게 키우는 방법이다.

학습에 관해서도 마찬가지다. 특별한 이유 없이 결석을 한다거나 약속된 숙제를 하지 않는 등 불성실한 모습에 대한 옳고 그름을 판단하는 능력은 일상 속 가르침을 통해 지도할 수 있다. 아이의 기분을 배려해 빙빙 돌리거나 회유적인 표현을 하지 말고 분명하고 단호하게 규칙을 요구하자. 이러한 규칙은 자녀들의 행동에 불확실성이 있을 때에도 단호한 가치관과 잃지 말아야 할 원칙이 있음을 상기시킨다.

넷째, 앞뒤가 같은 태도는 기본이다. 우리나라에서 사교육 없이 공부하기는 생각보다 어려운 것이 현실이다. 그러다 보니 소문난 사교육 선생님들의 콧대는 만만치 않다. 엄마들은 선생님들의 심기를 건드리지 않기 위해 선생님들 앞에서 절절 매곤 한다. 하지만 아이 앞에서는 정반대다. 선생님에게 혼났다고 하면, "조금만 참아라. 어차피 네가 대학 갈 때까지만 필요한 것이니까"라거나 "돈 낸 만큼은 그래도 본전은 뽑아라"라거나 "그 선생이 성격은 좀 그래도 어쩔 수 없잖아. 앞에서는 그냥 '네네' 그래" 등 앞뒤가 다른 행동을 하는 엄마들이 많다.

사교육이든 공교육이든 교사에게 너무 의지하거나 지나치게 굽실거릴 필요는 없다. 하지만 아이를 지도하는 존재에 대한 예의를 보이지 않으면, 학습의 효과는 반감된다. 교육의 주체는 자녀. 자녀와 선생님 앞에서 보이는 엄마의 태도에 일관성이 없다면, 아이는 공부하기 싫을 때마다 선생님 탓을 하게 된다. 평소 다른 사람의 흉을 보는 가정에서 자란 아이들은 자신에게 집중하기보다 주변 사람이나 환경만을 탓하게 된다.

지속 가능한 규칙과 약속을 고민한다

흔들리지 않는 일관성을 유지하려면 일관성의 원칙을 수립할 필요가 있다. 구체적이고 실행 가능한 방식을 수립하는 것에서 언제나 엄마가 보이지 않는 주도권을 가져야 하고, 이를 실행할 때는 단호함을 보여야 한다. 이때 단순히 원칙을 강요하는 것이 아니라, 올바른 성장을 위해 서로 지켜야 할 약속임을 강조해야 한다.

대부분 가정에서 일관성 있는 규칙을 수립하고 이를 지키려고 노력할 것이다. 그러나 매일 일관된 마더링을 하는 것은 쉽지 않다. 직장과 집안일, 그리고 한국 특유의 교육과 관련한 '관리형' 마더링을 동시에 하게 되면 어쩔 수 없이 자녀와의 충돌을 경험하게 되는데, 이때 몸과 마음은 지치게 된다. 때문에 지속 가능한 일관성을 위해 너무 엄격하거나 모호하지 않도록 자녀와 규범의 범위를 조율하는 과정이 필요하다. 예를 들어, "거짓말은 절대 용서하지 않겠다"가 아니라 "거짓말은 용납하지 않지만, 솔직하게 이야기할 때는 들어줄 것이다"라는 식으로 관용을 허하는 것이 좋다.

또한, 엄마가 자녀에게 약속을 지키지 못했을 때는 적절한 이유를 반드시 알려주고 미안한 마음을 전달해야 한다. 누구나 완전하지 않다. 엄마도 실수할 수 있다는 것을 인정한다고 해서 부모의 권위가 실추되는 것은 아니다. 오히려, 자녀의 관점에서는 엄마나 아빠가 상황이 불리할 때는 약속을 깨고, 유리할 때는 약속을 강요하는 것이 더 문제다. 이러한 '내로남불'은 신뢰를 깨버려서 결국 자녀에게 행동에 대한 책임감을 가르칠 수 없게 된다.

일관성 있는 규칙과 그 실행을 위해 엄마의 말과 행동이 일치하도록 노력하는 것은 단순히 가정 내 규칙을 준수하도록 훈련하는 것에 머물지 않는다. 일관성 마더링은 엄마의 진실한 가치 추구와 성숙을 위한 노력을 포함한다. 엄마부터 성실과 끈기, 회복력, 겸손과 분별력, 정돈된 마음과 직업정신, 그리고 무엇보다 자신만의 탁월함으로 나와 가족뿐만 아니라, 세상의 모든 사람에게 선한 영향력을 미칠 수 있도록 애를 써보자.

일관성 유지 스킬 3 가족 루틴을 만드는 것이 일관성의 시작이다

앞서 강조했듯이 일관성은 부모가 아이를 양육하고 교육할 때 꼭 필요한 기본 원칙이다. 그와 함께 삶의 질을 높이는 중요한 수단이기도 하다. 일관성 있는 생활을 영위할 때 사람은 심리적 안정감을 느끼고, 신체 건강이 개선되며 여러 능력이 향상되기 때문이다.

일상에서 일관성을 지키기 위해서는 습관habit, 루틴routine, 일상의식daily rituals을 구별해서 정의하는 게 좋다. 큰 차이가 없어 보이지만 각각의 특성에 따라 우리의 행동과 삶의 질을 형성하는 데 큰 영향을 미친다. 학업 성취에도 지대한 영향을 미치기 때문에 습관, 루틴, 일상 의식을 개념화하면, 교육적 목표를 달성하는 데도 구체적인 도움을 받을 수 있다. 더불어 그 각각을 자녀교육에서 실천하는 것은 각 가족의 특성에 따라 행동 방식과 삶의 질을 결정하는 '가족 아비투스'를 형성하는 데도 중요한 역할을 한다.

휴식 시간도 루틴화한다

첫째, 습관은 무의식적이고 자동적으로 반복되는 행동을 나타낸다. 좋은 습관은 우리를 발전시키고 안정된 삶을 유지하는 데 도움을 준다. 나쁜 습관은 수정하기 어렵고 부정적인 영향을 끼칠 수 있다. 예를 들어 일찍 일어난다거나 어른을 공손히 대하는 것은 좋은 습관이다. 이러한 긍정적인 습관은 일관성과 생산성을 유지해 학업 성공에 기여한다. 반면에, 미루기나 늑장 부리기 같은 부정적인 습관은 진전을 방해할 수 있다. 따라서 부모와 자녀 모두가 효과적인 학습에 도움이 되는 긍정적인 습관을 식별하고 강화하는 것이 중요하다.

둘째, 루틴은 계획된 것을 꾸준히 따르는 일련의 행동들을 나타낸다. 매일 같은 시간에 일어나고 일정한 시간에 공부하고 정해진 시간에 휴식을 취하는 것이 루틴의 예다. 사람은 루틴을 통해 일상의 예측 가능성을 높이고, 목표를 달성하는 데 도움을 받는다. 루틴은 긍정적인 변화를 위한 의식적인 노력으로, 삶을 더 풍부하고 의미 있게 만들고 안정감과 효율성을 제공한다. 따라서 하루의 루틴을 확립하는 것은 자녀의 학습 환경에 구조와 일관성을 만드는 데 필수적이다. 루틴에는 식사와 신체 활동을 위한 휴식 시간뿐만 아니라 영어, 수학, 독서, 과학과 같은 과목에 특정 시간을 할당하는 것이 포함된다. 매일 학습 계획을 정하고, 숙제를 미루지 않고 바로 마치는 등의 행동 역시 루틴이다.

일관된 루틴을 지키면 아이들은 긍정적인 학습 습관을 형성하고 하루 내내 집중할 수 있는 시간을 활용하는 방법을 배울 수 있다. 자녀의 학업적 성공을 장려하고 긍정적인 학습 환경을 조성하는 데 '루틴화'만큼 효과적인 것이 없다 해도 과언이 아니다. 가정에서의 루틴을 형성하는 것은 학습에 도움이 될 뿐 아니라 자녀들이 건강한 정신적·신체적 삶을 영위하는 데도 도움이 된다. 성인이 된 이후 사회생활에서도 성공을 이룰 기초를 다질 수 있게 해준다. 마더링을 통해 루틴화를 지속적으로 지원하고 격려할 때, 아이들은 바람직한 학습 습관을 형성하고, 그 과정에서 자신감을 키우고 성공에 도달하게 된다.

셋째, 일상 의식은 내면세계의 질서와 성장을 위한, 특별한 의미나 목적을 가진 의도적인 행동을 의미한다. 매일 반복되는 일상 의식의 예로는 아침에 일어나서 일과를 시작하기 전 짧은 명상을 하거나 하루 계획을 세우는 것이 있다. 또한 정서적 안정이나 영적 성숙을 위해 매일 일정한 시간에 독서하는 습관도 매일 반복되는 일상 의식으로 볼 수 있다.

일상 의식을 마더링에 사용하는 방법은 매일 아침 명언을 나누거나 짧은 명상을 하는 것이다. 우리 집에서는 매일 성경 묵상 시간을 가진다. 그리고 매주 일요일에는 함께 예배를 드리며 그날 들었던 말씀이나 묵상했던 내용에 대한 생각을 나눈다. 성경을 읽고 묵상하는 일상 의식으로 아침을 시작함으로써 고등학교 3년 내내 학습에 긍정적인 분위기를 조성하고 자녀와의 유대감을 높일 수 있었다.

마찬가지로, 일요일마다 가족이 함께 종교 활동을 하면서 지난주의 성취를 돌아보기도 했다. 이는 새로운 목표를 설정하는 주간 의식으로, 학업에 집중하고 동기를 부여하기도 했다. 이러한 일상 의식은 가족 구성원 간의 상호작용을 원활하게 만들어주고, 예기치 않은 상황에 대비하는 능력을 키우는 데 도움이 된다.

유익한 습관을 루틴화하도록 유도한다

때때로 우리는 의식하지 못한 상태에서 부적절한 행동을 하곤 한다. 하지만 대부분 습관적 행동 중 행동 자체가 문제가 되는 부정적인 경우라고 해도, 드물게 행할 때는 삶에 큰 영향을 미치지 않는다. 문제가 되는 것은 그 행동이 무의식적으로 반복될 때다.

예컨대, 성장기 청소년이 한두 번 밤샘 공부를 한다 해서 큰 문제가 되지는 않는다. 하지만 일주일에 두세 번 이상, 혹은 매일 밤샘 공부를 한다면 이야기가 다르다. 이 습관적인 행동을 퇴치하고, 장기적으로 도움이 되는 방향으로 의식적으로 루틴화하는 마더링 전략이 필요하다.

의도적으로 행동을 루틴화하는 것은 자신의 행동에 대해 숙고하고, 이를 의식적으로 교정하려는 노력이다. 학교 생활, 건강, 인간관계 등에 지장을 받을 정도로 컴퓨터 게임을 한다면 이를 인식하고 바꾸도록 노력해야 한다. 같은 상황과 조건에서는 말 그대로 습관처럼 컴퓨터 앞에 앉을 수 있으니 컴퓨터의 유혹을 받지 않는 환경을 만들어야 한다. 방의 구조를 바꾸거나 컴퓨터를 거실로 옮겨도 좋고, 컴퓨터에 암호를 걸어 제한하는 것도 한 방법이다. 휴대전화에 너무 많은 시간을 써서 효율적으로 공부하기가 어렵다면, 휴대전화를 부모님께 맡기거나 SNS 계정을 탈퇴하는 등 학습에 방해가 되는 요소를 체계적으로 제거해보자.

좋은 습관을 강화하는 연습을 시킨다

무의식적으로 하는 행동을 의식적으로 만드는 것이 '루틴화'다. 하루 혹은 일주일을 돌아보고 학습에 도움이 되는 습관과 좋지 않은 습관을 나열해보자. 좋은 습관은 유지하되, 좋지 않은 습관은 퇴치하도록 노력해보자. 예를 들어 매일 아침 늦잠을 잔다면, 이를 줄이고 순공부 시간을 확보할 수 있는 새로운 습관을 만들자.

목표 설정과 결심: 순공부 시간 확보를 위해서 하루에 공부할 수 있는 시간을 계산해보자. 그 목표로 아침 시간을 활용하는 습관을 정해보자. 매일 아침 일찍 일어나 아침 공부를 하겠다는 결심을 하면 그 시간에 알람을 설정하고, 다음 날 입을 옷을 꺼내놓고, 책상에 다음 날 공부할 책을 펴놓고 자게 한다. 시계가 울리면 즉시 일어나 옷을 갈아입고 책상에 앉아 공부를 시작하도록 돕자. 엄마는 자녀가 책상에서 공부하면서 먹을 수 있는 간단한 아침(고구마, 비니니 등)을 준비해주자.

예외 불인정: 습관 형성기인 3주 동안에는 예외를 인정하지 말자. 매일 아침 6시에 일어나기로 결심했다면 그 연습을 반복하도록 한다. 다음 날 아침에 일찍 일어나려면 전날 밤에 휴대전화 사용이나 고카페인 음료 섭취를 자제하고, 밤늦게까지 깨어 있지 않아야 한다. 휴대전화에 무의식적으로 손이 가지 않도록 침대 위가 아닌, 손

이 닿지 않는 책상 위 등 방의 다른 곳에 놓도록 하자.

습관 형성 목표 선포: 특정한 행동 습관을 익히는 중이라고 가족 또는 친구들에게 말하게 한다. 결심을 밀고 나가는 자신을 지켜보는 사람이 있다고 생각할 때 스스로의 말에 책임을 지고 싶어진다. 아침 공부 시간에 공부한 것에 대해서 "오늘은 무슨 과목했어?"와 같은 잠깐의 질문으로 아침 시간을 활용하겠다는 결심을 지킬 수 있도록 도와주자.

시각화: 마음의 눈으로 새 습관을 이미 익힌 자신의 모습을 더 자주 시각화하고 상상하도록 돕자. 아침마다 해야 할 공부를 마친 뿌듯한 모습의 자녀를 자주 묘사하고 칭찬해주자.

자기 확언: 스스로에게 하는 이야기는 자신을 훈련하고 통제하는 효과적인 도구가 된다. 예를 들어, 자녀에게 "내일도 아침에 일찍 일어날 거야?"라고 묻고, "매일 아침 6시에 일어나 공부를 시작할 거야!"라는 말을 스스로 할 수 있는 기회를 만들어주자. 자기 전에도 "내일 알람 몇 시에 맞춰놨어?"라는 말로 "내일도 아침 6시에 일어날 거야"라는 말을 자녀가 스스로 하도록 기회를 주자.

보상의 선택: 많은 엄마들이 새 습관이 자리 잡는 것을 보면 말 그대로 흥분을 한다. '이참에 좀 더 밀어붙이자'는 심산이다. 과욕을 버리고, 먼저 새 습관을 익히는 자녀를 존중해주는 것이 필요하다. 예를 들어, 나는 새벽 공부가 자리를 잡아가고 있음에도, 주말 하루는 'All Day, Free'를 허용했다. 아이러니한 것은 밤새 휴대전화를 가지고 놀 수 있는데도 아이가 졸려서 스스로 일찍 자고, 새벽에 일어

난다는 것이다. 아이들은 이처럼 행동이나 결심의 성과로 얻는 긍정적 결과를 보상으로 인식해 강한 애착을 보이며, 습관적 행동을 재확인하고 강화하게 될 것이다.

나쁜 습관을 인식하고 끊는 도전을 장려한다

나쁜 습관을 퇴치했을 때 주의할 것은 과거의 습관이 다시 도지지 않도록 끊어내는 일이다. 습관을 형성할 때 가장 중요한 것은 포기하지 않는 것이다. '결국 해낸다'는 것이 목적이다. 자녀가 실패를 두려워하지 않도록, 칭찬과 긍정적 피드백으로 자존심을 키워주자. 엄마가 실패를 다독이며 다음 기회를 기약하는 태도를 가진다면, 자녀는 끈기와 참을성을 키울 수 있다. 자신에게 보상하는 방법을 자녀가 선택했던 것처럼, 보상을 제외하는 것도 자녀가 선택하게 하자. 그러면 누리던 자유와 보상이 사라졌을 때의 감정을 배우게 된다. 행동이나 결심의 실패로 얻는 불편한 경험은, 습관적 행동의 중요성을 재확인하고 강화하게 만든다.

니쁜 습관이 다시 나왔을 때, 다시 반성하고 스스로 제자리로 돌아갈 수 있는 '복귀 능력'을 키워주려면 남을 탓하는 환경을 만들어선 안 된다. 그러기 위해서는 공부할 때뿐만 아니라 놀 때도 보상의 범위를 철저히 지켜주어야 한다. 자녀가 이의를 제기할 상황이 일어나지 않도록 엄마가 먼저 규칙을 지켜주자.

가족만의 루틴을 만드는 것이 가족 아비투스의 시작

'우리 가족이 일을 하는 방식the way we do things'의 예는 다양하다. 적절한 여가 활동, 음식, 대화, 옷차림에 대한 규칙, 정기적인 외식 또는 여행이나 휴가, 생활 방식에 대한 부모의 규칙 등이 포함될 수 있다. 이러한 성향과 가치 및 우선순위의 모음에 대한 가장 적절한 용어가 '가족 아비투스'이다.

가족의 습관, 관습, 관행을 의미하는 가족 아비투스는 가족 구성원들이 공유하는 관점, 경험 및 인지하지 못하고 행하는 체계, 의식적인 성찰의 대상이 될 수도 있는 성향 등을 모두 포괄한다. 가족 아비투스는 가족의 직업, 태도, 가치관, 의도적으로 만들어진 '학습된 루틴'이 자녀들의 학습적 습관과 열망을 형성하거나 진로 등을 결정하는 데 어떻게 기여하는지 이해하는 핵심 개념이기도 하다.

사회학자인 피에르 부르디외는 어린 시절에 적절한 행동, 가치관, 문화, 규범 등을 습득하고 내면화하는 과정에서 아이의 미성숙한 아비투스가 가족의 맥락에 크게 영향을 받는다고 강조했다. 그에 따르면, 가족 구성원 각각의 아비투스는 집단적 성격이 있어, 가족 내의 계층 문화적 자원과 관행이 학습에 대한 아이들의 잠재적 호기심과 자신에 대한 정체성을 깊이 형성한다.

이러한 주장을 기반으로 할 때, 엄마가 추구하는 많은 습관이 루틴화되도록 마더링하는 것은 결국 '가족 아비투스'를 만드는 전략이 될 수 있다. 다시 말하면, 자녀가 무의식적으로 당연한 듯 수행하도록 일련의 말과 행동을 루틴화하는 것이 우리만의 가족 아비투스를 만드는 마더링 과정이라는 것이다.

내버려두거나 주의하지 않는다면 별로 동기 부여도 되지 않는 것들, 즉 하지 않던 일을 당연히 해야 하는 것으로 받아들이는 과정이 루틴화이다. 이러한 학습된 가족의 관행, 가족의 공통 분모가 된 루틴은 가족 아비투스가 되어 다음 세대로 유전된다. 무의식적인 습관과 의식적인 훈련이라 할 루틴, 내면세계의 질서와 성장을 위한 의식을 적절하게 조정하는 일관성 마더링 원칙이 중요한 것은 이 때문이다.

일관성 유지 스킬 4 루틴을 만들려면 시간과 여유가 필요하다

루틴을 형성하는 데는 많은 시간이 소요되며, 그 시간은 개인에 따라 다르다. 영국에서 실시된 한 실험은 성인이 건강한 습관을 형성하는 데 얼마나 오랜 시간이 걸리는지 조사했다. 참가자들은 현재 실천하지 않는 간단한 식사나 신체 활동을 선택하여 습관으로 만들기로 했다. 필요한 행동은 점심에 과일 한 조각 먹기, 아침 식사 후에 물 한 잔 마시기, 아침 커피 후 50개의 윗몸 일으키기 하기, 아침 식사 후 10분 동안 걷기 등 하루 한 번의 동작이었다.

연구 결과, 참가자들이 습관을 자동화하는 데는 평균 66일이 걸렸다. 식사나 물을 마시는 것보다 복잡한 신체 활동은 자동화되는 데 1.5배 더 많은 시간이 걸렸다. 행동 유형 간의 잠재적 차이 외에도 습관을 형성하는 데 걸리는 시간은 개인에 따라서도 매우 다양하다. 같은 연구에서 습관 형성 기간은 사람에 따라 18일부터 254일까지 다양했다.

하루 이틀 빼먹어도 큰 문제 없다

루틴을 형성하는 것은 일관된 행동(습관 중 하나를 의도적으로 하는)을 반복한다는 것이다. 위 연구에서처럼 특정한 행동을 꾸준히 수행해서 하나의 루틴으로 만드는 데 소요되는 시간과 노력은 행동 유형에 따라 다양하다. 주목할 점은 루틴화하고자 하는 행동을 하루나 이틀 빼먹는다고 해서 루틴을 형성하는 데 영구적인 영향을 미치지는 않았다는 것이다.

이러한 점은 마더링을 통해서 자녀에게 교육적 목적으로 루틴을 만들 때 엄마가 좀 더 유연한 사고를 가질 필요가 있음을 강조한다. 본질적으로 마더링은 엄마가 자신의 조언과 기대를 각 아이의 시간에 맞게 조정하는 '인내'를 필요로 한다.

루틴화 시간은 아이마다 다르다

어떤 아이는 새로운 습관을 더 빨리 '루틴'으로 형성할 수 있지만, 다른 아이는 그보다 더 많은 시간이 필요할 수 있다. 따라서 자녀의 발달과 성숙도를 고려하여 루틴을 형성하는 데 필요한 시간에 대한 합리적인 기대를 설정해야 한다. 나이가 어린 자녀의 경우에는 엄마와 함께 습관을 형성할 수 있는 시간이 많아서 여유로운 반면, 고등학생이 된 경우에는 엄마가 루틴을 형성해주기에 이미 일상에 여유가 없다는 것도 기억해야 한다.

나의 경우에도 세 아이 모두 성격과 학습에 대한 선호가 제각각이었다. 따라서 같은 행동(또는 무의식적인 습관)을 의식적인 과정을 통해 '루틴화'하는 데 걸리는 시간과 방법도 상당히 달랐고, 이것이 바로 개별 마더링 전략으로 표현되었다.

예를 들어, 첫째 아이는 워낙 독립심이 강하고 엄마가 개입하는 것을 반기지 않았다. 학습에 대한 자신감이 많이 없었던 터라, 부족한 부분에만 더 집중해 스트레스를 받았다. 독립적인데 스스로 할 자신감은 없는 아이로, 자신에 대한 높은 기대와 낮은 현실 사이에서 오락가락했다.

첫째를 위한 학습 전략은 '아무리 큰 목표라도 작게 쪼개서 생각하면 쉬워진다'(심리학자 슐로모 브레츠니츠)는 사실을 기반으로 한, '잘게 쪼개기'와 '꼼꼼한 계획표'를 루틴화하는 방법이었다. 그리고 이 계획표를 적용할 때 나는 한 걸음 뒤로 물러나 있었다. 아이가 '할 수 있다'는 것을 그때그때 느낄 수 있도록 한 번에 많은 것을 요구하지 않았다. 또한 자신 있는 영역과 장점에 집중하는 마더링을 하려고 노력했다. 시간은 좀 걸렸지만 자신감을 얻은 아이는 그 성취감이 동기 부여가 돼 학습 루틴을 지속할 수 있었다.

반면에 둘째아이는 첫째와 성향이 달랐다. 중학교 때부터 워낙 친구가 많았고 즐거운 일탈(?)을 일삼던 아이에게 첫째처럼 독립적이고 자유로운 방법을 허하면, 시간이 아주 오래 걸리거나 불가능하리라는 판단이 들었다. 때문에 즉각적이고 강제적인 개입을 통한 학습 루틴화를 이뤄냈다. 친구들과 격리된 장소에서 공부할 공간이 필요하다고 판단해 집에서 차로 30분가량 걸리는 곳에 있는 독서실을 다니며 공부하도록 했다. 학교가 끝나면 학교 앞으로 데리러 가 독서실에 내려주고, 약속한 시간에 데리러 가는 루틴을 지켰다. 처음에는 익숙지 않았지만 시험에서 달라진 결과를 맛본 아이는 시험 기간에도 차에서 도시락을 먹으며 독서실에 가는 루틴을 이어갔다.

통제감을 스스로 체감케 한다

한편, 루틴이 행동의 유연성을 감소시키고 행동을 더욱 강제적으로 옭아맬 수도 있다. 루틴 자체가 목적이 되면, 족쇄로 작용해 오히려 학습자들이 학습 과정을 더욱 제한적으로 경험하고, 변화에 대한 적응력이 낮아진다. 따라서 학습 루틴을 구축한다면 학습의 효율성을 최적화하고, 동시에 행동의 유연성을 유지할 수 있는 방향을 찾도록 노력해야 한다. 이렇게 해야 자신의 학습 과정을 보다 효과적으로 관리하고, 학습 목표를 달성하는 데 성공할 수 있다.

학습의 효율을 높이기 위해서, 즉 학습 목표를 달성하기 위해서는 학습자가 통제의 주체임을 느껴야 한다. 또한 학습 과정을 자기 조건에 맞추어 직접 주도한다는 것을 체감해야 한다. 경쟁적 입시 환경에 휩쓸리는 대신 자신이 시간의 주인공이 되어야 한다는 '진리'를 자녀가 느낄 수 있도록 해주자.

아이가 학습의 주인공으로서의 역할을 확고히 느끼기 위해서는 부모의 잦은 개입을 삼가는 것이 좋다. 월별 또는 분기별로 목표를 재설정하는 시점에서 엄마와 상의하도록 하는 마더링으로 더 많은 적극성과 '자유'와 유연성을 누릴 수 있게 해주자. 자녀가 일상적인 학습 상황에서 통제력을 강화하도록 점차 엄마의 개입을 줄여가는 방향으로 마더링하자. 이 과정은 청소년들에게 루틴화된 학습 과정에서 학습 목표를 달성하기 위한 시간과 전략을 스스로 '선택'하고 '집중'하도록 도움을 준다. 공부하는 동안 스스로 스마트폰이나 게임 등과 같은 외부 간섭을 최소화하므로, 자연히 집중력을 높여준다.

아이들이 학습 루틴을 온전히 체화했다면, 학습 루틴이 모두 끝난 후에는 '절대 불가침'의 '자유 시간'을 가질 수 있는 통제권을 주자. 학습 외의 활동에 참여하고 소통하는 시간을 확보할 수 있도록 '자유'에의 '통제'도 루틴화하는 것이 필요하다. 즉 '당당하게 놀기 위해 해야 할 루틴 의무를 완수하지'는 원칙을 훈련시키는 것이다.

가족 아비투스를 활용한다

일상적인 학습 상황에서의 통제감을 높일 수 있는 학습 루틴 원칙인 '진리(해야 할 루틴화된 의무)가 너희를 자유케 하리라'를 '가족 아비투스'로 정하는 것도 좋다. 이렇게 하면 자녀들이 자신의 학습 과정을 효과적으로 관리하고, 학습 목표를 달성하기 위해 적극적으로 노력할 수 있다. 이때 놀기 위해서 공부한다고 비하하지는 말자. 입시를 향한 고된 마라톤에서 매일의 목표 달성이라는 작은 성공을 통해 값진 자유 시간을 성취하는 경험을 꾸준히 쌓아갈 수 있도록 돕자.

작은 성공의 경험이 합쳐지면 자신이 학습 과정에서 통제력을 가지고 있다는 느낌을 더욱 강하게 받게 된다. 이런 진리(루틴 준수의 의무)와 자유(통제에의 권리)를 원칙으로 하는 마더링은 장기간의 입시 공부를 해야 하는 청소년들의 정신적인 건강과 긍정적인 학습 태도를 형성하는 데 도움을 준다.

아이가 유익한 행동을 루틴화해 원하는 결과를 얻기 위해서는 많은 주의가 필요하다. 아이를 키우고 돌보는 것은 관찰과 계획, 실천, 조절 등 지속적인 노력이 따라야 하는 일이다. 그 과정에서 점진적인 조절과 조정 역시 중요하다. 정신적·신체적 건강과 학습은 긴밀하게 연관되어 있다. 장기적으로 정신적 건강을 유지하기 위해서는 지속적인 자기 인식과 내면의 단단함을 위한 노력이 필수다.

수많은 변수를 떠올리면 현실적으로 마더링에서 추구하는 좋은 행동들을 실제로 자동화할 수 있을지 의문이 들기도 한다. 그럼에도 불구하고, 가정에서의 습관이 생성되어가는 과정이 '가족 아비투스'를 만들어가는 과정이라는 점에서 큰 의의가 있다는 점을 부정할 수 없다.

러시아 출신의 심리학자 레프 비고츠키는 청소년은 유아기 시절의 인지적·신체적 발달을 토대로 인격이 총체적 발달의 여정을 겪는다고 주장했다. 나아가 그는 뇌가 폭발적인 성장을 이루며 전면적인 재구성이 이루어지는 청소년기를 지적 혁명이 일어나는 시기로 규정했다.

최신 과학적 연구들은 청소년기가 학습과 발달에서 결정적인 시기임을 보여주고 있다. 과거에는 청소년의 뇌는 이미 발달이 완성되어 성장이 끝났으며, 성인의 뇌와 동등한 수준이라고 생각해왔다. 1990년대 초반까지만 해도 뇌의 성장은 5~6세에 거의 완성된다고 보기도 했다. 그러나 뇌과학이 발전하면서 청소년기 뇌 발달의 특성과 인간의 뇌는 정도는 다르지만 끊임없이 변화한다는 것이 밝혀졌다.

이는 청소년기가 학습과 발달에서 특히 중요한 시기임을 뒷받침한다. 청소년기는 뇌가 급격한 변화를 이루는 시기로, 청소년의 뇌는 성인의 뇌와는 다르게 활성화된다. 2차 성징으로 몸은 성인이지만, 청소년의 뇌는 아직 성장 중인 것이다. 이는 곧 학습과 관련한 학습 루틴을 세우기에 최적의 시기라는 뜻이기도 하다.

일관성은 안정감과 자기 효능감을 선물한다

루틴화를 통한 일상적인 활동의 구조화는 안정감을 제공하고, 스스로 상황을 통제할 수 있다는 자기 효능감을 부여한다. 예를 들어, 학습 훈련에서 루틴을 사용하면 학생들은 학습 계획을 구성하고 일정을 조정하여 자신의 학습 환경을 효과적으로 관리할 수 있다. 공부할 시간을 명확히 정하고, 목표를 설정하고, 학습 활동을 일정하게 반복함으로써 자신의 학습 과정을 조절하고 통제할 수 있다. 이러한 작은 성공은 자신감과 자기 효능감의 근간이 된다.

이러한 루틴을 만들기 위한 여러 사교육 상품은, 매일 같은 시간에 공부를 시작하고 공부 시간을 일정하게 유지하도록 관리해 효율적으로 장기적인 학습을 진행하도록 돕는 것이 목적이다. 학습 훈련을 받는 과정에서 루틴화는 자기 조절 능력을 키우는 수단으로 작용할 수 있다. 예전에는 어렵게 느껴졌던 행동을 루틴화하면 스스로 변화를 인식할 수 있고, 학습 과정에서 발생하는 좌절에도 적극적으로 대응할 수 있다는 통제감을 느낄 수 있다.

학습 능력은 최고, 감정 조절은 최저

청소년기의 뇌는 성인의 뇌와 거의 대등하며, 학습 능력은 최고조에 이른다. 성인으로 완성되는 시점과 비교했을 때 전반적인 구조와 기능이 더욱 활성화되고, 격동적인 변화를 겪는다. 특히, 청소년기에는 합리적 사고를 조절하는 전두엽이 급격히 발달한다. 전두엽은 추상적인 사고, 계획 수립, 문제 해결 능력 등을 향상시키는 데 중요한 역할을 한다. 이러한 전두엽의 발달은 청소년들이 복잡한 학습 과제를 이해하고 처리하는 것을 돕는다. 전두엽이 발달함에 따라 논리성을 가지게 되고 추상적 사고 발달로 사회, 정치, 종교와 같은 추상적 상징을 이해하게 된다.

반면, 청소년기의 뇌는 감정과 본능을 처리하는 데 미숙하다. 신중함과 충동 조절, 감정적 만족 등의 영역에서 성인의 뇌와는 다르게 판단하고 행동한다. 즉 청소년기는 신체적 건강, 체력, 지적 능력 측면에서 일생 중 최고의 시기이면서 동시에 위험한 시기라고 할 수 있다.

행동과학 및 사회과학 분야의 연구는 청소년기가 자아 정체성 형성 및 사회적 상호작용 형성에 중요한 시기임을 강조한다. 또한 자연스럽게 미래에 대해 고민하기 때문에 학습 동기가 가장 커지는 시기이기도 하다.

따라서 10대들의 뇌가 발달하기를 기다리는 동안 부모와 교사 등 주변 어른들은 아이들의 자율성을 존중하고 격려해줘야 한다. 가끔은 적극적으로 개입해서 방향을 잡도록 도와주는 노력도 기울여야 한다. 외부의 영향력에 더 쉽게 노출되고, 더 쉽게 상처 입고, 심각한 손상이니 장기적인 손상에 취약한 상태이기 때문이다.

8

말보다 실력이 앞서는 아이로 키워라
실력 양성 마더링

뭐라 변명해도 학생의 본분은 공부이고, 배우고 익히는 데 책임을 다해야 한다. 타고난 재능이 다를 수는 있지만 노력과 근면으로 극복되는 부분은 분명히 있다. 실력 양성Trainability 마더링은 끈기와 자기주도적 학습 태도를 익힐 수 있게 돕는 마더링이다. 암기력과 집중력, 시간 관리, 소통 능력 등 미래 사회에서 요구하는 주요 역량을 극대화하는 법을 익히자.

실력 양성 스킬1 실행 기능이 뛰어난 아이로 키우자

명학이의 하루는 사교육으로 시작해 사교육으로 끝난다고 해도 과언이 아니다. 저녁 6시부터 9시까지 주 3일은 수학, 2일은 영어 학원에 다니고, 주 1회씩 과학과 국어 학원에서 공부한다. 여기에 팀 스포츠로 농구 레슨도 주 1회씩 받고 있다. 주말이면 주중에 있는 학원 수업을 제대로 했는지 점검하기 위해 코칭과 관리 수업을 추가로 받는다. 일주일 내내 바쁘고 빡빡하다.

명학이는 제시간에 학원에 오는 날이 드물다. 언제나 10~20분씩 늦는다. 숙제를 해왔다고 해서 책을 펴보면 다른 숙제를 해오기 일쑤다. 문제를 풀고 채점을 하지 않은 경우도 많다. 해오기라도 하면 다행이다. 다 했다고 하는데 물어보면 전혀 알지 못하는 바람에 자세히 살펴보면 정답을 베껴온 일도 있다. 숙제한 것을 집에 두고 오는 일도 부지기수다.

명학이에겐 과목마다 각각의 학원 가방이 있는데도 학원 가방이 지나치게 '빵빵'했다. 가방을 들여다보면 엊그제 나눠준 출력물과 지난 학기에 나눠준 출력물이 뒤섞여 있곤 했다. 하지만 가방 안 가득한 출력물 중 정작 이번 시간에 사용할 교재나 출력물은 없다. 수업이 끝나고 빈 뒤에는 학용품이나 재킷을 놔두고 간 적도 많다.

매일의 일상이 사교육으로 가득 찬 명학이에게 그나마 다행인 것은 엄마가 성실하게 학원에 보낸다는 점이었다. 전 과목을 사교육으로 관리하는 엄마의 열성 덕에 중학교 때까지는 그래도 중상위권을 유지할 수 있었다.

명학이는 제시간에 학원을 마치고 집에 가는 일이 거의 없었다. 숙제를 안 해와서 학원에 남아 공부를 하거나 엄마가 숙제를 마치고 오라고 하기 때문이다. 그런데도 아이는 "어차피 저희는 더 좋잖아요. 같은 돈 내고 수업을 더 길게 하니까요"라며 별생각이 없다.

간혹 명학이 엄마와 통화할 때도 대동소이한 말이 오간다. 집에 오면 책을 펴지도 않으니 학원에서 숙제를 다 끝내고 집에 보내달라는 것이다. 가끔은 주말 수업을 요청할 때도 있다.

사정이 이렇다 보니, 명학이가 아침에 등교한 후 학원을 거쳐 집으로 돌아가는 시간은 언제나 밤 10시를 훌쩍 넘긴다. 하교 후 운동장에 가방을 던져놓고 놀거나 피시방에서 친구들과 시간을 보내다 편의점에서 대충 저녁을 때운다. 정리되지 않은 가방처럼 명학이의 일상은 언제나 뒤죽박죽이다.

남의 손에 맡길 일은 따로 있다

더 심각한 것은 명학이 엄마가 아이를 만날 수 있는 시간이 매일 밤 10시 이후부터 다음 날 아침 8시까지가 전부라는 사실이다. 명학이는 집에서는 하숙생처럼 잠만 잔다. 점점 엄마와의 대화는 사라지고, 학원 선생님을 통한 이야기 전달, 혹은 성적이 나온 이후 오고 가는 고성이 대화의 대부분을 차지하는 일이 늘어났다.

하루는 명학이가 오더니 "차라리 엄마가 직장에 나갔으면 좋겠어요"라며 투덜거렸다. 엄마와 이야기만 나누면 처음에는 좋게 시작했다가도 결국에는 성적으로 결론이 난다는 게 이유였다.

점점 모자 사이가 불편해졌다. 엄마는 학원 선생님들에게 전화해 하고 싶은 이야기를 대신 전해달라고 하는 상황까지 이르렀다. 아이와의 관계는 없고, 엄마는 '엄카'(엄마 카드)의 사용 문자로 아들의 동선과 하루를 가늠할 뿐이었다.

안타까운 이야기이지만 사교육 현장에서 아이들을 가르치면서 만나게 되는 '명학이'는 너무 많다. '엄마가 오죽하면 그럴까?' 하는 안타까움도 있다. 하지만 아이의 문제는 이렇게 사교육이나 남의 손에 맡겨서 해결될 일이 아니다. 부모는 자녀가 공부를 잘했으면 하는 마음으로 학원에 보낸다. 문제는 사교육을 과대평가하거나 만병통치약으로 착각한다는 것이다.

학습을 위한 정신적 기술을 훈련시켜라

학원 선생님들은 엄마처럼 내 아이 하나만을 돌볼 수 없다. 좋은 성적이라는 것이 뛰어난 지능이나 '일타 강사'의 수업 등 한두 가지 요인으로 결정되는 것도 아니다. 성적을 올리기 위해 어떤 전략을 언제, 어떻게 적용할 것인지 고민하고 적용하는 기술을 연습하는 것이 중요하다. 학습량이 많아지는 상급 학교로 진학할수록, 혼자 계획한 것이든 선생님들이 주신 과제를 완료하기 위해서든, 매일 사용하는 정신적 기술이 학습의 결과를 좌우하기 때문이다.

우리나라에서 초등학교 고학년부터 고등학교까지 대부분 학생이 학교에서 보내는 시간은 모두 비슷하다. 하교 후의 일상도 그렇다. 사교육을 받기 위해 학원에 가는 것이 방과 후의 일반적인 풍경이다. 아이들에게는 공부 습관을 다른 누군가가 구조화해주는 대로 따라가는 것이 자연스러워 보인다.

하지만 성공적인 공부 습관은 방과 후 시간을 어떻게 보내는가에 달려 있다고 해도 과언이 아니다. 가정에서 혼자 공부하는 시간이 없으면 자기주도학습을 전혀 경험하지 못한 채 고등학교에 진학하게 된다. 시간과 체력이 언제나 부족한 고등학교 3년을 철저하게 대비하기 위해서는 공부 습관을 들이기 좋은 초등학교와 중학교 시기를 놓치지 않아야 한다.

목표 설정과 자기 점검을 연습시켜야 한다

학습자가 목표를 설정하고, 어떤 일을 어떻게 할 것인지 계획하고, 우선순위를 정하고, 해야 할 일을 기억하고, 시간과 체력을 관리하고, 일단 시작한 것을 끝마치는 이 모든 과정이 공부이다. 더 나아가 자신이 현재 어느 위치에 있는지를 파악하는 자기 점검, 자기 행동을 계획하고 진행하고 평가하는 자기 조절 등이 모두 학습에 필수적인 부분이다. 여기에는 자기 뜻대로 되지 않는다고 화를 내거나 내팽개치는 등의 감정을 조절하는 능력과 '실행 기능' '회복 탄력성' 등도 중요한 능력이다.

이 모두가 소프트 스킬Soft Skill에 해당하는 역량이다. 소프트 스킬 활용 능력에 약점이 있는 아이들은 공부만이 아닌, 자신이 책임져야 하는 여러 영역의 일을 하는 과정에서 끊임없이 고군분투하게 된다. 하드 스킬과 소프트 스킬의 균형을 목적으로 하는 폭넓은 시야를 가진 마더링이 절실한 것은 이 때문이다.

소프트 스킬의 핵심은 실행 기능이다

최근 사회성, 의사소통 능력, 협상, 팀워크, 리더십 등 성격에 기반을 둔 소프트 스킬의 중요성이 더욱 대두되고 있다. 실제 소프트 스킬이 장래 취업 및 소득을 예측하는 능력 지표로써 학업적·기술적인 능력 지표와 비등하다는 것을 보여주는 증거들도 점점 늘고 있다.

하드 스킬은 시험을 통해 측정 가능한 영역이다. 반면에 적응력, 자율성, 의사소통 능력, 창의력, 문화적 감수성, 공감력, 고차원적인 사고 능력, 일관성, 계획성, 긍정적인 태도, 전문성, 회복 탄력성, 자기 통제, 자기 동기 부여, 사회성, 팀워크 능력, 책임감, 리더십, 학습력, 설득력, 조직력, 독창성, 성격, 목표 지향성 등등으로 이루어진 소프트 스킬은 측정하기가 어렵다.

오늘날 많은 기업이 요구하는 능력은 학벌이 전부가 아니다. 그 어떠한 영역에서든 성공을 위해서는 적절한 학력과 소프트 스킬을 포함한 여러 가지 능력들이 필요하다. 그중 대표적인 것이 실행 기능이다.

실행 기능이란 개인이 목표를 계획, 모니터링하고 성공적으로 실행하는 데 도움이 되는 일련의 인지 과정과 정신 기술을 이른다. 유연한 사고방식, 주의력 조절, 작업 기억, 억제, 인내심, 문제 해결력이 여기에 포함된다.

많은 연구에 따르면 실행 기능과 일반 지능지수(IQ)는 일관되게 겹치는 것으로 나타났다. 일부 연구자들은 몇몇 분야에서는 실행 기능이 IQ보다 성공을 더 잘 예측할 수 있다고 주장하기도 한다.

2012년 한 교육심리학 저널에 발표된 연구에서는 자기 학습 능력을 결정하는 IQ보다 자기 통제가 교실에서의 성과에 더 결정적인 요인이라는 결과가 나왔다. 이는 IQ 점수만으로는 학업 성공을 예측하기 어려우며, 실행 기능에 해당하는 억제(자제력과 선택적 주의력), 감정 조절, 동기 부여, 계획 및 문제 해결이 학습을 위한 마더링에서 중요한 영역이라는 것을 의미한다.

실행 기능에는 집중력, 한 작업에서 다른 작업으로의 빠른 전환 능력 등도 포함된다. 실행 기능은 교육적 성취를 높이는 과정 및 그 결과와 밀접한 관련이 있으며, 회복력의 훌륭한 예측 변수이기도 하다.

더 세분화하면, 실행 기능은 자기 인식, 억제, 비언어적 작업 기억, 언어적 작업 기억, 감정 조절, 동기 부여 조절, 계획 및 문제 해결로 나뉜다.

여기서 자기 인식은 자기주도적 행동, 즉 자신이 하는 일에 대한 인식을 의미한다. 억제는 충동 조절로 생각과 행동을 멈추게 하는 역할을 하며, 행동의 방향을 바꾼다. 비언어적 작업 기억은 자기 주도적 감각, 정신적 이미지, 시간 인식에 중점을 둔다. 이것은 기억과 기대에 의한 행동을 이끌며, 미래의 목표를 향해 생각과 행동의 방향을 잡는다. 언어적 작업 기억은 제한된 양의 음성 정보를 보존하여 사용할 수 있도록 한다. 큰 소리로 또는 조용히 혼잣말을 하는 것으로 나타날 수 있다. 감정 조절은 주목할 만한 사건에 의해 발생하는 감정을 조절하는 것이다. 동기 부여 조절에는 자기주도적 동기가 포함된다. 다른 사람의 끊임없는 지도가 필요하지 않은 내적자극이 원동력이다. 계획 및 문제 해결은 계획과 시행착오를 통해효율성을 높이도록 사고하고 행동하게 한다.

실행 기능을 높이는 3단계 원칙을 익히게 한다

많은 학생, 심지어 똑똑한 아이들조차 이러한 소프트 스킬을 학업에 적용하거나 활용하는 데 어려움을 겪는다. 그중에서도 실행기능에 문제가 있는 아이들은 많은 경우 학습을 체계적으로 수행하기가 쉽지 않다. 과제를 잊어버리고, 소지품을 잃어버리고, 지시를따르는 데 곤란을 겪는다.

실행 기능을 높이기 위해 아래의 세 가지 큰 원칙을 가이드로 활용해보자(미국정신의학회 명예회원인 프랭크 존 니니바기Frank John Nini-vaggi의 '효과적인 목표 달성을 위해 사고를 조직하고 방향을 잡기 위한 지침'을 참고했다).

1단계 단기적·장기적으로 해야 할 일 및 과제 일정 수립하기: 일간, 주간, 월간으로 스케줄을 구성한다. 작업을 완료하는 데 필요한 시간을 계산해 일정을 잡는 훈련을 하자.

2단계 일상의 간단 요약: 긴급하게 처리해야 할 일(과제나 시험을 위한 준비)을 위한 일정과 긴급한 일이 없을 때 우선적으로 해야 할 '우선순위' 사항들(매일 영어 단어는 외운다, 학원의 숙제부터 해놓고 개

인이 정한 학습 계획표상의 공부를 한다 등)을 간단하게 정리해놓도록
하자.

3단계 질책보다는 긍정적인 강화 사용: 소프트 스킬 중 마더링에서
멘털 관리에 사용하기에 가장 좋은 도구 중 하나가 마음챙김이다.
일이 생긴 후에 진행하는 처벌성 훈육보다는 사전 예방적 대처가
학습과 관련된 스트레스를 줄이는 데도 더 도움이 된다.

실력 양성 스킬 2 회복 탄력성은 도전의 자양분이다

실행 기능과 더불어 교육 마더링에 필요한 것이 정신적 회복 탄
력성이다. 회복 탄력성은 학습 과정에서 당연히 만날 수 있는 좌절
과 기타 삶의 역경에 의해 쓰러지더라도 이전만큼 강하게 돌아올
수 있는 심리적 특성을 의미한다.

회복 탄력성이 높은 청소년은 어려움, 충격적인 사건 또는 실패
로 인해 결심이 고갈되지 않는다. 진로를 바꾸고, 정서적으로 치유
되고, 목표를 향해 계속 나아가는 방법을 찾는다. 인간의 능력과 재
능은 고정된 것이 아니다. 끊임없는 배움과 노력을 통해 발전하고
성장한다. 이와 같은 성장 마인드셋과 새로운 기술을 습득하기 위
해 배우고자 하는 욕구를 갖는 것도 회복 탄력성과 관련이 있다.

회복 탄력성은 스트레스 요인에 대한 감정적 반응을 조절하는 데
도 도움이 된다. 실제로 학대 이력이 있는 8세에서 17세 사이의 어

린이를 대상으로 한 연구에 따르면, 부정적인 사건에 대한 감정적 반응을 더 잘 조절하거나 통제할 수 있는 어린이는 우울증과 같은 정서적 문제를 겪을 가능성이 적었다.

회복 탄력성의 첫째 조건은 부모와의 좋은 관계다

정신적 회복 탄력성을 높이는 전략은 충분한 수면과 고른 영양 섭취, 규칙적인 운동 등 건강한 생활 습관을 들이는 데서 시작한다. 스트레스를 줄일 수 있으며, 결과적으로 회복력을 높일 수 있기 때문이다.

좋은 관계 맺기도 한몫한다. 자녀와 친밀한 관계를 유지하면 어떤 문제가 생겼을 때도 아이가 주저하지 않고 부모에게 털어놓으며 도움을 청할 수 있다. 자녀와 좋은 관계를 위해서는 평소 여유롭게 자녀를 바라봐야 한다. 주위 아이들과 비교하지 말고, 자신의 의견을 내세울 때는 걱정스럽더라도 간섭하거나 무시, 억압하는 대신 독립적인 성인이 되는 과정이라고 긍정적으로 받아들이자.

평소 답답하더라도 잔소리하거나 재촉하는 일을 최대한으로 줄이고 지켜봐주고 기다려주는 태도가 필요하다. 아이에게 혼자 생각하고 몰두하고 쉬고 즐길 수 있는 시간과 공간을 충분히 주는 것도 도움이 된다.

조심할 것은 아이 앞에 닥치는 문제를 아이가 인식하기도 전에 나서서 해결하는 것이다. 불편하거나 어려운 일이 있을 때 아이가 스스로 생각하고 견디고 해결하도록 노력해야 자기 효능감이 올라가고 인내심도 자란다. 엄마가 앞서 나가면 아이는 편안하지만, 도전하고픈 의욕을 잃고 의존적인 성향만 갖게 될 뿐이다.

실력 양성 스킬 3 하드 스킬과 소프트 스킬의 조화에 중점을 두자

교육과학의 선구자인 로베르타 골린코프Roberta M. Golinkoff와 교육심리학자 캐시 허시파섹Kathy Hirsh-Pasek의 《최고의 교육》(원제는 '똑똑해지기: 과학이 성공적인 자녀 양육에 대해 알려주는 것Becoming Brilliant: What Science Tells Us About Raising Successful Children'이다)은 어린이의 전체적인 발달을 우선시하는 교육 혁신을 다룬 책이다. 체험 학습과 놀이 기반 교육, 창의성과 비판적 사고 기술을 육성하는 환경으로의 전환을 옹호하는 책이다.

저자들은 미국의 교육 모델이 미래를 살아갈 작은 시민들을 적절하게 준비시키지 못하고 있다고 주장한다. 미국의 학제인 K-12 시스템을 마치는 전 세계 아이들 대부분이 직장에서 도전할 준비가 안 되어 있다는 것이다.

저자들은 학교가 기업 혹은 재계가 원하는 인재인 강력한 의사소통가, 창의적인 혁신가, 전문적인 문제 해결사의 역량을 키우는데 거의 관심을 기울이지 않는다고 주장한다. 오직 읽기, 쓰기, 그리고 산술의 결과만을 포함하는 시험을 위한 공부와 그를 바탕으로 한 좁은 정의의 성공에만 초점을 맞추고 있다고 우려를 표한다.

책에 따르면, 오늘날 아이들이 글로벌 시장에서 성공하기 위해 필요한 것은 6C라고 하는 소프트 스킬이다. 과학적 및 심리학적 학습 과학의 연구를 바탕으로 한 6C는 협업Collaboration, 커뮤니케이션Communication, 콘텐츠Content, 비판적 사고Critical Thinking, 창의적 혁신Creative Innovation 그리고 자신감Confidence이다.

학벌, 시험을 뛰어넘는 경쟁력을 추구하라

이는 영미권의 엘리트 교육에서 강조하는 소프트 스킬과 맥락을 같이한다. 소프트 스킬은 기존의 표준화된 시험을 위한 교육과 기술이 아니다. 급변하는 미래 세계에서 성공하는 데 필요한 역량으로, 직장 생활과 개인 생활에서 성공을 이루는 기초가 된다. 학교 안팎의 교육에 대한 저자들의 포괄적인 틀, 즉 6C를 종합하면, 그대로 우리가 지향해야 하는 마더링의 구체적 목표가 된다.

한국의 중고등학교 교육은 여전히 국어, 영어, 수학을 잘하고, 과학과 사회 과목에서 좋은 점수를 받아 좋은 대학에 합격하는 것을 성공으로 여긴다. 성공의 선동적인 정의에 머물러 있는 셈이다. 학원이나 과외 등 시험 점수를 위한 사교육을 받는 환경 속에서 내적 동기를 통해 스스로 공부하기에는 한계가 있다.

객관식 시험을 위한 학습만으로는 생각을 설득력 있게 전달하는 법을 배울 수 없다. 서로 돕고 시너지를 내는 협력자가 될 수도 없다. 학생들은 말할 수 있어야 하고, 주장할 수 있어야 하며, 들을 수 있어야 한다는 점을 강조한 저자들의 주장에 나는 전적으로 동의한다.

4차 산업혁명으로 로봇공학, 인공지능, 자동화가 증가하면서 일자리 대체 및 고용 패턴의 변화가 발생하고, 이미 전통적인 인력 구조에 많은 영향을 미치기 시작했다. 특히 AI로 인한 시대적 변화로 미래에 대한 불확실성이 증가하고, 지식 중심의 교육에 대한 불안과 의문도 증가하고 있다. 자녀 세대에게는 부모인 우리 세대와 조부모 세대가 필요로 했던 기술과는 다른 기술이 필요하다. 이런 시점에서 저자들은 6C 역량이 있다면, 인공지능과 로봇이 세계를 주도하더라도 충분히 경쟁력을 갖출 수 있다고 말한다.

소통 능력의 극대화에 방점을 찍자

그렇다면 자녀의 6C를 강화하기 위해 부모가 할 수 있는 일은 무엇일까? 무엇보다《최고의 교육》에서는 소통의 중요성을 강조한다. 평소 자녀와 이야기를 나누고 공유할 것을 제안하는 것이다. 이런 종류의 커뮤니케이션은 일상생활을 통한 마더링에서 훈련시킬 수 있다. 그 대표적인 것이 '세 가지로 말해봐' 훈련이다.

마더링에 관한 글을 쓰면서 나는 자녀들에게 '엄마가 자주 사용하는 말'에 관해 물었다. 그러자 망설임 없이 나온 대답이 "어떻게 생각해? 세 가지로 얘기해봐"였다.

나는 자주 아이들에게 "지금 엄마가 방금 말한 내용을 세 가지로 정리해서 다시 말해봐"라고 요구한다. 아이들의 의견을 묻거나 전달하고 싶은 훈육(결국 잔소리겠지만)을 제대로 인지시키기 위해서, 혹은 반성문을 쓸 때나 책, 영화 등을 본 후 등 주제나 상황과 관계없이 묻곤 했다.

'세 가지로 말해봐' 마더링을 할 때 무작정 세 가지로 말해보라고 요구했던 것은 아니다. "왜 그렇게 생각했어? 이유를 세 가지로 말해봐" "무슨 생각이 들었어? 세 가지로 말해봐" "이게 좋았어? 왜 좋았는지 세 가지로 말해봐" 등의 방법으로 약간의 틀을 던져주며 아이들이 스스로 생각과 느낌을 정리해서 말하도록 했다.

아이들의 말에서 원하는 바가 잘 정리되지 않았다고 느끼거나 빠진 부분이 있을 때는 다시 강조하거나 풀어서 설명했다. 그 뒤 아이 입으로 다시 정리해서 말하도록 했다. 원하는 것을 요청할 때도 "왜 엄마가 네 요구를 들어줘야 하는지 세 가지로 근거를 들어서 말해봐. 답을 들어본 뒤에 허락해줄지 엄마도 생각해볼게"라는 식으로 일상 곳곳에서 활용했다.

아이들은 엄마가 전달하고자 하는 부분을 잘 정리해서 말할 때까지 계속 잔소리를 들어야 했다. 이러한 대화가 생활화되면 아이들은 엄마의 말을 한 귀로 듣고 한 귀로 흘려버릴 수 없다. 엄마의 잔소리와 훈계로부터 조금이라도 빨리 벗어나기 위해서는 집중해서 듣고, 세 가지로 요약해야 했기 때문이다.

'세 가지로 말해봐'로 대화의 귀재를 키워라

'세 가지로 말해봐' 마더링은 아이들에게 정보나 생각을 세 가지 간결한 사항으로 표현하도록 요구하는 것을 의미한다. 스스로 선택한 세 가지 근거를 이용하여 정보를 요약하거나 의견을 개진하거나 이유를 제시하는 훈련은 여러모로 쓸모가 많다.

우선 적극적인 듣기와 집중을 촉진한다. 세부 사항에 주의를 기울이고 전달되는 주요 요점을 이해하지 않는다면, 세 가지로 정리할 수 없다. 따라서 상대의 말을 귀담아듣는 습관을 들일 수 있다.

이 방법은 비판적으로 사고하고 정보를 확인하고 분석하는 능력도 발달시킨다. 엄마에게 자신의 생각을 효과적으로 전달하고 설득하기 위해서는 자신이 듣거나 경험한 것을 평가하는 비판적 사고 기술이 필요하다. 이런 연습은 구조화된 방식으로 생각을 전달하는 능력을 길러주는 동시에 언어적 표현에 대한 자신감을 키운다. 즉 자신의 생각을 명확하고 간결하게 표현하도록 요구하기 때문에 효과적인 의사소통 능력을 신장시킨다.

중요한 점은 아빠나 조부모 등 다른 가족의 개입을 차단하는 것이다. 한참 '세 가지로 요약해봐'를 실행 중인데 "그만하면 알아들었겠네"라든가 "잘 요약했네, 들어가서 쉬어라" 등의 표현은 금물이다. 아이들은 대충 미션을 해치워버리거나 '왜 아빠가 빨리 안 도와주지?'라는 생각으로 빠져나갈 궁리를 하기 때문이다.

신기한 것은 '세 가지로 말해봐' 마더링이 회를 거듭할수록 아이들이 협상의 귀재가 되어간다는 점이다. 자신이 어디까지 요구할 수 있고, 이 점은 절대 엄마가 허락하지 않는다는 경계를 스스로 알아가기 때문이다.

세 아이가 서로 자신의 세 가지 근거에 대해 '모의 면접'을 하며 전략을 수정하기도 했다. "그렇게 말하면 엄마가 모호하다고 안 된다고 하지" "두 번째 근거는 첫 번째 것과 같잖아, 다른 근거를 찾아야지" 등 브레인스토밍을 통한 전략회의 과정만으로도 소통에 많은 도움이 된다. 세대가 다른 부모의 반응을 예상하고 점검해봄으로써 생각과 논리를 조율하기 때문이다.

10대의 특징과 잔소리의 관계 정리가 필요하다

10대 청소년들의 두드러진 특징은 자기 주장이 많이 생긴다는 것이다. 자신의 의사에 반하는 부모에게 일단 짜증을 낸다. 가정에서 엄마의 마더링을 거부하는 '우리 집의 당당한 그분들'만의 이 특성들로 인해 엄마의 '잔소리'는 무용지물이 되기 일쑤다. 이유도 모른 채 '슬래밍 도어스Slamming doors'(문을 쾅 닫는 것은 좌절감, 분노를 표현하거나 사생활을 추구하는 형태로 10대들이 자주 보이는 행동이다)를 하게 만드는 엄마가 되기 쉽다.

이를 해결하기 위해서는 행동 이면의 근본 원인을 이해하고 감정을 관리해야 한다. 가족 내 갈등을 사전에 해결하기 위해 협력하는 마더링이 필요하다. 일딘 청소년들의 시기적 특징과 엄미의 잔소리와의 관계를 먼저 정리할 필요가 있다.

첫째가 반항심이다. 10대들은 부모를 포함한 여느 어른들 혹은 권위자에게 반항하려는 자연스러운 성향을 지닌다. 이때 잔소리는 행동을 통제하거나 특정 방향으로 지시함으로써 반항적인 경향을 촉발하고, 오히려 더 저항하게 만드는 시도가 될 뿐이다. 자신의 의사가 관철되지 않는 상황에서 엄마의 잔소리가 끊임없이 이어진다면 관계 내에서 분노와 적대감만 강해진다.

청소년들은 독립성과 자율성을 위해 노력하는 시기에 있다. 이 시기에 아이들은 이제까지 그럭저럭 순응하던 엄마의 끊임없는 잔소리를 자신들의 자제력을 방해하고 약화하는 대상으로 인식한다. 엄마가 지속적으로 주의시키는 말이나 지시적 언어로 간섭한다면, 아이들에게 반발심을 일으키기만 할 뿐이다.

둘째, 엄마의 일방적인 훈육, 즉 잔소리는 열린 대화를 촉진하기보다는 의사소통 장벽을 만드는 경향이 있다. 10대들은 방어적으로 행동하거나 반복적인 요청을 무시하기 위해 문 닫기를 선택한다. 이로 인해 엄마는 원하는 훈육 내용을 효과적으로 전달하기 어려워진다. 한번 닫힌 마음의 문은 엄마와 자녀 모두에게 관계를 긴장시키고 정서적 거리를 멀게 만든다.

셋째, 과도한 잔소리는 10대 자녀가 자신의 행동에 책임을 지려는 내재적 동기를 약화할 수 있다. 문제 해결 기술과 자기 훈련을 계발하는 대신 엄마로부터의 지시가 있기까지, 또는 더 심한 압력이 있기 전까지 해야 할 것을 미루는 습성을 키워 자기주도적인 태도의 성장을 방해할 수 있다.

마지막으로, 청소년들은 선택적 듣기를 하는 것으로 악명이 높다. 흥미롭지 않거나 반복적이라고 생각하는 메시지를 무시하는 것이다. 엄마의 일방적인 잔소리는 쉽게 이 범주에 속할 수 있다.

의사 결정과 자율성을 허하는 대화를 하자

청소년의 일반적인 특징을 고려하면, 자녀가 자신의 행동에 대한 의사를 결정하고 자율성을 발휘할 기회를 제공해야 한다. 이런 면에서 '세 가지로 말해봐' 마더링은 청소년을 책임감 있는 행동으로 안내하고, 올바른 행동을 육성하는 데 더 효과적이다. 무엇보다 더 건강한 관계를 형성하는 마더링 전략이라 할 수 있다. 또한 선택적 경청 등 잔소리의 비효율성을 극복하는 데도 효율적이다.

지금이 어느 때인가? 자신의 역량을 발휘하고 삶에 대한 긍정적인 태도를 유도함으로써 자기주도적으로 배우는 학생들을 육성하기 위한 통합적인 마더링을 고민할 때가 아닌가? 아이들을 학습의 주체로서 존중하고, 호기심을 자극하며, 창의성을 유도하고, 실패를 허용해야 한다는 의견은 영국의 많은 교육 연구와 같은 주장이다.

우리 한국의 엄마들은 아직도 대학 입시라는 학벌을 위한 '하드 스킬'에 집착한다. 하지만 전 세계적으로 학교와 직장 및 더 큰 사회 무대에서는 소프트 스킬이 성공의 핵심 요소라고 강조한다. 비상의 날갯짓을 하려면 두 날개를 함께 저어야 한다. 다음 세대의 인재를 위한 최고의 교육은 '하드 스킬'과 '소프트 스킬'이 완벽하게 상호작용할 수 있도록 돕는 것이다. 이것이 마더링에서 소프트 스킬을 적용해야 하는 이유다.

이러한 역량은 교실에 정렬된 여러 줄의 책상 앞에서 키워지는 것이 아니다. 오히려 이를 위한 학습은 학교 안과 학교 밖에서 일어난다는 것을 잊지 말자.

즉흥적으로 생각나는 말이나 정리되지 않은 이야기를 하다 보면, 아이도 엄마도 쉽게 감정적으로 말하게 된다. 질문을 던져도 대충 답을 하거나 핑계로 응수하기 일쑤다. 가령 고집 세고 강한 성향의 아이는 엄마의 요구 사항을 이해하고 따르기보다 생떼를 부리며 우격다짐한다. 반대로 순한 기질의 아이는 엄마의 의도를 파악하려고 노력하기도 전에 수동적으로 순종하고, 의견을 피력할 생각조차 하지 않는다. '세 가지로 말해봐' 마더링은 엄마와 아이 사이의 감정적이고 즉흥적인 대화로 일어날 수 있는 오해를 예방해준다.

반면에 과도한 단순화와 창의성을 제약하는 등 잠재적인 한계도 있다. 그래서 아이의 개인적인 요구와 선호도를 고려하고 개방적인 표현과 의사소통의 기회와 균형을 맞추려는 노력이 필요하다. 의도치 않은 부작용을 최소화하기 위해 '스스로의 생각을 생각하게 하는 시간'이 필요하다.

자신의 사고 과정을 생각하고 이해하는 경험이 바로 '메타인지'다. 여기에는 인지적·정서적 경험(자신의 생각, 지식, 인지 전략, 정신적인 과정을 모니터링, 제어, 규제하는 능력을 인식하는 것)이 포함된다. 이러한 메타인지적 경험은 자신의 생각에 대한 비판적이지만 건강한 성찰과 평가를 가져온다.

메타인지는 단순히 사건을 회상하고, 일어난 일에 대해 어떻게 느꼈는지를 설명하는 것이 아니다. 자신이 알고 행하는 것과 알지 못하는 것과 행하지 않는 것을 돌아보며 '반성하는 능력'이다.

언어교육학자인 닐 J. 앤더슨Neil J. Anderson은 메타인지가 자신의 생각을 가시화하는 능력이라고 말한다. 그는 메타인지를 다섯 가지 주요 구성 요소로 세분화한다. 준비 및 계획하기, 특정 전략을 언제 사용할지 결정하기, 전략 사용을 모니터링하는 방법을 알기, 다양한 전략을 결합하는 방법을 배우기, 전략 사용의 효과를 평가하기가 그에 해당한다.

메타인지는 이 다섯 가지 측면이 각각 다른 측면과 상호작용하고 뒤섞이는 '만화경 관점'을 제공해준다. 반사를 통해 다양하고 아름다운 색상과 대칭적인 형태를 만들어내고 전시하는 만화경처럼, 새로운 시각과 다채로운 관점에서 무언가를 보는 것이다. 준비와 계획에서 평가로 이동하는 직선형 프로세스가 아니라, 한 번에 하나 이상의 메타인지 프로세스가 발생할 수 있다.

복합적인 메타인지 과정은 교육과 학습의 변화무쌍한 특성을 이해하는 데 도움이 된다. 메타인지적 사고는 교육과 학습에서 일어나는 일에 대해 가장 현실적인 관점을 제공할 수 있기 때문이다. 자신의 생각에 대해 생각하는 능력은 자기주도학습을 성공적으로 이끈다.

메타인지가 되어야 공부도 잘한다

아이들에게 세 가지 요점을 요약하거나 제공하도록 요구하는 것은 명확한 기대 설정과 자율성과 책임감 있는 행동, 그리고 무엇보다 자기주도학습에 필수적인 메타인지적 경험을 키워줄 수 있다. 비판적 사고, 다양한 정보의 확인과 분석을 비롯해 자신의 의견을 상대에게 효율적으로 전달, 개진하는 연습을 통해 효율적으로 목표를 세우고, 전략을 실행하는 연습을 할 수 있기 때문이다.

자녀들이 생각을 정리하고, 요점에 집중하며, 자신의 의견을 명확하고 간결하게 표현할 수 있도록 독려해보자. 이를 통해 계발된 '메타인지 능력'은 자기주도적 학습에 참여하는 아이들에게 독립적으로 계획하고 모니터링하고 조정하며 반성할 수 있는 기술을 기를 수 있게 해준다. 그 결과 학습 여정을 효과적으로 이끌어갈 수 있게 된다.

실력 양성 스킬5 **모두를 향한 관용은 리더의 필수조건**

칼럼니스트인 토머스 프리드먼Thomas Friedman은《세계는 평평하다 The World is Flat》라는 책에서 어떤 회사도 평생 직장이 될 수 없다고 강조했다. 20대까지 완성해놓은 하드 스킬인 학벌만으로 50대까지 직장을 다니고, 그 20년간 벌어들인 경제적 풍요로 자녀를 키우고 노후를 준비하기에는 인생이 너무 길다. 이제는 100~120세 시대다. 50대에 정년이 끝나는 고용 시장의 빠른 행보를 봤을 때 은퇴 이후에도 50~60년을 더 일하며 살아야 한다.

지식을 얼마나 많이 습득하고 있는지를 단순하게 평가하는 대학 입시는 마치 그동안의 중고등학교 시절처럼 큰 단계 중 하나에 불과하다. 정답이 정해진 시험에 대비할 수 있도록 준비시키는 사교육으로는 사회에서 성공할 수 있는 준비를 잘 시켜줄 수 없다. 전문직이거나 대기업을 정년까지 왕성하게 다닌 성공한 지식 노동자라고 해도 예외는 아니다.

게다가, 앞으로의 세상은 심지어 국경을 넘어 모국어가 다른, 이제까지 살면서 한 번도 만난 적이 없는 사람들과 협업해야 하는 세상이 될 것이다. 나와 같은 방식으로 살아오지 않았던 사람들과 함께 일하는 기술을 계발하도록 도와야 하는 이유이다.

다양성을 존중해야 사랑받는 인재가 된다

세계를 무대로 한 도전과 기회에 대비하는 핵심은 하드 스킬인 학벌이나 기술이 아니다. 다양한 의견과 문화의 차이를 다양한 측면에서 인정하고 존중하는 관용의 정신이다. 다양성과 다름을 받아들이고 그것을 존중하는 것을 의미하는 관용은 다른 사람의 생각, 문화, 신념 등을 이해하고 수용해, 서로 다른 개인들 간의 조화와 상호작용을 가능케 한다. 타인의 다른 관점이나 가치관을 비난하거나 바꾸라고 강요하지 않고, 인정하고 수용하는 성품이어야 글로벌 리더가 될 수 있다. 개성과 자유를 존중하는 능력은 전 세계 어디를 가더라도 함께 일하고 싶은 동료가 되도록 도와줄 것이다.

서로 다른 배경을 가진 사람들이 글로벌 사회에서의 상호작용을 촉진하기 위해서는 무엇보다 나와 '다름'이 '틀림'이 아니라는 것을 너그럽게 인정하는 것이 우선되어야 한다. 그리고 이때 필요한 것이 관용의 정신이다.

무엇보다 필요한 마더링의 요소는 충동을 통제하고, 다른 사람의 말을 경청하고, 타협하는 법을 가르치는 것이다. 나의 의견과 다른 사람들의 의견을 듣고, 또는 나의 의견에 대한 신랄한 비평을 듣고 그것을 수용하는 방법을 가르쳐야 한다. 그 과정에서 자신의 약점을 보완하는 방법을 배울 수 있을 것이다. 무조건 자녀의 편만 드는 방식으로는 비판을 객관적으로 평가하고 수용하는 자세를 기를 수 없다.

공부 실력 높이기 1 ｜ 학생의 실력은 공부로 보여줘야 한다

현정이 엄마는 요즘 살맛이 안 난다고 한다. 고등학교에 들어와서 현정이가 전 과목 고르게 4~5등급을 받았기 때문이다. 전혀 예상하지 못했던 터라 낙담이 컸다.

그럴 만도 했다. 현정이는 누가 봐도 열심이고 차분한 아이다. 독서실에도 잘 가고 학원이나 과외 숙제를 빼먹지도 않는다. 중학교 때까지 현정이는 주요 과목에서 평균 90점 이상, 성취도 평가로는 A를 받았다. 엄마와 선생님들은 "실수를 주의하라"는 말 외에는 그다지 조언해줄 것도 없다고 했다.

현정이의 성실함은 고등학교에 가서도 계속됐다. 그런데 최상위를 향한 경쟁이 뚜렷한 고등학교 입학 후 성적이 예전과 달라졌다. 고등학교에서는 시험에서 두세 문제만 틀려도 3등급이 되기가 일쑤다. 3등급이면 상위 10개 대학에 지원할 수 없을 정도로 상위권 학생들에게 치명적인데, 현정이는 그 점수조차 받지 못했다.

초등학교부터 중학교를 졸업할 때까지 현정이는 엄마의 꼼꼼한 관리를 받으며 공부했다. 명문 대학교 출신 전업주부였던 엄마는 자신의 학벌에 대한 자부심이 있었다. 엄마는 초등학교에 들어가기 전부터 인터넷 강의와 학원을 적절하게 사용하면서 정해진 스케줄에 따라 아이를 가르쳤다.

매일 규칙적으로 학습하도록 시간표와 할 일 목록To-do-List을 만들어 지키게 했다. 무엇보다, 필요한 공부를 스스로 선택하는 등 자기주도학습 습관을 심어주기 위해 노력했다. 계획한 시간에 숙제를 먼저한 뒤 휴식을 취하도록 했고, 늦지 않고 학원에 도착하도록 지도했다.

"태도와 습관으로 하는 공부가 오래가는 법이라는 것은 '국룰'이잖아요.""바른 생활 습관이 먼저 형성되어야 바른 공부 습관을 기를 수 있으니까요"라는 설명도 곁들였다. 현정이와 엄마에겐 오랜 시간 축적된 노하우가 보였다.

자녀를 잘 챙긴다는 자부심이 있는 '현정이 엄마'와 같은 엄마들은 무작정 공부만 시키지 않는다. 루틴 형성과 더불어 자기주도학습을 위한 마더링에도 철저하다. 예를 들어 가장 집중할 수 있는 시간대와 스스로 정한 분량에 맞춘 계획표를 짜고, 그에 맞춰 복습과 숙제 등을 고려해 하루 일정표를 만들어 실천한다. 집중력을 높이기 위해 거실에 책상, 의자, 조명 등을 잘 갖춰놓고 '거실 공부'도 한다. 아이들 역시 엄마의 지도를 잘 따라 집에 오면 엄마에게 휴대전화 등 전자기기를 제출하는 일을 당연하게 여긴다. 그런데 왜 그만큼의 결과가 따르지 않는 걸까?

잘못된 자기주도학습의 환상에서 벗어나라

현정이와 비슷한 일을 겪는 아이들이 생각보다 많다. 엄마들은 예상치 못한 상황 앞에 한숨을 쉬며 비슷한 이야기를 한다. 매일 해야 할 학습량을 지키게 했고, 몸이 좋지 않은 날에도 최소한의 자기주도학습을 시키는 등 아이들의 학습 습관 형성에 신경 썼는데 이유를 모르겠다는 것이다.

학부모들로부터 이런 걱정을 들으면 먼저 아이의 학습 태도와 공부 습관을 물어본다. 학원이나 과외에 할애하는 시간이 많을수록 스스로 공부할 시간은 줄어들기 때문이다. 학원 숙제에 급급하다 보니 필요한 공부를 계획하고 조절하지 못한 채 끌려다닌다. 이런 수동적 공부 습관이 좋지 않은 성적의 주된 이유 중 하나다.

그런데 현정이는 사교육을 많이 받지 않았다. 꾸준히 자기주도학습을 해왔다. 그 상태에서 공부하는 만큼 성적이 안 나오는 이유가 짐작되지 않아 학원의 최상위권 학생들에게 그 이유를 물어보았다.

뜻밖에도 아이들은, "그냥, 공부를 안 하는 거예요"라는 단순한 답을 들려줬다. "전국형 자사고나 대치 같은 학군지가 아니면 대부분 집중해서 공부하면 2~3등급은 나와요. 4~5등급이면 그냥 책상 앞에서 시간만 보낸 거죠"라는 의외의 말이 당황스러우면서도 정답처럼 느껴졌다.

습관적 공부에는 한계가 있다

현정이처럼 책상에 앉기까지는 성공하지만, 들인 시간에 비해 결과가 좋지 않은 아이 중 대표적인 유형이 바로 이미지 공부를 하는 아이들이다. 어려서부터 주변에서 '좋은 학생' '성실한 학생'의 이미지가 입혀지면서 그 이미지 자체에 빠져서 보이는 모습에만 신경 쓰는 것이다.

엄마나 주변에 '보여주기식' 공부는 결국 과제 성취가 목적이다. 지금 하는 공부가 시험에 어떻게 나올지, 어떤 영향을 미치는지 신경 쓰지 않고 '하는 행위'에만 집중한다. '하던 대로 열심히 하면 되겠지'라는 마음으로 습관적인 '공부를 위한 공부'를 한다.

이러한 유형의 학생은 누가 봐도 성실하다. 하지만 완성도에 대한 고민 없이 책장만 술술 넘긴다. 계획을 세우는 것보다 더 중요한 것은 이를 실행하는 일이다. 현정이는 학습 계획을 세우고 실행하는 습관이 훌륭하게 잡혀 있었다. 유익한 학습 습관이었고, 중상위권의 실력을 유지하기에 충분했다.

하지만 고등학교 이후 최상위권과 상위권 혹은 중위권의 차이는 상상 그 이상이다. 스스로 학습 계획을 세우고 완수하는 것만으로는 부족하다. 상황에 맞게 계획을 합리적으로 세우고 효율적인 학습 결과를 추구하는 실속 공부, 즉 학습의 효율성이 병행되어야 한다. 하지만 현정이는 그 부분을 놓친 것이다.

좋은 점수를 받으려면 '오늘 공부한 것이 내일 시험에 나오면 100점을 맞출 수 있나?'를 묻는 공부를 해야 한다. 이를 위해서는 과목별로 확인하는 루틴이 필요하다. 암기 과목에만 적용되는 법칙이 아니다.

수학 등 이해가 먼저인 과목에서도 어제 푼 문제 풀이 방식을 오늘 설명할 수 있나, 어제 외운 영어 단어나 독해 지문을 오늘 다시 보면 100퍼센트 이해할 수 있나를 염두에 둔 실속 공부를 목표로 해야 한다. 중간중간, 공부를 위한 공부를 하고 있는 것은 아닌지 돌아봐야 한다.

공부 실력 높이기 2 열심히 공부해도 성적이 나오지 않는 유형

학생의 실력은 공부이고, 이는 성적으로 보여줘야 한다. 어떤 상황에서든, 부연 설명이 붙는 것은 뭔가 불안하고 자신이 없기 때문이다. 자신의 업인 공부를 위해 노력해온 시간이 쌓여야 다른 성취도 가능하다. 이를 위해서는 자신의 공부 습관을 반드시 점검해야 한다. 앞서 말한 보여주기식 공부 외에도 열심히 하는데 성적이 좋지 않은 아이들에게는 공통점이 있다.

첫째는 하고 싶은 공부만 하는 것이다. 공부를 열심히 하고 깊이도 있어서 고등학교 1~2학년인데도 수능을 준비하는 아이들처럼 수준 높게 공부한다. 하지만 국어, 영어, 수학의 등 주요 과목을 잘 하지 못한다면, 상위권 대학에 입학하는 것과 같은 좋은 결과를 얻을 수 없다.

물론 모든 과목을 완벽하게 할 수는 없다. 한 과목 정도는 조금 부족할 수 있다. 내가 지도했던 학생 중에도 수학에서 3등급이 나왔지만, '스카이' 대학교 그것도 문과 최상위 학과에 입학한 사례가 있다. 하지만 조금 뒤처지는 것과 아예 '버리는' 것은 다른 얘기다.

'버리는' 과목이 없어야 한다

개념 이해를 위한 기본과 암기를 위한 지구력과 성실함만 잘 훈련되어 있다면 학교 시험에서 좋은 성적을 얻을 수 있다. 내신이 9등급으로 나뉘는 지금 고3의 경우를 보자. 국영수 교과에서 한 과목이라도 4등급 이하가 나오면 좋은 대학을 지원하기에는 무리가 있다. 따라서 주요 과목은 하나도 포기하면 안 된다.

그런데도 많은 학생이 자기가 좋아하고 성과가 바로 나올 것 같은 과목, 주로 암기 과목에만 집중한다. 매일 5~7시간을 공부하는데 대부분 사회만 한다거나 영어 혹은 국어만 하는 방식으로 편식한다. 그렇게 한 과목에서 100점 만점의 1등급을 받아도 주요 과목에서 5~6등급을 받는다면 입시에서 좋은 평가를 받을 수 없다.

책상 앞에 오래 앉아 있는 것보다 더 중요한 것은 과목별 시간을 적절히 배분하는 일이다. 아이가 공부한다고 끝이 아니다. 고르게 공부를 하는지, 한두 과목에만 집중하는 것은 아닌지 살펴봐야한다.

몇 초의 딴짓이 집중을 막는다

다음으로 문제가 되는 유형은 '미세' 산만한 아이들이다. 공부를 열심히 한다고 책상 앞에 앉아 있지만 '순간순간' 산만하다. 단어를 열심히 외우다가 잠깐 휴대전화 문자를 확인하거나 살짝 옆자리 친구가 무슨 공부를 하는지 돌아보거나 영어 공부를 하다가 갑자기 수학책을 들춰보기도 한다.

이런 아이들은 공부할 때도 요란하다. 무언가를 종이에 쓰고, 박박 지웠다가 다시 쓰기를 반복한다. 옆 친구에게 갑자기 질문을 던지기도 한다. 책장 넘기는 소리, 머리를 만지는 모양새 등 옆 사람이 신경 쓰일 정도로 '의성어'와 '의태어'로 묘사할 것도 많다.

책상에 앉아서 하는 사소한 행동이지만 이 같은 미세 산만한 행동과 태도의 결과는 의외로 크다. 몇 초 되지 않는 그 순간이 집중력을 흐트러트리기 때문이다. 학습할 내용을 제대로 흡수하려는 순간 흐름을 끊게 되고, 다시 제대로 몰입하기까지 시간을 날리는 일을 반복하며 시간만 보내게 된다. 결국 오래 앉아 있어도 머릿속에 남는 건 별로 없다.

암기도 연습해야 할 수 있다

마지막으로, 암기 훈련이 제대로 되지 않은 아이들이 있다. 우리나라 교육에서 암기가 차지하는 비중은 생각보다 크다. 공부 잘하는 아이들은 어떻게 그 내용을 다 암기하나 하는 의문이 들 정도로 많은 양을 잘도 외운다.

입시를 잘 치러 명문 대학교에 합격한 아이들이 사회의 중산층 이상을 차지하는 이유가 단지 학벌 때문만은 아니다. 각종 국가고시나 언론고시, 로스쿨 시험 등 방대한 정보를 암기해야 합격할 수 있는 시험을 통해 직업이 결정되기 때문이다. 한 사회의 주축이 되는 리더들을 암기 중점의 평가로 거르는 것이 우리 대한민국의 시스템이다.

암기는 많은 시험의 기본기다. 그래서 어려서부터 학습의 기초 체력을 길러주는 방법은 암기력을 키워주는 것이라고 해도 과언이 아니다.

암기는 순간 집중력이다. 외우고 있는 순간의 집중력을 얼마나 끌어올리느냐에 따라 암기하는 양과 질이 결정된다. 탁월한 성적을 내는 아이들은 암기할 때 눈으로 외운다. 미동도 없이 암기할 내용에 집중하는 것을 보면, '저렇게 해서 어떻게 외우니?' 싶을 정도다. 하지만 백지 테스트나 영어 단어 시험을 본 결과는 '올백'이다.

반대로, 암기에 영 자신이 없다는 아이들은 암기하는 모습부터 벌써 산만하다. 글씨를 썼다가 지우개로 지우다가 단어를 연필로 여러 번 밑줄 치는 등 한참 어수선하다. 그렇게 오랜 시간이 걸린 후에 '암기가 안 된다'고 말한다.

눈으로 집중하는 훈련이 필요하다

제대로 암기하기 위해서는 어려서부터 눈으로 조용히 집중해서 외우는 훈련이 필요하다. 고등학교 시험은 '깜지' 방식으로는 그 양을 도저히 감당할 수 없다. 이 연습이 되지 않으면 쉽사리 포기하게 된다.

이런 면에서 학습을 위해서는 암기 능력을 키우기 위해 집중력과 성실성을 높이는 데 중점을 두자. 또한 자녀의 암기와 관련한 학습 태도(미세 산만하지 않은지 등)를 살피면서 미래의 학습을 지원하자.

집중력을 높이기 위한 구체적인 지침은 다음과 같다. 일단 학습 공간이 잘 정돈되도록 환경 조성을 한다. 조용하고 깨끗한 곳에서, 최소한의 동선으로 연필깎이, 포스트잇, 참고서 등 모든 재료가 손이 닿는 곳에 있도록 준비한다.

다음으로 일일 루틴을 설정하자. 아이 스스로 무엇을 해야 할지 알 수 있도록 해주면, 아이들의 집중력을 유지할 수 있다. 집중력과 기억력을 높이기 위해 '청킹chunking' 기법을 추천한다. 이는 기억, 암기 대상이 되는 정보를 의미 있게 연결하거나 덩어리로 만드는 일이다. 큰 작업을 더 작고 관리 가능한 덩어리로 나눠보자. 어려운 작업도 작게 쪼개면 부담이 덜어지고, 집중하기가 더 쉽다. 예를 들어 오늘 해야 할 일 10개를 나열한 목록보다 '지금부터 30분 동안' 해야 할 일을 정하고 집중하는 훈련을 한다. 여기에 익숙해지면, 60분, 2시간 등으로 집중하는 시간과 양을 늘린다.

암기력도 훈련하면 좋아진다. 처음에는 일정 분량을 암기한 후 자신의 말로 요약하며 공부한 내용을 내면화하도록 연습시킨다. 다음으로 엄마나 아빠 등 다른 사람에게 가르치듯이 설명하면 이해력과 기억력이 강화된다. 낱말의 머리글자를 모아서 줄여 만드는 두문자어, 운율 등의 암기 장치, 마인드맵, 표를 만들어 정보를 시각적으로 정리하는 등 기억력을 향상하는 다양한 방법을 알려주자.

어릴 때부터 다양한 암기법을 실험하고, 과목별로 자신에게 적합한 방법이 어떤 것인지를 찾아야 암기량이 늘어나는 중고등학교 시절을 그나마 수월하게 보낼 수 있다.

공부 실력 높이기 3 암기력 강화가 실력 향상의 주춧돌이다

현행 수능은 "대학 교육에 필요한 수학 능력을 측정하기 위해 고등학교 교육과정의 내용과 수준에 따라 언어, 수학, 사회·과학탐구, 외국어(영어), 제2외국어 영역별로 통합 교과적 소재를 바탕으로 하여 사고력을 중심으로 평가하는 시험"이다(한국교육과정평가원). 수능이 평가하고자 하는 것은 대학 수학에 기초가 되고 공통적으로 적용되는 보편적인 학업 능력이다.

물론 수능은 고등학교 교육과정의 내용에 맞추어 출제한다. 교과서만이 아니라 교과서 밖의 학습 자료도 평가에 포함한다. 따라서, 단편적인 지식의 암기 수준에 머무르지는 않는다. 자료 해석 원리의 응용, 현상이나 사실에 대한 논리적 분석과 판단 사고력을 중심으로 학력을 평가한다.

고등학교의 특정 교과목별 시험이 아니라 여러 교과목의 공통적인 목표와 내용을 망라한 종합 교과적인 소재에서 출제하는 시험이라는 점도 이러한 사실을 뒷받침한다. 하지만 공부하는 학생의 입장에서는 좀 다르다. 많은 양의 지식과 정보를 외운 후 사고력과 추론능력을 요구한다는 점에서 암기가 필수적인 시험임에는 분명하다.

유추, 추론도 암기가 되어야 가능하다

많은 교육 전문가들은 수능의 비중을 높이는 것은 주입식·암기식교육으로 인해 학생들의 사고력이 억제되고 창의성을 발휘할 수 없다는 이유로 적절치 않다고 입을 모은다. 그럼에도 우리 교육에서는 여전히 많은 시간을 주입식 강의에 의존해 가르치고 있다.

공교육만이 아니다. 시험 대비를 위한 사교육 현장에서는 더욱 심한 주입식 강의와 암기 위주의 훈련을 반복할 수밖에 없다.

암기력을 바탕으로 한 지식을 어떻게 응용하고 유추, 추론할 수 있는가를 평가하는 것이 대부분의 시험 유형이다. 암기한 것을 확인하는 객관식 문제에서 실수 없이 잘 맞춰 점수가 높게 나오면 우수 학생이 된다.

전교 1등의 공부법에서 배운다

좋은 대학에 진학하기 위한 공부법은 다양하겠지만, 내가 만난 많은 전교 1~5등 아이들에게는 공통점이 있다. 일단 기본적으로 학교 수업을 꼼꼼히 듣는다. 그런 뒤에 개념 이해를 위한 인터넷 강의 또는 사교육 수업과 함께 암기와 확인용 문제집 풀이 등 완전 학습을 당연하게 생각한다.

전 과목에서 내신 1등급을 받고 명문 대학교에 입학한 영훈이는 "보통 아이들은 인터넷 강의나 학원 수업을 한 번 듣고 개념서를 훑는 걸 1회독이라 말해요. 저에게 1회독은 시험 범위에 해당하는 인터넷 강의를 2~3개, 필요한 경우에는 그 이상 다양한 강사들의 인터넷 강의를 들으면서 암기하는 걸 의미해요"라고 말했다.

국어와 영어, 사회 과목의 경우 시험 범위에 있는 모든 작품과 지문, 내용 등을 인터넷 강의를 들으면서 암기했다. 반복해서 '들으면서 암기'한 내용을 바탕으로 기출문제도 푼다. 이 공부법으로 영훈이는 시험 1개월 전부터는 매일 3시간 이상 잠을 자지 않았다.

전교 10등 이내의 성적을 꾸준히 내며 1등급을 유지한 연화도 비슷했다. "학원을 다니지 않는 대신 인터넷 강의를 듣는 것이 필수였어요. 개념 설명을 충분히 들어야 이해할 수 있고, 정확한 암기가 가능하거든요. 그 후 학교 선생님이 나눠주신 학습지를 암기하고 백지 테스트를 해요. 빈 노트에 암기한 모든 내용을 말 그대로 복사기처럼 써요. 책을 펴고 빠진 부분을 채우며 외우고, 다시 채워보는 100퍼센트 암기가 원칙이었어요. 개념 확인을 위해 자습서와 평가문제집, 시중의 문제집들을 3~4권 정도 풀었고요."

연화는 정말 꼼꼼하게 시험 준비를 했다. 교과서의 테두리에 있는 내용, 가령 '심화학습, 더보기, 탐구해보자' 등 작은 것 하나 놓치지 않고 자세히 챙겨봤다. 연화는 "여기까지가 1회독이에요. 그 사이에 학습지나 책들은 이미 너덜너덜해져요. 시험 직전에는 더이상 볼 수 없어서 토할 것 같은 기분이 들 정도예요"라며 웃는다.

이것이 전부가 아니었다. 문제를 풀다가 부족한 부분을 찾아서 다시 암기한다. 주변 학교뿐 아니라 교육 특구의 심화 유형 기출문제도 찾아 풀며 3~5회독의 단계를 거친다.

연화는 "주변의 아이들도 1학년 1학기 중간고사까지는 저처럼 해요. 그런데 점점 외워봐야 소용없다거나 비효율적이라며 점점 덜 외우고, 문제 풀이 위주로 공부해요. 제가 보기에는 진짜 공부하는 단계를 생략한 것 같은 느낌이었어요. 간혹 제게 가져와서 질문하는데 단순 암기를 안 해서 틀린 문제가 의외로 많거든요"라고 말한다. 연화는 개념을 이해해도 외우지 않고 문제를 풀면 계속 틀리게 되기 때문에 암기할 것을 먼저 암기해둔다고 말한다.

선 암기, 후 문제풀이 방식의 연화와는 반대로 선 문제풀이, 후 암기 방식으로 내신 시험을 대비한 아이도 있다. 하지만 이렇게 공부한 경일이 역시 암기의 중요성을 강조하기는 마찬가지였다.

"암기만으로는 한계가 있다고 말하는 사람들이 많기는 해도 내신 시험 대비는 암기가 기본입니다. 학교 선생님들이 수업하신 개념을 인터넷 강의와 관련 자습서, 학습지 등으로 다시 한번 익힌 후에는 암기했어요. 다른 친구들과 조금 다른 점은 문제를 풀면서 외운다는 거예요. 개념을 이해한 후에 문제를 풀고 바로 채점을 해요. 그리고 개념

이해만으로 풀리지 않는 문제는 암기하는 방식으로 이해와 암기를 병행하죠. 암기를 위해서 문제를 푸는 거니까 암기가 가장 중요하게 느껴져요."

암기는 재능이 아니라 강한 근면성이다

영어 시험의 경우 중학교 때까지는 교과서 2과 정도의 분량을 암기한다. 그리고 그 과에 나오는 관련 문법의 개념을 이해하고 정리한 후 연습 문제를 풀면 된다.

하지만 고등학교에 가서는 사정이 달라진다. 중학교 3학년 교과서를 기준으로 할 때 두 배에 달하는 지문을 암기해야 한다(일반적으로 학년이 올라갈수록 지문의 길이는 길어진다). 여기에 보통 20~30개에 달하는 수능 모의고사 또는 부교재의 추가 지문들을 외운다.

이 많은 분량을 암기할 수 없다고 생각하는 아이들이 있다. 그래서 문제를 많이 풀며 내용을 익히는 방식으로 시험을 대비한다. 물론 학교 선생님들은 모든 문제의 지문을 변형해서 출제하지만, 1등급을 목표로 하는 상위권 아이들에게 지문 암기는 기본이다. 그들만의 '리그'에서는 '변형한 부분이 어디'라는 것을 바로 알 수 있을만큼 완벽하게 외운다. 그 후, 변형된 문제를 풀 수 있어야 만점이 가능하다고 말한다.

수많은 교육 전문가들은 암기가 교육을 망치는 '암적인 존재'라도 되는 양 비난한다. 하지만, 현장에서 학생들을 지도하면서 느낄 수 있는 내신 등급 차이는 의외로 암기에서 판가름이 나곤 한다.

'얼마나 암기를 잘 해내는가?'는 시험 준비의 수월성을 담보하기 때문이다.

공부 실력 높이기 4 고도의 집중력은 학교에서 발휘하라

한편 암기 위주의 수업과 시험 위주의 평가를 벗어나고자 하는 시도로 '학생부종합전형'(이하 '학종')의 도입은 공교육 정상화라는 의도로 긍정적인 평가를 받는다. 성적 위주가 아닌 학교생활 전반을 종합적으로 평가하기 때문에 학생들이 수업에 열심히 참여할 뿐 아니라, 동아리 활동이나 토론형 수업에도 적극적으로 임한다는 이유에서다.

하지만, '깜깜이 전형' '금수저 전형'이라는 비판은 지속적인 비판의 대상이 되고 있다. 시험 점수만으로 평가하는 정량 평가인 수능과 달리 명확하지 않은 기준 탓에 모호성과 공정성 문제가 제기되기 때문이다. 이런 불만을 해소하는 장치로 대학에서 활용하는 평가 요소는 학교 내신으로 표현되는 '정량 평가'이다. 대학은 입학 후 대학 생활과 학업을 충실히 수행할 수 있는 학생을 선발하고자 한다. 학교 성적이 좋은 지원자는 성실성을 대변한다는 논리이다. 따라서 대입에서 가장 필수적인 전제조건을 꼽자면 '내신 성적 관리'와 '생기부' 관리다.

생활기록부의 '세특'은 수업 집중력이 좌우한다

대학이 성적, 즉 내신보다 기타 활동이 우수한 것을 더 좋아할 것이라는 생각은 오산이다. 학종에서 무엇보다 중요한 서류는 학교 시험 성적인 내신으로 평가되는 학업 역량이다.

생활기록부(생기부)에는 교과 등급과 함께 중간, 기말고사 지필 시험 점수(원점수)가 기재된다. 더불어 수행평가를 통해 평가할 수 있는 '세부 능력 및 특기 사항'(이하, '세특') 등이 기록된다. 이를 통해 학업 태도와 학업 우수성을 평가받는다. 이때 학교 내의 모든 지필과 수행에서 중요한 능력이 암기력과 집중력이다.

우선 학교 시험은 수업을 맡은 담당 교사가 출제자다. 때문에 학교 성적을 높이려면 무엇보다 수업 시간에 최고의 집중력을 발휘해야 한다.

첫째, 출제자의 의도와 강조하는 점을 잘 기록해두자. 시험 준비에서 힘을 주어야 할 곳과 빼야 할 곳을 파악할 수 있다. '노트 필기'만 잘 해놓아도 굳이 내신 대비 특강을 듣는 등 다른 사교육을 할 이유가 없다. 수업 시간에 집중만 잘해도 반은 성공이다.

또한, 수업 시간에 선생님과 '눈빛 주고받기'를 하자. 수업하는 교사는 누가 집중을 하는지 아닌지 눈동자만 봐도 알 수 있다.

집중력이 높아야 교사와 관계도 좋아진다

대표적인 서류인 '세특' 기록을 결정짓는 주요 요인은 학업 태도다. '세특'을 적는 사람이 바로 과목 담당 교사라는 점을 간과하지 말자.

실제 선생님들이 써주셨던 대학생 아들의 학교생활기록부의 '세특' 기록에는 "가르치는 학생 중에 가장 뛰어난 수업 준비도와 집중도를 보이는 학생임" "1학년 전체에서 발표의 수준과 질이 가장 높았으며 논박 과정에서도 과학적 지식을 바탕으로 한 정확한 대답을 통해 프로젝트 수업의 수준을 높임" 등 학생에 대해 구체적으로 서술되어 있었다.

수업 집중력은 선생님과 좋은 관계를 맺는 시작이다. 또한 '세특' 기록에 긍정적인 학업 태도를 잘 드러내는 방법이기도 하다. 그리고 이런 '세특'이 대입에서는 중간, 기말고사 성적만큼 중요하다. 보이지 않는 잠재력에 대한 평가 점수이기 때문이다.

공부 실력 높이기 5 '시간 지향적'인 루틴으로 집중력을 키우자

'시간 지향적'인 루틴은 시간을 중심으로 구성된 활동이나 일정을 가리킨다. 효율적으로 시간을 활용하고 작업을 계획하며 목표를 달성하기 위해 시간을 분배하도록 지도하는 것이다. 예를 들어, 방과 후에 숙제하고 놀기, 식사 시간은 1시간으로 지정하기, 정확하게 식사 시간과 휴식 시간을 지키기 등이다. 이러한 습관은 아이가 시간을 관리하고 일상적인 학습과 관련한 활동을 조직화하는 등 계획을 추진하는 데 도움이 된다.

'시간 지향적' 루틴은 매일 같은 시간에 일어나고, 특정 시간에 공부하는 등 규칙적인 생활을 유지하는 데도 효과적이다. 방학에는 '10-to-10'의 루틴화로 10시간 순공부, 2시간의 점심, 저녁 식사 등 정확한 시간 지향적인 루틴을 실행하도록 마더링하자.

두 달간의 시간 루틴화는 주어진 시간 내 목표 지향성을 강화시킨다. 또한 정해진 시간 내에 학습 활동을 수행하겠다는 의지는 시간을 낭비하지 않고 효율적으로 활용하는 시간 관리 능력을 향상시킨다.

루틴을 위한 루틴을 주의한다

좋은 루틴을 만드는 데는 많은 에너지가 든다. 하지만 일단 몸에 무의식적인 습관처럼 순서가 각인되면 해야 할 일이 많지 않다. 주의할 것은 이미 루틴이 된 것에서 지속적인 변화가 없어지는 순간, 학습의 효율성과 무의미한 관행인 습관 사이에서 균형을 찾기가 어렵다는 점이다. 루틴이 오랜 기간 지속되면 익숙해지고 발전이 없다. 매번 같은 방식으로 같은 일을 하다 보면 학습자에게 더 이상의 만족감과 즐거움을 주지 않고, 뇌가 최상의 상태로 유지되지 않기 때문이다.

예를 들어 수학 문제를 풀기 위해 정해진 시간에 책상에 앉아 있다고 생각해보자. 처음에는 집중하며 문제를 푼다. 점점 수학 문제를 푸는 행동이 무의식적으로 이루어진다. 그러다 문제를 풀다가 휴대전화를 들여다보거나 다른 생각에 빠져들기 시작한다.

시간을 쪼개서 활용한다

일정 시간 동안 수학 문제를 푸는 것은 문제가 되지 않는다. 문제는 이 행동이 습관적으로 되풀이될 때이다. 이를 막기 위해 구체적으로 '시간 쪼개기' 연습을 해보자. 예컨대 하루 일정 중 세부 목록마다 걸리는 시간을 미리 지정하도록 하는 것이다. '오늘 수학은 몇 문제 풀어야 해?' '오늘은 저녁 먹기 전까지 1시간 남았는데, 그때까지 무슨 과목을 하는 게 좋겠어?' '단어 시험 몇 분 후에 볼까?' 등 자녀가 학습 혹은 작업 시간을 예측하게 만들자. 이때 분절한 시간에 따른 학습량을 정확하게 지키도록 한다.

아이들에게 직접 시간을 관리하는 방법을 보여주고 실제로 경험하도록 도와주는 것도 좋다. 그냥 '하루에 10시간 공부해'보다, 몇 시부터 몇 시까지, 무슨 책의 문제를, 어디에서, 어떤 방식으로 할지 이야기를 나눈다. 이를 실행하는 과정에서 구체적인 계획을 미리 정하고 부모와 약속하는 것이다. 시간을 염두에 두는 루틴은 빠르게 하되 집중력을 가지게 연습시키자. 생각보다 일정을 빨리 끝낼 수 있다는 자기 효능감을 높이는 효과도 있다.

덩어리 시간과 자투리 시간에 할 일을 구분한다

덩어리 시간과 자투리 시간 활용으로 지속성을 높이는 것도 효과적이다. 명확하고 현실적인 목표를 세우도록 자녀가 생각하는 학습의 양과 엄마가 생각하는 목표량을 조율하자. 목표 설정에서 가장 중요한 것은 우선순위 설정이다. 중요한 과목, 우선 처리해야 하는 과제를 먼저 학습할 수 있도록 계획한 이후에 다른 학습이나 과제의 일정을 조정한다.

이를 위해서는 각 과제와 학습 목표에 따른 시간 분배 연습이 필수적으로 뒤따라야 한다. 시간 관리 습관을 들이기 위해서는 예시와 실습이 중요하다. 시간 관리 방법을 익히기 전 특정 활동에 얼마만큼의 시간을 할애해야 하는지 직접 경험토록 하자. 시간을 효율적으로 분배하는 연습이 되고, 스스로 통제력을 높일 수 있다.

집중력은 어느 날 갑자기 생기지 않는다. 하루 한두 시간의 순공부 시간이더라도 효과적인 결과를 직접 맛보는 경험이 중요하다. 우선순위를 정하고, 그에 따라 더 많은 시간을 할애하도록 도와주자.

일을 중요도에 따라 나누었다면 우선순위에 있는 공부는 '덩어리 시간'에, 짧은 집중력과 호흡이 필요한 공부는 '자투리 시간'에 배정하는 연습이 필요하다. 먼저 학교와 학원의 수업 시간과 이동 시간, 식사, 수면 등 일상 활동에 소요되는 시간을 체크한다. 24시간에서 이 시간을 빼고 남는 나머지 시간이 가용 시간이다.

다음으로 가용 시간을 '덩어리 시간'과 '자투리 시간'으로 나누어 일별 계산하고, 시간별 공부의 우선순위를 결정해 시간을 쪼갠다. 예를 들어 맥락을 중시하는 국어와 영어 문제 풀이 시간은 긴 호흡의 집중이 필요하므로, 2시간 이상의 덩어리 시간에 하는 것이 적절하다.

자투리 시간은 갑자기 생기게 되는 일이 많으니 이 시간을 이용해 반복 학습할 것들을 미리 정해놓는다. 준비하지 않으면 막상 시간이 생겼을 때 효율적으로 활용하기가 어렵다. 예컨대 등하교 시간과 자투리 시간에는 영어 단어를 암기하자. 이렇게 시간 덩어리별로 구체적으로 공부할 내용과 방법을 정한다.

일요일은 진도를 나가지 말고 주중에 배운 것들을 복습하거나 미처 못 채운 학습 분량을 보완하는 날로 정하자. 구멍 나지 않는 진도가 가능하도록 '혼공부' 시간으로 지정할 것을 추천한다. 일상에서 매일 생기는 자투리 시간을 얼마나 잘 활용하느냐에 따라서 긴 휴식 시간을 얻을 수도 있다는 동기 부여는 효과적이다. 할 일 목록만으로는 학습을 지속할 자극을 부여하기 어렵다. 특히 학습 동기가 낮거나 학습에 대한 의지가 약한 경우엔 더욱 그렇다.

쉴 때 쉬어야 공부할 때 공부만 한다

주중에 밀린 공부가 없을 정도로 완벽하게 공부 스케줄을 잘 따랐다면, 목표를 잘 지킨 자신을 위한 타임 아웃Time-out 루틴의 실천으로 상을 주는 것도 좋다. 이는 반복적이고 무기력한 '습관'으로 전락해버렸을 때에도 활용하기 좋은 '긍정 강화 동기 부여' 방법이다.

실제로 나의 아들과 딸은 학교의 쉬는 시간과 점심시간 등 자투리 시간을 활용해 수학 문제를 다 풀고, 대신 토요일에는 종일 아무것도 하지 않고 쉬는 날을 즐기곤 했다. 드라마 또는 웹툰 정주행, 친구와 놀기 등 일주일의 성실함에 대한 보상으로 일주일에 하루 또는 반나절의 시간을 휴식을 위해 할당하도록 마더링하자. 공부할 때 확실히 공부하고, 쉴 때는 당당하게 쉴 수 있다는 생각은 학습에 대한 지속 가능성을 높일 수 있다.

9

돌아보고, 내다보며 나아간다
성찰성 마더링

열심히 달려도 방향을 잘못 잡았다면 미련한 노력일 뿐이다. 하루의 계획에서부터 장기적인 교육 로드맵과 학습 가치관까지 정기적으로 평가, 반성하는 기회를 갖자. 성찰성Reflectiveness 마더링은 자신의 양육 원칙을 되돌아보게 하는 한편으로 아이의 비판적 사고력도 함께 키워준다. 주변의 평가와 비판에 귀를 열고, 시행착오도 인정하는 건설적인 유연성을 품어보자.

성찰 지능 강화 스킬 1 비판적 사고를 위한 '담금질'을 시작하자

영국에서 박사학위를 취득하려면 연구에 필요한 방법을 배우는 수업을 거친 후, 함께 공부하는 동료와 지도교수 앞에서 자신의 연구 계획과 진행 과정 등을 발표하는 과정을 거쳐야 한다. 학생 전원이 참가하는 이 세미나에서 가장 중요한 것은 비판적 사고 혹은 비판성Criticality이다.

비판적 사고는 어떤 주제나 문제에 대해 깊이 있고 분석적으로 생각하며 잘못된 점을 지적·평가하고 이해하는 능력을 의미한다. 문제를 다양한 관점에서 바라보고 논리적으로 판단하며 신중하게 결정하는 것으로, 문제 해결과 의사 결정 과정에서 중요한 역할을 한다.

이 모든 과정이 논문 방어Thesis Defense(학생이 자신의 논문 내용과 연구 결과를 공개하고, 학위를 받기 위해 전문가들 앞에서 발표하고 방어하는 과정을 의미)를 위한 철저한 연습이다. 우수한 동료들 덕에 미처 생각하지 못했던 부분을 발견하는 기회가 된다는 자세로 모두 진지하게 임한다.

이러한 지적은 모든 학위 과정의 평가에서 신랄하다 못해 잔인하다 싶을 정도로 이뤄진다. 문장 하나하나에 '딴지'를 거는 경우도 많다. 이런 비평에 익숙하지 못한 사람은 영국의 석박사학위 과정에서 한 학년 혹은 한 학기조차 진급하기 어렵다. 학위를 시작해도 박사학위 논문을 쓰는 마지막 단계까지 가지도 못하고 포기하는 경우가 생각보다 많다.

지적을 성찰의 기회로 삼자

나 역시 박사학위 과정의 두 번째 학기에 이런 처절한 경험을 거쳤다. 논문을 쓴 후 담당 교수가 메모 형식으로 첨삭을 하는데, 놀랄 정도로 하나하나에 메모가 달려 있었다. "여기서 왜 이 연구 방법을 사용했냐"로부터 시작해서 "이 경우가 여기에만 적용되느냐?" "이것보다 다른 것을 이용할 때의 차이를 알아봤냐" 등 끊임없는 비판이 기염을 토했다. 더 어려운 것은, 지적은 많은데 정답과 비슷한 그 어떠한 것도 알려주지 않는다는 점이었다. 논문이나 주요 이론 등 참고할 자료들을 마치 지나가듯이 '툭' 던질 뿐이다.

처음 이 수업을 들은 후, 과연 내가 학위를 취득할 수 있을까 싶어 잠이 오질 않았다. 한국 사회에서는 경험해보지 못한 직설적인 평가에 맞서는 것만으로도 스트레스가 어마어마했다. 하지만 나쁘게 말하면 지적, 긍정적으로 받아들이면 비판성을 방어하기 위해 애쓰면서 소위 '레벨'이 달라졌다.

좀 더 철저히 논문을 검토하면서 논문의 질이 높아졌을 뿐 아니라 사고 과정도 논리적으로 변했다. 예상치 못한 질문에 답변하는 훈련을 거듭하면서 관련된 정보의 옳고 그름을 판단하는 능력은 물론이고, 내 주장을 논리적으로 펼치고 반박하고 옹호하는 경지에 도달하게 된 것이다. 무엇보다 긴장된 상황 속에서 스트레스를 소화하는 등 학습의 긴 여정을 버틸 힘도 기르게 됐다.

영국의 대학에서는 이 과정을 학생이 탐구한 새로운 지식과 연구 업적을 학계에 공헌할 훈련을 시키는 시간이자 준비가 되었는지를 판단하는 단계라고 믿는다. '담금질'을 세게 당할수록 단단하고 강한 인재가 되고 자신들의 학교를 빛내리라는 경험과 확신으로부터 나오는 교수법이라고 생각한다.

자기 평가서로 비판적 사고력을 높여라

이러한 교육법은 우리나라의 대학 입시 수시 전형의 면접에서도 중요하게 평가되는 요소이기도 하다. 학생들은 입시 몇 개월 전부터 학원에 다니며 준비한다. 하지만 닥쳐서 급하게 하는 것보다 어릴 때부터 찬찬히 생각을 논리적으로 펼치고 개진하는 훈련을 하는 것이 바람직하다.

학령기 자녀의 비판적 사고 능력을 키우기 위해서는 자기 평가서를 활용하자. 아이와 건설적이면서도 포용적인 태도로 의견을 주고받는 연습이 가능하다. 학습 전략 및 성과에 대한 피드백 토론을 통해 반성적이고 발전적인 실천을 장려할 수 있다.

자기 평가서를 확인하다 보면, 학습의 어려움을 해결하기 위해 이야기를 나누고, 결과를 평가하고, 논리적 분석을 유도하는 경험을 쌓을 수 있다. 이때 엄마 주도적 비평보다 자녀 스스로 자신의 실수와 평가에 좀 더 분석적이기를 요구하는 마더링을 해보자. 이는 자녀에게 '비평'과 '비난'을 식별하는 능력을 키울 수 있게 해줄 것이다. 자세히 경청한 후, 좀 더 이야기를 나누고 싶은 부분에 대해서는, "왜 그렇게 생각했어?" "그렇게 생각한 특별한 계기가 있어?"와 같은 질문으로 자녀의 사고를 확장시키는 것도 좋다.

작은 문제 해결을 통해 분석적 사고를 연습시킨다

일상에서 부딪히는 문제에 침착하게 접근하는 방법을 논의하는 것은 문제 해결 전략을 위한 비평적 지적을 일찌감치 접하는 것과 같다. 이때 문제를 더 작은 부분으로 나누고, 각 단계를 체계적으로 해결하는 방법을 짜증 내지 않고 풀어가도록 훈련시키자. 이는 아이들이 차분하고 분석적인 사고방식으로 어려움에 접근하는 방법을 배우는 데 도움이 될 것이다.

윤찬이는 학교 내신 시험 준비를 할 때 항상 인터넷 강의를 먼저 듣는 습관이 있었다. 하지만 시험 범위가 늘어나자 시간 내에 모든 범위의 인터넷 강의를 보고 문제를 풀지 못할 것 같다는 걱정에 본격적인 공부를 시작하기도 전부터 불안해했다.

이때 나는 윤찬이와 함께 '중간고사'라는 문제를 인터넷 강의, 문제풀이, 시험 범위 등으로 작게 나누고 접근했다. 무조건 공부 시간을 늘리는 것이 아니라, 같은 범위를 공부하더라도 강좌가 더 적거나 짧은 수업을 찾아보면서 시간을 줄이는 방법을 찾았다. 다음으로 꼭 인터넷 강의를 들어야 하는 단원과 아닌 단원을 구분해보는 시도를 했다.

더불어 과목별로 인터넷 강의를 들은 후 문제집을 바로 풀 것, 2회독 때 풀 것, 마지막 정리 때 풀 것 등으로 나누어 비효율적인 시간의 낭비를 피하는 계획을 세웠다. 아직 범위가 발표되지 않은 과목의 교사에게 예상 시험 범위를 확인해 심리적 부담감을 줄이는 방법도 사용했다.

가장 중요한 것은 결국 포기하지 않는 것이다. 문제를 작게 쪼개고, 해결책을 시도하면서 걱정을 잠재운 덕에 윤찬이의 마음가짐을 다잡을 수 있었다. 또한 작은 문제를 해결하는 방법을 통해 아이는 문제 해결을 위한 접근법을 배울 수 있었다.

비판이 아닌 비평으로 가르친다

피드백의 정수는 개선할 영역을 식별하는 데 도움을 주는 것이다. 이를 위해서는 구체적인 근거를 위한 평가 체크리스트가 효과적이다. 체크리스트를 바탕으로 자녀의 말을 경청하는 자세를 유지하며, 자녀에게 들은 내용을 근거로 질문해보자.

실수 자체를 시시콜콜 지적하는 것은 비평적 지적이 아니라 인격 모독으로 받아들일 수 있다. 문제를 발견하는 것이 목적이 아님을 잊지 말고, 자녀가 수치심을 느끼지 않도록 주의하자. "네가 그렇게 생각한 이유가 있었네. 그런데 다음에는 이런 식으로 생각하는 방법도 한번 시도해봐"라는 권유의 태도가 기본이다. 그 위에 부족한 부분에 대한 취약성을 지적하자. 자녀가 마음을 닫아버리지 않도록 해야 반성적 대화가 원활하게 이어질 수 있다.

외부 보상이나 처벌에 의존하지 않는 내재적 자기 성찰과 규제를 촉진하는 비평은 개인적인 만족과 성장을 위해 자율적으로 학습하는 동기가 된다. 더불어 독립적인 변화를 주도적으로 만들도록 하여 자기 규제 능력을 향상시킨다.

자녀에게 엄마의 비평이 비판처럼 들리지 않는 '꿀팁'은 엄마의 약점을 흔쾌히 공유하는 것이다. 과거 엄마의 불완전했던 모습을 공유해보자. 자녀에게 엄마가 먼저 자신의 불완전한 모습을 극복한 노력의 과정을 공유하는 것은 진정성과 회복 탄력성을 키워주는 귀한 방법이다.

자녀가 자신의 하루를 평가하는 자기 평가서 작성과 이것을 토대로 한 엄마와의 대화에서, 엄마가 스스로 감정 표현에서 완벽주의를 내려놓는 성찰적 모습을 보여주자. 자녀에게 유연성을 허용하면서도 지지적인 방식으로 엄마의 의견을 전달하자.

성찰 지능 강화 스킬 2 사고력 훈련도 감정 조절이 먼저다

몇 년 전 가르쳤던 한 아이는 대입 수시 면접에서 압박 면접을 경험했다. 질문에 답할 때마다 울음이 터져 나올 정도로 자신의 설명에 교수가 꼬투리를 잡았다는 것이다.

면접을 볼 때 꼬리에 꼬리를 무는 질문부터 딜레마 상황에서 지원자가 어떤 논리적 선택을 하는지 평가할 때는 지원자의 비언어적 표정, 말투, 위기 대처 능력 등이 모두 관찰 대상이 된다. 지원자는 자신이 공격받는 듯한 불편한 상황에서도 감정을 가다듬을 수 있어야 자신의 논리를 펼치고 목적에 맞는 반응을 보일 수 있다. 즉 감정 조절력이 열쇠다.

깊은 성찰로 감정 조절력을 높인다

청소년기의 학습과 관련한 감정 자본의 활용에서 무엇보다 중요한 것이 감정 조절 능력이다. 감정 자본은 마더링의 성패를 좌우할 정도로 중요한 요소다. 문제는 우리나라에서는 이러한 감정 자본과 관련해 그저 '혼내지 마라' '너그럽게 이해해라' 등의 단순화한 접근법이 너무나 많다는 점이다.

이런 마더링으로는 부족하다. 이렇게 해서는 비평과 담금질 훈련을 받은 전 세계 인재들과의 경쟁에서 우리 아이들이 자존감을 지키며 살아남을 수 없다. 엄마가 생각하는 삶을 자녀에게 선사할 수도 없다. 무엇보다 마음에 상처가 생기지 않는 데 집중해 보호만 받으며 자란 자녀들은 책임감을 기를 기회를 상실한다. 그뿐만 아니라, 학습적 영역에서의 메타인지 능력까지 저하된다.

학습과 관련한 감정 자본을 사용하려면 생각보다 깊은 성찰이 따른 전략적인 접근이 필요하다. 감정 자본을 가정이 아닌 사교육이나 학교 등 기타 교육기관을 통해서 자녀가 습득하기에는 한계가 있다. 또 아이를 사랑하는 마음만으로도 부족하다.

요즘은 자녀교육의 목표가 입시라는 한 축으로 치우쳐져 공부법을 설파하거나, 학습 환경을 만들어주는 것, 좋은 학원 고르기 등에만 집중하는 경향이 있다. 다른 쪽으로는, 아이의 마음을 달래는 데만 집중한다. '감정 만져주기'와 같이 근원적 성찰이 없는 실행법 위주 혹은 유아적 접근법을 학령기나 사춘기 자녀에게까지 대입해 엇갈린 관계를 만드는 것이다.

감정을 건설적으로 인식, 표현하는 훈련을 시킨다

진정한 감정 조절을 가르치기 위해서는 자신의 감정을 건설적인 방식으로 인식, 관리 및 표현하는 데 도움이 되는 전략을 보여주고 가르치는 것이 필수다. 상처를 받을까 전전긍긍하는 사이에 건설적인 충고에도 눈물을 머금는 나약한 아이로 자랄 수 있다. 이는 상급 학교로 진학할수록 더욱 문제가 된다.

이러한 불상사를 막기 위해서 '아이가 기죽을까 봐'라는 단순화의 벽을 엄마와 아이가 함께 넘는 훈련을 해보자. 앞장에서 제시한 분석적 비평을 활용하면 좋다. 매일의 학습 성과에 대해 건설적인 피드백을 제공하면서 껄끄러운 주제의 대화를 피하지 말고 당연하게 생각하는 담금질을 시작해보자.

담금질할 때는 자녀가 자기 자신에 대한 감정적 판단에서 최상과 최하의 경계에 대해 너무 결정적이거나 격하게 반응하지 않도록 주의한다. 자신의 감정을 건설적인 방식으로 인식, 관리, 표현하도록 장려해야 한다.

일단 자녀의 강점을 이해하는 방식의 피드백을 선행하자. "역시, 구체적인 예시를 잘 활용하네" "여기서 잘 정리했더니 실수가 줄어드는 효과가 있어 보이네" 등 자녀의 지속적인 강점 찾기가 건설적 비평의 시작이다.

더불어 자신의 감정을 안전하게 표현할 수 있는 열린 환경을 조성하자. 이때는 적극적인 경청을 우선으로 해야 한다. 중간에 말을 자르고 엄마의 판단을 강요하듯이 쏟아내면, 자녀는 점점 분석적 비평을 비난과 엄마의 신경질로 인식할 뿐이다.

비평을 비난으로 받아들이지 않도록, 또한 비평은 원래 불편한 것이라는 인식을 심어주기 위해 주의해야 할 표현이 있다. "넌 항상 그러더라" 같은 식의 편협한 태도가 그렇다. 부족한 부분만을 지나치게 나열하는 것도 피해야 한다. 긍정적인 진술을 장려하여 부정적인 생각을 낙관적인 관점으로 재구성하도록 도와주는 노력도 필요하다.

성찰 지능 강화 스킬 3 자기주도학습의 착각에서 벗어나자

초등학교 선생님이던 재우 엄마는 교육에 대한 강한 신념과 철학을 갖고 자녀를 양육해왔다. 초등학교 때부터 무엇보다 강조해왔던 것은 자기주도학습이었다. 재우 엄마는 어려서부터 학원을 하나도 보내지 않았다고 했다. 대신 매해 수능시험을 본 후 만점자 수험생이 말하는 "교과서 위주로 예습, 복습을 철저히 했어요"의 비법을 실천하는 학습법을 고수해왔다.

재우는 필요한 개념 공부는 인터넷 강의를 활용하는 등 자기주도학습을 철저하게 실행했다. 이러한 재우는 부모의 자랑이었다. 엄마는 교사인 자신이 보기에도 전혀 학습에서 문제점을 발견하지 못했다고 했다.

재우의 공부법에서 빠지지 않았던 것은 시간을 재는 스톱워치와 할 일 목록이었다. 시험을 앞두고 스스로 계획표를 짜고 하루의 일정과 '순공부 시간'을 스톱워치로 재는 일을 잊지 않았다. 중학교 때부터 시험 범위의 '3회독'을 목표로 자습서와 평가문제집부터 기출문제 등 필요한 자료도 스스로 찾아 잘 해냈다. 주요 과목뿐만 아니라 모든 과목에서 A를 받았고, 학군지에 있는 중학교에서 상위 4퍼센트 이내의 성적을 유지하며 승승장구했다.

사교육 없이도 전교권인 아이를 보며 엄마는 자연스럽게 특목고 진학을 준비했다. 워킹맘으로서 기숙사 생활을 하는 학교로 진학하는 일은 엄마에게도 여유를 주리라 판단했다. 중학교 내내 좋은 성적에 독서록이며 수상 등 특목고 입시에 필요한 여타 활동에도 적극적으로 참여했던 재우는 특목고에 합격했다.

자기주도학습의 환상을 버려라

모든 면에서 승승장구해온 재우가 흔들리기 시작한 것은 고등학교에 들어간 후부터였다. 학군지의 우수한 아이들 틈에서 공부하기는 했지만 각 학교 전교권들이 모인 고등학교에서의 경쟁이 녹록지 않았던 모양이다. 요즘에는 공부를 잘하는 아이들이 공부만 잘하는 것이 아니다. 악기 연주나 토론, 운동 등 다양한 분야에서 뛰어난 기량을 보이는 아이들이 많다.

자신에 대한 프라이드가 상당했던 재우는 쟁쟁한 아이들 속에서 평범한 아이가 되어버렸다는 사실에 무너졌다. 1학기 내내 "엄마, 잘하는 애들이 너무 많아"로부터 시작해서 "공부를 해도 해도 끝이 없다"는 말로 마무리했다. 기숙사에서 지내다 보니 아이를 응원해주고 싶어도 전화 통화가 전부였고, 수화기 너머의 울음소리에, 엄마는 시험 못 봐도 괜찮다는 말밖에 건네지 못했다.

항상 반에서 1~2등을 하던 아이가 학교 중간고사에서 평생 받아본 적이 없는 성적을 받고 망연자실했다. 재우를 더욱 힘들게 한 것은 자신보다 우수하지 못했던 친구들이 일반고에 진학한 뒤 전교권에 든다는 소식이었다.

재우는 일반고로 전학하려 했지만 처참한 1학년 성적과 유리 같은 '멘털'로는 다른 학교로 간다 해도 별 소득이 없을 것 같다는 엄마의 판단을 따랐다. 결국 초중등학교 시기의 자기주도학습에 대한 자신감을 대체한 것이 주말을 꽉꽉 채운 학원 시간표라고 했다.

혼자 공부하면 친구들의 공부량을 모른다

자녀교육과 관련해 가장 큰 환상이자 가장 큰 오해가 자기주도학습이다. 사교육 없이 혼자 공부하는 것을 자기주도학습이라고 생각하는 것이 그 첫째이고, 중학교 때의 성적을 그대로 고등학교의 성적으로 등가환산해 기대한다는 것이 뒤를 잇는다.

재우의 문제가 무엇이었는지 단언할 수는 없다. 학생의 학습 방법과 심리와 정서 상태 등을 좀 더 세심하게 살펴야 정확하게 알 수 있다. 하지만 오랜 교육 현장에서의 경험을 토대로 살펴본 결과, 이런 아이들의 공통점을 발견할 수 있었다.

우선 재우는 고등학교에 들어갈 때까지 또래 아이들이 어느 수준으로까지 공부하는지를 경험해보지 못했다. 재우 엄마는 학원의 입학 테스트와 수업이 쓸데없이 높은 수준으로 진행돼 학생에게 불안감과 실패감만을 느끼게 하는 상술로 보였다고 했다. 당연히 학원에 보내지 않았고, 아이는 학교 수업 진도와 시험 범위에 집중한 공부를 해왔다.

선행학습도 했지만 과한 진도 빼기에 대한 거부감으로 한 학기 정도의 예습만 했다. 지나치게 현재에 충실한 공부로 중학교에서는 승승장구할 수 있었다. 하지만 고등학교, 특히 재우가 선택한 특목고 수업량과 시험 수준은 중학교와는 차원이 달랐다. 중학교 내신 시험 100점의 노력만으로는 역부족이었다.

학습에서 시행착오는 중요한 개념이다. 시행착오란 어떤 일을 처음 시도할 때 완벽한 결과를 얻지 못하고 실패하거나 오류를 저지르는 과정을 의미한다. 자기주도학습은 학습자가 스스로 학습 목표를 설정하고 학습 방법을 결정하며 학습 과정을 주도하는 과정을 강조한다.

시행착오는 자기주도학습의 깊이와 방향을 수정할 수 있는 계기를 준다. 간혹 자녀의 실패를 너무 두려워한 나머지 자녀에게 도전적인 환경으로의 노출과 실패의 경험을 미리 차단하는 부모들이 있다. 하지만 학습을 위한 궤도 수정이 필요한 시기와 방법을 정하는 것도 시행착오가 있어야 가능하다.

자기주도학습이 진정한 성과를 내려면 시행착오를 충분히 할 수 있도록 충분한 실수와 실패의 경험을 독려해야 한다. 그래야 자신만의 방법과 전략을 계발하고 문제 해결 능력을 향상할 수 있다.

학원에서도 자기주도학습이 가능하다

재우는 자기주도학습에 대한 맹목적인 환상과 사교육의 폐해에 집중해 일반화의 오류를 범했다. 자기주도학습은 학원에 다니느냐, 혼자 하느냐의 문제가 아니다. 공부하면서 주체적으로 받아들이고 계획하고 시행하느냐가 중요하다. 하지만 재우 엄마는 사교육을 받으면 수동적이고 끌려다니는 공부를 하게 된다고 오해했다.

마치 인스턴트 식품의 폐해에 너무 집중하는 것에 비유해 생각해볼 수 있다. 정성스러운 집밥이 아이 건강에 좋긴 하지만 한 끼도 빠짐없이 밥을 하기는 쉽지 않다. 아이들이 외식이나 배달 음식, 인스턴트 식품을 먹고 싶어 하기도 하고, 상황상 어쩔 수 없이 먹어야 할 때도 있다. 라면도 먹을 수 있고, 자장면도 주문할 수 있다.

사교육도 그렇게 활용해야 한다. 자기주도학습이 무작정 혼자 공부하는 것을 말하는 것은 아니다. 또 학원에 다닌다고 해서 자기 공부 없이 무조건 학원만 다니는 것이 아니다. 아무리 뛰어난 학원이 있다고 해도 학원이 모든 것을 해결해줄 수는 없다.

정말로 자기주도학습을 잘하는 아이로 성장하려면 가능한 한도 안에서 학원, 인터넷 강의, 과외, 엄마표 관리 등 다양한 학습법을 시도를 하는 것이 좋다. 장기적으로 엄마와 자녀가 학습적 성향을 파악하는 데 효과적이다.

게다가 우리나라 교육 환경에서 사교육이 전무인 상태로 자녀가 극상위권을 유지하기는 다소 어려움이 있는 것도 사실이다. 스스로 정한 학습법에서 벗어나서 사교육의 적절한 도움을 받아보는 시도 또한 시행착오가 가능한 중학교 시절에 반드시 거쳐야 한다.

가정의 환경과 자녀의 성향상 자기주도학습이 비효율적인 경우도 있다. 어떠한 방식이 우리 아이에게 적절한지는 도전적 학습에의 노출과 학습법에서의 시행착오 과정을 통해 배울 수 있다. 실패와 시행착오의 경험과 과정 속에서 자녀는 과목별 공부 방법을 사교육을 통해 익히게 된다. 자신에게 잘 맞는 방법을 발견하거나 문제를 해결하는 스킬 향상도 가능하다.

시행착오는 중학교 2~3학년이 마지막이다

우리나라의 대학 입시는 늦어도 중학교 때부터는 전략을 잘 세우는 만큼 성공하기도 쉬운 제도다. 사교육과 자기주도학습을 효율적으로 이용하는 전략적 사용 능력을 스스로 깨우치기 위해서 기간과 과목을 정해보자. 한 학기나 1년, 방학 기간 등 그때그때의 필요에 따른 기간 설정을 자녀와 함께 계획해보는 것이 효율적이다. 특히 영어와 수학 등 특정 과목을 정해서 탐색해보는 것을 제안한다. 이 두 과목은 장기간의 학습력이 쌓여야 하는 과목들이고, 자녀의 성향에 따라 사교육의 도움이 필요한지 아닌지를 결정해 공부해야 하는 대표적인 과목이기 때문이다. 특히 영어는 초중등학교 시절에 학습 방법을 잘 구축해놓으면 고등학생이 되어서까지도 충분히 자기주도학습이 가능하다.

중학교와 고등학교 6년이라는 기간 내내 사교육에 매달리는 태도는 아이는 물론 가정 경제에도 부담이다. 학생 스스로 학년이 올라갈수록 사교육을 선별하는 능력이 있어야 시간 싸움인 고등학교 시절에 자기주도학습으로 성공할 수 있다.

초중등학교 시절에 시행착오를 겪는 과정을 자녀와 함께 통과한 엄마는 무슨 과목을 얼마만큼 언제 받아야 하는지 등에 대해 자녀와 논의할 수 있다. 특히, 특목고 등 수능 이상의 준비가 필요한 학교로 진학하기를 희망한다면 더욱 그렇다. 초등학교 고학년부터 중학교 3학년까지의 사교육과 자기주도학습 사이에서 전략적 균형을 찾고 자신의 학습법을 객관화해서 볼 수 있는 여러 가지 시행착오에 노출되는 것은 힘들지만 꼭 필요한 과정이다.

특목고의 공부 수준은 중학교와 비교 불가다

또 하나, 초중등학교 때의 학습 방식이 고등학교 과정에서는 효과를 볼 수 없다는 것도 자녀가 중학교 때 경험해보아야 한다. 집에서만 공부한 아이들은 이 부분을 놓치기가 쉽다. 최상위권의 아이들이 어느 만큼 많이, 어떤 수준으로 공부하는지 알지 못하기 때문이다.

실패와 어려움을 극복하면서 더 강력하고 높은 학습 경험을 쌓을 수 있도록 도전적인 과제에 노출하는 마지노선은 중학교 2~3학년이다. 이 시기를 학습법과 취향에 대한 탐색의 시간으로 활용해 시행착오와 실패를 맛봐야 한다.

자녀의 긴 공부를 위한 초석을 쌓는 중학교 시절에 충분히 시행착오와 실패를 경험하도록 기회를 주는 것은 전략적 선택이다. 이 시기의 학교 성적에 너무 연연하지 말자. 충분히 실패하도록 도와주는 것이 더 중요하다.

성찰 지능 강화 스킬 4 스스로를 평가하는 루틴을 세우자

학생들이 학습 계획을 정하고 평가하는 것은 자신의 강점과 약점에 대한 이해를 한층 높이는 자아 성찰의 계기가 된다. 자기 평가는 학습 후에 학습 목표와 학습 계획 실행을 평가하고 성과를 돌아보는 과정이다. 평가서를 작성하면 강점과 약점을 파악하고 미흡한 부분과 발전시킬 부분을 찾을 수 있다.

자기 평가는 학습 과정을 정리하고 정돈하는 동시에 능력 강화에도 도움을 준다. 학습과 관련한 메타인지 능력은 자신의 학습 과정을 이해하고 전략을 조절하는 능력을 말한다. 어떤 학습 전략이 효과적이었고 어떤 부분에서 개선이 필요한지를 고찰하는 것은 학습자가 자신의 학습 방식을 분석·평가하고 조절하는 메타인지 능력을 강화하는 데 효과적이다.

하루 계획의 성취도를 돌아보는 시간을 통해 학습자는 자신의 학습을 객관적으로 평가하며, 개선 방안을 도출하는 능력을 발전시킬 수 있다. 나는 학생들을 가르칠 때 스스로 채점하고, 오답을 분석하며 정리하는 방법을 많이 활용한다. 실수를 식별하고 수정하는 노력을 기울일 때 학생들의 메타인지 능력이 향상되고, 자신의 학습법을 개선할 수 있기 때문이다.

학습 시작 전에 학습계획표를 완벽하게 작성하기보다 학습 후 자기 평가서 작성에 좀 더 시간을 할애할 것을 추천한다.

자기 평가서의 효율적 활용을 가르친다

자기 평가를 루틴화하는 것은 가정에서 실천할 수 있는 유용한 자기주도학습 전략 중 하나다. 이는 자기 인식 향상Improved Self-Awareness, 구조화된 진행 상황 추적Structured Progress Tracking, 강화된 책임감 Enhanced Accountability, 스트레스 감소Stress Reduction의 네 가지 면에서 자기주도학습을 효과적으로 행하는 길이다.

자기 인식 향상: 자기 평가를 위한 시간을 정했다는 사실은 학습자에게 동기를 부여해 자기주도성의 선순환을 일으킨다. 학습 여정을 정기적으로 되돌아보는 과정에서 자신의 강점, 약점, 개선이 필요한 영역을 식별할 수 있어 더욱 효과적인 학습이 가능해진다.

자기 인식이 향상되면 학습 목표에 계속 집중할 수 있는 동기의 지속성을 확보할 수 있다. 또 규칙적으로 시간을 할당해 자기 평가를 하면 일관된 평가를 통해 스스로 성장과 발전을 촉진하는 기회를 얻을 수 있다.

구조화된 진행 상황 추적: 평가를 위한 시간을 확보함으로써 시간경과에 따른 진행 상황을 추적하면, 자신의 성장을 관찰, 주시하고 개선이 필요한 영역을 식별할 수 있다. 정해진 시간에 스스로 실행하는 정기적인 자기 평가는 학습 진행 상황을 추적하는 구조화된 방법을 제공해준다. 정기적인 평가가 습관이 되면 학습 과정의 일관성을 유지하는 데도 좋다. 진행 상황을 평가하기 위해 시간을 할애하면, 목표를 파악하고 진행 상황을 추적하여 필요한 조치를 취할 방법을 찾을 수 있다.

강화된 책임감: 자기 평가서 작성을 루틴화하면, 스스로 학습 일정을 조정해 학교 시험 등 특정 목표에 대한 집중력을 높일 수 있다. 정기적인 자기 평가는 학습 목표를 실제 진행 상황에 맞추는 데 도움이 된다. 이를 통해 학생 스스로 성과에 따라 목표를 조정하고, 학습 전략을 조정할 수 있다. 이는 학습 목표에 대한 책임감을 유지하는 데 효과적이며, 책임감이 강화되면 학습자 스스로 진지한 태도를 유지하며 순조롭게 학업을 진행할 수 있다.

스트레스 감소: 자기 평가를 하면 어떤 방법과 자원들이 자신에게 가장 적합한지 식별하여 학습 과정을 최적화할 수 있다. 정기적으로 자기 평가를 하지 않으면 진행 상황에 대한 불확실성을 느껴 불안감이 높아진다. 자기 평가서를 작성하면 학습 정도와 진행 상황을 명확히 파악할 수 있어 불확실성과 불안으로 인한 스트레스를 관리하기가 쉽다. 목표와 진행 상황에 대한 긍정적인 인식에서 따라오는 자신감은 다가오는 시험과 관련된 스트레스를 줄이는 데 도움이 된다. 장기적으로 시간과 노력을 절약하는 효율성을 높여 목

표를 달성하는 데 도움이 된다.

평가를 위한 평가의 오류에 빠지지 말자

자기 평가서 작성에도 단점이 있다. 일상화의 지루함Routine Mo-notony, 제한된 유연성Limited Flexibility, 그리고 과잉 분석의 위험Risk of Over-analysis이 그것이다.

일상화의 지루함: 동일한 루틴을 반복적으로 따르면 단조로워질 수 있으며, 잠재적으로 지루함과 동기 부여 감소로 이어질 수 있다. 객관적 평가 없이 주관적 렌즈를 통해서만 학습을 평가하면, 학습 자체에서 오는 즐거움과 자발성이 줄어들 수 있다.

제한된 유연성: 지나치게 엄격한 루틴은 학습 요구 사항이나 목표가 변경될 때 조정을 막는다. 변화하는 학습 요구에 대응할 유연성이 부족해지면 창의성을 억제하거나 예정된 자기 평가 시간 외에 발생하는 자발적인 학습 기회를 방해할 수 있다. 즉각적인 주의가 필요한 다른 과제에 직면했을 때, 유연하지 못한 일상으로 인해 예상치 못한 사건과 함께 학습 약속을 조정하고 관리하는 데 어려움을 겪을 수 있다. 또한, 이에 매달려 다른 중요한 일을 소홀히 할 수 있으며, 이를 준수할 수 없을 때 학습자가 좌절하거나 에너지가 소진될 수 있다. 계획대로 하지 못하는 자신에게 실망하고 비생산적이라는 자의식을 심어줄 가능성이 있다.

과잉 분석의 위험: 자기 평가에 지나치게 얽매이면 작은 실수나 느

린 진행에 대해 지나치게 비판적일 수 있다. 엄격한 자기 평가는 과도한 자기 비판으로까지 이어진다. 끊임없는 자기 비판은 좌절감을 초래하고 자존감에 부정적인 영향을 미칠 수 있다. 일상적 자기 평가가 과잉 분석과 과도한 자기 비판으로 이어지면, 학습 과정의 즐거움을 감소시킬 수 있어 역효과를 낳을 수 있으며, 학습 결과에 대한 자신감을 떨어뜨린다.

지금까지 살펴본 것처럼, 자기 평가의 루틴화는 체계적인 진행 상황 추적, 향상된 책임성, 목표 설정을 제공해 일관성, 자기 인식, 동기 부여 측면에서 이점이 있다. 그러나 엄격한 자기 평가 일정을 지키려고 특정 시간에 특정 기준을 충족해야 한다는 압박감을 느끼지 않도록 조심하자. 이는 스트레스와 불안감의 원인이 된다. 자기 평가에서 올바른 균형을 이루는 것이 효과적인 자기주도학습의 핵심이라는 것을 기억하자.

성찰 지능 강화 스킬 5 인텐시브 마더링의 늪에서 벗어나자

처음 지안이 엄마를 만난 것은 논문을 위한 인터뷰 때문이었다. 처음 만났을 때, 그녀는 이미 첫아이 지안이를 우수한 성적으로 명문 대학교에 입학시켰다. 지안이 엄마는 주변에 알찬 교육 정보를 가지고 있는 교육 전문 엄마로 정평이 나 있었다. 인터뷰에서 그녀

가 자녀를 좋은 대학에 보내기 위해서는 엄마의 정보력과 관리가 중요하다는 점을 힘주어 강조했던 것이 인상적이었다.

지안이의 고등학교 3년의 성적은 그야말로 탁월했다. 주위에서는 엄마의 헌신적인 지원과 투자 덕분이라고 입을 모았다. 첫째의 입시를 성공적으로 마친 그녀는 이제 둘째의 입시에 더 몰입하겠다는 의지를 내비쳤다. 둘째 아이의 고등학교 입학 시기에 맞춰 시간제 일자리까지 그만두면서 열성을 보였다.

지안이 엄마는 원래 대기업에 다니는 워킹맘이었다. 일을 그만둔 것은 지안이가 고등학생이 된 직후였다. 그동안 친정어머니가 아이들을 돌봐주셨는데 어머니의 건강이 안 좋아지시기도 했고, 아이들에게도 왠지 모르게 항상 미안하던 참이었다. 자녀의 입시를 앞두고 뒷바라지에 전념하고픈 마음도 있었고, 좀 쉬고 싶었는지도 모르겠다는 말도 덧붙였다.

그래서일까, 전업주부가 된 후 아이들을 자신보다 우선시할 때도 전혀 피해의식을 느끼지 않았다. 회사를 그만두면서 교육을 위해 가능한 모든 지원과 지지를 해주겠다는 결심을 했고, 다행히 그럴 수 있는 상황과 환경이 정말 만족스러웠다.

지안이 엄마는 무엇보다 학원을 비롯해 과외 활동 등 자녀의 일정을 꼼꼼하게 관리하는 데 시간과 에너지를 투자했다. 자녀 양육을 위해 직장을 그만둔 만큼 아이들의 대입 성공을 위해 애쓰는 것은 당연하다고 믿었다.

비현실적인, 완벽한 엄마를 꿈꾸지 말라

될 수 있는 한 최고의 엄마가 되기 위해 깊이 헌신하며, 완벽한 엄마로서의 마더링을 지향하는 것을 인텐시브 마더링Intensive Mothering이라고 한다. 인텐시브 마더링은 비현실적으로 높은 기준을 설정하고, 자녀의 행복을 위해 전적으로 헌신하는 태도를 취한다.

인텐시브 마더링을 하는 부모는 자녀 삶의 모든 측면에 지속적인 관심을 쏟고 적극적으로 개입한다. 교육은 물론 과외 활동 및 정서적 관리까지 적극적으로 참여하는 엄마를 이상적이라고 믿는다. 엄마가 자녀를 위해 연중무휴 24시간 대기하고, 늘 곁에 있어야 한다고 생각하기도 한다. 경쟁이 치열한 한국 교육 시스템에서는 인텐시브 마더링을 하는 엄마들을 흔히 볼 수 있다.

지안이 엄마 역시 전형적인 한국의 중산층 엄마로, 여지없이 인텐시브 마더링의 태도를 취하고 있었다. 그녀에게 집 청소는 소홀히 할 수 있는 일이었다. 대신 간식 챙기기에서부터 학교 행사에 참석하는 것까지 그녀의 다이어리는 아이를 위한 일정으로 가득했다. 마카롱을 좋아하는 아이를 위해서 맛집을 찾아 멀리까지 다니며 미리 준비해두었다는 말도 했다.

공부에도 열성적이었다. 과목별 학습 방법을 알려주는 학부모 설명회와 유튜브의 영상을 통해 입시 정보를 꼼꼼히 정리했다. 또 아이의 학원 숙제며, 학교의 수행 준비와 준비물을 함께 챙기는 등 교육에 집중한 '아카데믹 마더링'의 전형적인 모습을 보였다. 수학 과목의 점수를 올리기 위해 고등학교 정석을 다시 폈으며, 독서 이력을 챙겨주기 위해서 자신이 대신 책을 읽고 독후감도 썼다. 이쯤 되면 누가 공부하는 것인가 의아할 정도다.

그렇다고 단지 사교육에만 아이를 몰아넣은 것은 아니었다. 자녀의 모든 일상을 기꺼이 함께했다. 독서실에서 공부하는 아이의 시간과 체력을 위해 차로 데려다주며 새벽 1~2시까지 밤잠을 설치는 일은 기본이었다.

그러면서 조금도 아이에게 이런 노고에 대해 생색을 내거나 짜증 한번 부리지 않았다. 일하느라 곁을 채우지 못했던 빈자리를 메꾸기 위해서인 듯 모든 면에서 완벽을 추구했다. 그 완벽성은 아이의 학교 성적에 대한 기대감으로 이어졌다. 어떤 대가를 치르더라도 성적이 우수해야 한다고 믿었던 것 같다.

인터뷰에 따르면 대기업에 다니는 남편의 월급은 사교육비를 생각한다면 넉넉한 편은 아니었다. 주요 과목별 사교육을 한 개씩 하는 건 당연했고, 부족한 과목은 두 곳의 학원을 보내다 보니 어쩔 수 없었다. 저축은 언감생심이고 외식도 쉽지 않았다. "고등학교 사교육비를 감당하려면 온 식구가 긴축해야 해요"라며 그녀는 물론이고 가족들도 아이가 대학에 들어갈 때까지는 당연히 절약하는 생활을 감수해야 한다고 생각했다.

너무 비장하면 작은 실수도 아프다

지안이 동생 수안이도 처음에는 누나의 명문 대학교 입학에 자극을 받았는지 엄마의 열성에 적극 호응했다. 하지만 생각만큼 성적이 잘 나오지 않자 갈등이 벌어졌다.

처음에 엄마는 수안이가 학업적으로 뛰어나지 않자, 일을 그만두면서까지 투자한 시간이 아깝고, 자신의 기대를 충족시키지 못한다고 느꼈다. 하지만, 이러한 속내를 비친 적은 전혀 없었다.

문제가 심각해진 것은 고등학교 1학년 첫 중간고사 결과가 나온 직후부터였다. 성적표를 받자마자 수안이가 갑자기 학교를 자퇴하고 검정고시를 보겠다며 고집을 피웠다. 주요 과목 중 5등급이 한 과목, 3등급이 두 과목이었다. 어렵다는 '킬러' 문제는 모두 맞았는데, 남들은 거저 가져간다는 기본 개념 문제에서 실수가 너무 많은 아쉬운 시험이었다.

의과대학, 못해도 '스카이' 대학을 목표로 공부한 아이에겐 어처구니없는 결과였고, 의욕을 잃고 수능을 봐서 대학에 진학하는 '정시'에 집중하고 싶다고 했다. 이미 수시는 물 건너갔다, 수능을 봐서 대학에 가야 할 내신 등급이다, 수능을 봐야 하는데 왜 학교에서 시간을 낭비를 하느냐, 학교에 다닐 필요를 못 느낀다, 하는 게 아이의 주장이었다. 수안이의 이야기는 현재 고등학교에서 매해 나타나는 아주 흔하면서도 이해가 가는 상황이다.

논문의 마지막 인터뷰를 위해 6개월 만에 만난 엄마의 얼굴에는 무기력이 역력했다. 아들은 고집을 꺾지 않았고, 아빠 역시 아들의 자퇴에 반대 의사를 굽히지 않았다. 아들은 공부에도 손을 놓았는지 방에만 박혀 있다고 했다.

막막한 상황에서 수안이 엄마의 마더링은 방향성을 잃은 듯했다.

어떤 판단을 내릴지 고민하다 보니 결정에 대한 두려움으로 스스로가 무능력한 사람처럼 느껴지고, 아들과 남편 사이에 보이지 않는 거리감이 생겨버렸다.

이 시대의 자녀교육은 입시가 전부다

한두 번 만에 너무 성급하게 결과가 나오는 현재 내신 위주의 대학 입시는 최상위권 학생들에겐 마치 복구 불가능한 듯한 최후통첩과 같다. 중학교 3학년 때부터 교육 관련 정보를 찾아보고, 대학과 사교육에서 실시하는 입시설명회를 빠짐없이 챙겼던 엄마의 노력이 너무 일찍 결론 난다.

슬프지만 한국의 교육 현실에서 이러한 현상은 비일비재하다. 또한 성과 중심의 마더링 문화에 너무 도취한, 너무 높은 양육 목표가 양산해내는 부작용이 사회 문제가 되는 경우도 많다. 그럼에도 이 시대 한국의 엄마들 사이에서 사교육을 통한 인텐시브 마더링이 아이를 위한다는 미명 아래 유서 깊은 관행이 된 것은 오래된 현실이다. 박수받는 자녀교육을 위한 '마더링 튜토리얼mothering Tutorial(자녀양육 설명서)'은 온통 교육 일색이다.

엄마들은 인텐시브 마더링의 방식을 취하는 다른 엄마들의 노하우를 듣고 방심했던 시간을 후회한다. 유튜브에 나오는 교육법을 보면서 끊임없이 자신과 비교하고, 회의감에 빠지고, 때로는 너무 늦었다는 두려움에 갇히기도 한다. 여기서 비롯된 자책감에 매몰되고, 마음대로 되지 않는 자녀의 성적 때문에 무력감을 느낀다. 이러지도 저러지도 못하고 틀 속에 갇힌 다람쥐처럼 계속 쳇바퀴를 돌고 있다.

아이러니한 것은 논문을 위한 인터뷰에서 만난 중산층 전업주부 엄마들 역시 다양한 문제점을 잘 알고 있다는 점이다. 아이가 해야지 엄마가 끌고 가는 것은 초등학교 때까지라거나 각종 매체가 엄마의 불안감을 조성한다는 사실도 모르지 않았다.

자녀에게 사교육을 시키면서도 과도한 사교육의 부정적 측면에 모두 고개를 끄덕이기도 한다. 만능 학생을 길러내기 위한 숨 막히는 경쟁을 가정에서부터, 또 너무 어릴 때부터 심화시킨다는 이유였다. 자녀의 성공에 대한 바람으로 무작정 고도의 성취를 강조하다 보니 큰 피해를 보는 것은 청소년들이라는 사실에도 한결같이 동의하고 있었다.

하지만 한국에서는 어쩔 수 없다는 말이 이어졌다. 우선은 아이의 입시가 끝나야 한다는 것이다. 이런 상황이다 보니 엄마가 끊임없이 정보를 수집하고 알아보고, 학습하지 않으면 현 대한민국에서 자녀가 성공하기 어렵다는 주장이 나온다. 한국의 수험생 엄마라면 누구도 이를 쉽게 부인할 수 없을 것이라는 게 엄마들의 공통된 생각이었다.

가족 아비투스가 우리의 상처를 치유한다

개인의 취향을 꿈꾸기 힘든, 무취향을 강제하는 한국 사회에서 사교육이 10대 청소년의 마더링을 천하통일한 지는 이미 너무 오래다. 학벌을 위한 마더링의 사회적 요구를 충족해야 한다는 압박감을 엄마 혼자 거부하기란 어렵다. 자신이 이러한 의무와 기대를 충족시키지 못한다고 생각하면 불안감과 죄책감이 커지는 것은 어찌 보면 당연하다.

이러한 상황에서 흔들리거나 상처받지 않기 위해서는 무엇이 필요할까? 나는 이에 대한 해답을 가족 아비투스라고 생각한다. 장기적인 안목과 가족 한 사람이 아닌 엄마와 아빠, 아이의 취향이 담긴 우리 가족만의 마더링은 그 자체로 자각과 성찰을 담고 있다. 이는 주변의 분위기나 순간적인 판단으로 빚어내는 잘못된 선택의 방향성을 바로잡아준다.

앞서 강조했듯이 우리 가족만의 신념이 담긴 가족 아비투스를 고민하자. 이를 등대 삼아 삶의 방향성을 찾아나서자. 때론 흔들리고 고민스럽더라도 상처를 어루만지며 함께 나아갈 수 있다.

10

세상의 중심에 서는 힘,
분별력을 기른다
분별력 마더링

상대적 박탈감에 위축되고, 분위기에 휩쓸리고, 조급함에 초조하면 소신을 잃는다. 불안감은 객관적으로 우리 아이와 가정, 외부 상황을 보는 눈을 가린다. 자녀의 성향을 먼저 보고, 가족과 현재 처한 상황을 살피고, 최대한 많은 정보를 취합한 후 결정을 내려야 한다. 끌려다니지 않는 힘, 분별력Understanding이 필요하다.

분별력 증진 스킬1 엄마와 아이는 다른 존재다

정원이 엄마는 최상위권 대학교를 졸업한 후, 석사와 박사학위까지 취득한 엘리트였다. 부부 모두 대학에서 강의도 했다. 하지만 출산 후 엄마는 점점 일을 줄여갔다. 같은 학교에서 공부했던 아빠는 대학 교수가 됐고, 엄마는 결국 전업주부가 됐다.

정원이 엄마는 중학교 때까지 곧잘 공부하던 딸아이에게 서울대학교 영어교육학과를 목표로 공부하자는 다짐을 받아냈다. 그런데 아이가 고등학교에 들어간 뒤 내신 점수를 토대로 서울대학교에 갈 수 없다는 판단을 내렸다.

입시 컨설팅을 받은 후 바로 미술로 진로를 변경했다. 정원이는 원래 그림 그리기를 좋아했다는 말을 하면서 말이다. 그렇게 전공을 미술 쪽으로 바꾼 이후, 사교육으로 인해 아이와 엄마의 스케줄은 180도 바뀌었다.

공부에 열성적이던 엄마는 정원이의 시험이 끝나면, 집에 오기도 전부터 문자를 주고받으면서 점수를 확인한다. 바로 확인해야 아이가 정확하게 기억한다는 이유에서였다. 결과에 따라 일정한 점수가 나오지 않으면 가차 없이 학원을 갈아치웠다. 속도감 있는(?) 관리를 바람직한 마더링이라고 믿는 듯했다.

정원이 엄마의 너무 빠른 행보에 놀랄 때가 많았다. 어디서 그 많은 정보를 얻나 싶을 정도로 개인 과외에서 학원으로, 학원에서 공부방으로, 공부방에서 개별 진도 학원으로, 시험을 볼 때마다 과목별 학원이나 과외가 바뀔 정도였다. 그러더니 이번에는 아예 전공을 미술로 틀어버린 것이었다. 그것도 단번에 말이다.

불안감이 나와 내 아이를 닦달하게 만든다

시험이 끝나면 결과가 어떻든 엄마는 시험을 분석하기에 바쁘다. 난이도를 비롯해 문제 유형을 살피고 반 평균 등을 예측하며 날카로운 분석을 한다. 시험 기간이라 내일도 바로 시험을 봐야 하는 아이를 붙들고 "다른 애들은 어렵다고 하지 않아? 아무리 난이도가 높아도 이 문제는 개념 문제인데 왜 틀렸어?"라는 비판도 쏟아냈다.

이렇게 하면 아이가 화내지 않냐고 묻자 시험을 그렇게 봤는데 무슨 할 말이 있겠냐는 답이 돌아왔다. 아이도 그러려니 한다는 듯한 대답이었다. 그렇게까지 하는 이유를 묻자 그래야 아이의 긴장감이 유지된다고 했다.

꼼꼼한 분석과 비평은 사교육 선생님들에게도 적용된다. "이번 시험지는 보셨어요? 이런 유형의 문제를 애랑 미리 다루었나요? 이 정도이면 애가 몇 등급을 받을 것 같나요?" 등의 질문을 던지고 적절한 답이 없으면 바로 그 학원을 정리한다. 엄마인 본인이 할 수 없어서 사교육을 보냈는데 이는 당연히 사교육에서 해줘야 하는 의무라는 것이다. 무엇보다 철저하게 분석하지 않으면 엄마인 자기가 너무 불안해서 뭐라도 해야 편할 듯해 사교육 선생님들에게 분석을 요구한다고 했다.

불가능한 목표 속에 계속 불안해진다

정원이 엄마의 얘기를 듣다 보면 사기꾼이라는 뜻의 단어인 임포스터Imposter가 떠오른다. 앞장에서도 언급했듯이 임포스터는 가면증후군을 경험하는 사람을 말한다. 본인의 실력과 유능함으로 얻게 된 자신의 성취나 자격임에도 부족한 본모습이 다른 사람들에게 노출되는 것에 대한 두려움을 가지는 심리적 현상을 의미한다.

자신의 능력을 의심하고 두려워하는 가면증후군은 직장, 학교 또는 대인 관계를 포함한 삶의 다양한 측면에서 발생한다. 부적절함에 대한 자기 기준과 불안감은 엄마의 역할을 포함해 삶의 다양한 측면에 영향을 미친다.

가면증후군의 개념은 본래 한국적인 용어는 아니다. 하지만 다른 많은 문화권과 마찬가지로 한국의 엄마도 가면증후군을 경험한다. 성공한 사람에게 가면증후군이 더 많이 나타나듯이 고학력이고 교육을 위한 가정 내의 자원이 풍족한 경우에 더 많이 관찰된다.

아이의 성과는 나의 성과가 아니다

전업주부 중에는 가면증후군으로 인해 느끼는 부적절한 감정을 자녀교육의 결과로 보상하려는 이들이 있다. 주로 결혼 전 학업과 직업에서 성공적인 삶을 살았던 이들이 그렇다.

이런 엄마들은 사회가 기대하는 완벽한 엄마가 되기 위해 탁월하게 마더링을 해야 한다는 생각에 사로잡혀 있다. 그 과정에서 필요 이상의 인텐시브 마더링을 강화한다. 자녀의 교육 문제를 자신의 문제로, 자녀의 성과를 자신의 성과로 여기곤 한다.

만일, 자녀의 성적이 생각만큼 완벽하지 않을 경우, 이 또한 자녀의 결과가 아니라고 생각한다. 오히려 엄마가 스스로 규정한 완벽한 마더링을 하지 못했거나 능력이 없기 때문이라고 믿는다. 그들은 자신의 부적절함에 대해 지속적으로 과잉 보상의 필요성을 느낀다. 그래서 자녀의 학습을 독려하거나 학습 분위기를 조성하기 위해 과도한 칭찬과 대가를 지불한다.

한국의 교육 경쟁 속에서 임포스터 엄마는 자녀의 교육적 성과에 집착하는 스트레스로 번아웃이 되기가 쉽다. 엄마가 느끼는 가면증후군이 엄마의 불안을 가중하고, 그것을 보충할 대안으로 사교육을 통한 인텐시브 마더링을 더욱 추구하는 악순환의 연속이 벌어진다. 먼저 자녀의 성공을 보장하기 위한 여러 사교육에 등록한다. 또 학업 성취도를 즉각 모니터링하는 등 면밀한 마더링에 항상 몸과 마음이 분주하다. 스스로 정한 높은 기준을 충족하기 위해 과도한 인텐시브 마더링으로 본인과 자녀의 평화로운 생활을 희생한다.

다른 특징은 자녀를 끊임없이 다른 아이들과 비교하는 태도다. 어떤 성과에든 만족하지 못하고 비현실적인 목적을 충족시키기 위해 '그다음' '그러고 나서' '더 나은' 등의 표현으로 자신과 자녀를 괴롭힌다. 결국, 가면증후군은 사교육을 통한 인텐시브 마더링을 심화시킨다.

물론, 이러한 문제가 한국에만 국한된 것은 아니다. 하지만 한국 엄마가 육아와 교육 측면에서 사회적 기대에 부응해야 한다는 압박감에서 자유롭기는 쉽지 않다. 자녀의 성적이 엄마의 성적이 된 문화적 맥락에서, 자녀의 성적과 대학 입시가 사회적 기대에 부응하지 못한다고 생각하면 가면증후군은 더욱 심해진다.

열심인 이유와 방향을 들여다보자

한국 사회에서는 자녀의 입시와 학업 성취도를 매우 중요하게 생각한다. 자녀의 성적에 대해 상당 부분 책임을 지는 엄마는 자녀가 학교 및 과외 활동에서 탁월하도록 인텐시브 마더링의 필요성을 느낄 수밖에 없다. 그것이 가면증후군에서 비롯된 것이든 아니든, 엄마가 스스로 부적절하게 느끼는 만큼 양육의 결과에 대해서 불안을 느낀다.

마찬가지로, 스스로 세운 기준이 완벽에 가까울 정도로 높으면, 또 그 기준만큼 자녀를 몰아세우기도 쉽다. 그래서 사교육을 통한 인텐시브 마더링의 양육 관행을 더욱 추구하는 악순환이 될 수 있음을 인식하는 분별력이 필요하다.

이러한 악순환을 막기 위해서는 자신이 하는 노력이 무엇에서 시작되었는지, 어떤 방향으로 가고 있는지 들여다보아야 한다. 양육법을 돌아보기 위해 마더링 일지를 써보자. 이는 양육법을 돌아보고 조정할 수 있는 장치로, 매일 또는 매주 단위로 자신의 양육에 대한 생각을 정리하는 것이다. 몇 줄이라도 정기적으로 쓰고, 감정과 경험을 솔직하게 표현하자. 긍정적인 결과와 발전에 초점을 맞추자. 매일 일지를 썼다면, 주간 일지로, 주간 일지를 썼다면, 월간 일지로 전체 진행 상황을 정리해보자.

육아와 관련된 감정과 행동을 기록하기 위해 일기를 써도 좋다. 아이와 말다툼을 했거나 주고받은 이야기 중 엄마의 마음에 걸리는 부분을 주제로 써보자. 이때 사건에 대해 구체적으로 기록하고, 자녀와 나의 반응을 생각하고, 그 결과를 적어보자. 이를 활용하면 양육 여정에 대한 통찰력을 얻을 수 있다.

만약 엄마의 마더링이 아이 자체가 아닌, 내면에 자리한 자신의 모습에 대한 불안감이라면, 나와 아이를 다른 존재로 인식하는 것부터 시작하자. 엄마와 아이는 각자의 개성, 강점, 약점을 지닌 별개의 개인이라는 것을 매일 생각하고, 아침저녁으로 소리 내어 말해보자. 아이의 모습에서 엄마 자신의 약점이 보이더라도 자녀의 독특함으로 인정하고 말로 바꾸려는 개입을 자제하는 게 좋다. 엄마의 필요 사항과 아이의 필요 사항 사이에서 누구에게 최선인지 돌아보며, 명확한 경계를 설정하자.

이렇게 엄마가 내면의 가면증후군과 인텐시브 마더링 사이의 부적절한 관계성을 인식하고, 자녀를 돌보는 것과 자신을 돌보는 것 사이의 건강한 균형을 찾는 데서 현명한 마더링이 시작된다.

날짜: 2026년 ○월 ○일

오늘의 일: 오늘 아이가 이번 주에 볼 과학 시험을 준비하도록 도왔다. 우리는 자료를 검토하고 질문을 연습하는 데 2시간을 보냈다.

감정과 반응: 나는 내 아이의 노력과 헌신이 자랑스러웠다. 그러나 아이가 집중하는 시간이 점점 짧아지고, 특정 개념에 어려움을 겪을 때 나도 좌절감을 느꼈다.

감상: 나는 나의 좌절감이 자녀의 성적에 대한 나 자신의 조바심과 불안에서 비롯될 수 있음을 깨달았다. 당장 내일의 시험으로 아이에게 무슨 일이 벌어지는 것도 아닌데, 가르치는 엄마인 나 자신의 노력을 아이의 성과에 비추며 조바심 내고 있다는 생각이 들었다. 좀 더 인내심을 갖고 지지해주는 방식의 마더링이 필요하겠다.

내일의 목표: 긍정적인 강화를 사용하고 자녀의 노력을 칭찬해야겠다. 학습 루틴의 세션을 더 짧게 관리하기 쉬운 단위로 나눠서 아이의 집중력이 줄어들지 않도록 도와주어야겠다.

주간 일지

날짜: 2026년 ○월 ○~○일

금주의 정리: 이번 주에는 다가오는 시험 준비에 집중했다. 학습 세션과 일부 휴식 활동의 균형을 맞추었다.

성과: 과도한 스트레스 없이 학업 일정을 성공적으로 유지해서 일정한 양과 질의 시험 대비를 할 수 있었다.

교훈: 시험 결과를 위해 짜인 엄격한 일정이 때로는 엄마와 아이 모두의 스트레스를 증가시킬 수 있으므로 유연성이 중요하다는 것을 배웠다.

월간 일지

전반적으로 이번 달에는 학습 루틴이 크게 개선되었다. 준비했던 내용이 시험에 출제되어서, 아이가 시험에 대해 더 자신감을 갖게 되었다.

감정과 반응: 한발 물러서서 자녀가 일부 학습을 주도하도록 허용하면 자녀의 자신감과 독립성이 높아진다는 것을 발견했다.

분별력 증진 스킬 2 현실에 뿌리 내리고 미래를 살자

앞서 농부가 간절히 비를 기다리는 마음처럼 자녀의 시간을 기다리는 마더링에 대해 이야기했다. 농부가 풍년을 바라며 매일 농사를 준비하고 경작하듯, 엄마가 자식 농사에서 풍년을 기대할 때 가장 우선시해야 하는 것은 무엇일까?

바로 지금 준비해야 한다는 것이다. 농부가 비를 간절히 기다리기만 할 뿐, 씨앗을 뿌리지 않고 추수할 일꾼도 준비하지 않는다면, 비가 내려도 헛된 축복일 뿐이다. 마찬가지로 교육과 양육에서도 지금 이 순간이 가장 중요하다. 지금이야말로 한 사람의 삶이 꾸려지고 진행되는 순간이기 때문이다.

동시에 미래의 문제에 대해 차근차근 성찰하고 준비하는 마더링을 행해야 한다. 즉 이상적인 마더링의 핵심은 현재의 순간을 받아들이면서 미래지향적인 변화를 촉진하고, 이 사이의 균형을 찾는 것이다.

현재와 미래 목표 사이에서 균형을 찾자

마더링과 관련해 '전진적 현재주의Progressive Nowism'*를 살펴보자. '현재주의'는 현재의 순간을 성실히 살아가는 데 중점을 둔다. 미래

• 이 책에서 제안하는 '전진적 현재주의'는 자녀의 먼 미래를 위해 현재의 삶과 관계를 끝없이 유예하고 희생해온 기존의 압박에서 벗어나, '지금 여기'에서의 정서적 현존과 자기 회복을 변화의 핵심 동력으로 삼는 실천 양식이다.

계획을 위해서 만족을 지연시키기보다는 즉각적인 경험을 중요시하는 문화적·철학적 개념이다. 현재주의는 현재에 집중하고 지금의 기회와 즐거움을 최대한 활용할 것을 권한다. 미래 목표를 추구하거나 과거를 걱정하기보다 현재에 집중하도록 유도한다.

현재주의의 비판자들은 이런 생각이 장기적인 계획과 미래의 웰빙보다 단기적인 쾌락을 우선시할 수 있어 미래 계획과 책임에 대한 준비 부족으로 이어질 수 있다고 주장한다. 현재를 가능한 한 완전하게 살면 어떤 면에서는 미래를 계획하는 것에 소홀할 수 있어서 근시안적이라는 것이다.

현재 순간을 즐기는 이점과 미래 계획의 필요성 사이에서의 균형 잡기는 오늘날 많은 사람이 직면한 어려움이기도 하다. 이를 서로 보완하는 것이 '전진적 현재주의'다. 진보적인 사고와 현재주의를 결합한 개념으로 미래지향적인 아이디어와 가치를 받아들이는 동시에 현재의 중요성을 강조한다.

전진적 현재주의는 사회가 지속적으로 진화하고 현재의 도전과 기회에 적응해야 한다는 것을 시사한다. 개인과 사회가 당면한 현재의 급박한 문제를 해결하되, 전통적이거나 보수적인 접근에만 의존하지 말고 지금 그리고 여기에서 긍정적인 변화를 촉진하도록 권한다.

이러한 접근 방식은 사회적인 규범, 기술, 가치가 끊임없이 변화하고 있다는 점을 기반으로 한다. 또한 사람들에게 변화에 적극적이고 미래지향적으로 대처하도록 촉구한다. 행위와 결정이 미래에 끼치는 영향을 가장 먼저 염두에 두고 지금의 삶을 사는 것이다.

모든 사람이 현재 상황에서 최적의 결정을 내리려고 한다. 하지만, 현재 최적이라고 여겨지더라도 더 긴 시간과 공간에 걸쳐볼 때, 최적화된 것이 아닐 수도 있다는 장기적인 사고로 문제 해결에 접근하는 것이 좋다.

매일매일의 루틴으로 불안감을 지운다

지금의 범위를 현재로만 지정하는 것은 경험과 관점의 범주를 줄이는 것과 같다. 전진적 혹은 진보적 개념을 덧붙여 현재의 범위를 넓히자. 이는 삶의 해상도를 높이는 것과 비슷하다. 좁으면 좁을수록 더 적은 경험을 갖게 된다. 넓은 범위는 더 많은 정보와 함께 더 농축된 경험을 가능케 한다. 그러면 현재와 현실에 충실한 미래를 살 수 있다.

이를 자녀 양육에 적용해 정의해보자. 오늘 하루의 마더링에 성실한 한편, 자녀와 엄마 자신의 10년 뒤, 혹은 20년 뒤의 먼 미래를 생각하는 결정과 다짐을 하는 것이다. 나는 이를 현실에 뿌리박은, 미래를 사는 마더링이라고 규정한다.

이러한 마더링은 충실한 과정과 그에 상응하는 결과라는 인과관계를 무시하지 않는다. 그래서 매일의 루틴에 강하지만, 그때그때의 감정에 요란스럽게 반응하지 않는 둔감함이 있다. 아이의 모의고사 점수를 보고 성적표를 찢어버리거나 주말 하루를 스마트폰 게임에 빠져 날리는 아이를 보며 절망하지 않을 수 있다.

긴 세월을 바라보면 오늘 하루, 단 한 번의 시험에 전전긍긍할 필요가 없다. 오히려 아이가 흔들릴 때 잡아주는 대범함이 생긴다. 눈앞에서 결과를 내야 한다는 조급함 대신, 하나의 과정으로 여기고 발전하는 기회로 활용하려는 현명함으로 현재를 충실하게 채운다. 성실한 과정이 성공적 결과를 이끈다는 보편적 진리에 동의하는 것이다. 그와 동시에, 자녀가 매일의 일상에서 마주치는 힘든 학습과 성장의 과정에서 꿈과 미래의 비전을 놓치지 않도록 식견을 넓혀준다.

오늘에 충실하면서 10년 뒤를 그려본다

매일의 성실함을 생각하지 않고 큰 꿈을 그리며 몽상만 하는 아이에겐 그날그날의 충실한 할 일 목록을 제공하자. 때로는 다그치기도, 때로는 어르기도 하면서 호들갑 떨지 않고 아이를 독려하자.

아이와 함께 나아가야 할 지향점을 잃지 않도록 엄마의 시선은 미래에 가 있어야 한다. 미래 방향성은 구체적으로 진로나 꿈이다. 하지만 한국의 교육 시스템은 높은 학업 성취와 입시에 중점을 두고 있어 개인의 다양한 흥미와 능력을 충분히 탐색할 기회를 가로막고 있다.

따라서 부모는 항상 미래를 바라보며 아이의 자아 정체성이 긍정적으로 발전할 수 있는 마더링을 해야 한다. 그 첫째는 자녀의 강점에 주목하는 것이다. 재능은 일상을 통해 드러난다. 꼭 공부가 아니더라도, 좋은 인간관계를 맺는 사회성이라거나 공감 능력, 응용력,

순발력 등 아이가 생산적으로 사용할 수 있는 장점이라면 무엇이든 좋다. 아이가 이를 발견할 수 있도록, 아이의 일상 속 강점을 통해 생산적인 미래를 상상할 수 있도록 아이를 잘 관찰하고 발견하고 주지시키자.

이런 환경이 마련되면 자녀와 엄마의 현재는 미래에 대한 불안이 아닌 기대감으로 충만해진다. 현재에 중심을 두면서 멀리 보는 엄마의 철학과 삶은 자녀에게 좋은 본보기가 될 수 있다. 현실을 딛고 있지만 멀리 내다보는 마더링 아래 자란 아이들은 결과 자체를 목적으로 삼지 않는다. 현재의 노력과 과정에서 최선을 목표로 삼는 성숙한 인격체로 성장할 수 있다.

전진적 현재주의의 양육 과정과 그 자연스러운 결과는 엄마에게 조급하지 않고 느긋해지는 여유를 준다. 자녀에게도 '힘들었지만 나쁘지 않았다'라는 추억을 선사한다.

분별력 증진 스킬 3 투자 가능한 자원을 고민하자

자녀교육을 위한 예산 책정은 단순한 재정 계획 이상의 것을 포함한다. 단지 학비를 내는 것이 아니라 한 가정의 모든 자원을 사용하는 포괄적인 계획을 세우는 것이기 때문이다. 여기에는 가정에서 사용할 수 있는 자원인 정서적, 사회적, 재정적, 상징적 자본에 대한 이해를 바탕으로 신중한 계획이 필요하다. 그 위에 합리적으로 교육에 적용할 수 있는 것과 차이가 있는 부분을 식별해야 한다.

자녀의 교육을 위해 가능한 한 예산 계획을 일찍 세울수록 이러한 자원들의 관리가 쉬워진다. 모든 형태의 자본을 사용하여 가족의 생애 주기별 교육 예산을 책정하는 방법을 배워보자.

돈, 관계, 지위, 감정 모두가 자원이다

우선, 재정 자본은 교육 예산 책정과 관련된 가장 직접적인 자원으로 사용할 수 있는 금전적 자원이다. 책, 학용품, 사교육비, 기타 비용을 포함한 총비용을 추정하는 것부터 시작해볼 수 있다. 그런 다음 현재 소득, 저축, 잠재적 미래 소득을 고려해본다. 장학금, 보조금, 재정 지원 또는 학자금 대출과 같은 옵션을 고려해야 할 수도 있다. 자녀의 교육을 위한 예산 책정에는 대학 입학 전까지의 교육비와 대학교 입학 후 교육 관련 비용에 대한 예산과 가용 재정에 대한 고려가 포함될 수 있다.

다음으로 사회적 자본을 고려하자. 사회적 자본은 특정 사회에서 생활하고 일하는 사람들 사이의 관계망을 의미한다. 교육과 관련해서는 부모의 사회적 네트워크와 인적 관계를 의미한다. 자녀교육의 맥락에서 생각해본다면, 공교육과 사교육 교사와의 연결, 학부모 모임, 다른 가족 구성원과의 결속력 강화를 통해 사회적 자본을 교육적으로 활용할 수 있다.

사회적 자본을 통해 구축된 인적 네트워크는 자녀의 교육 및 양육과 관련한 귀중한 통찰력, 조언 및 구체적 정보, 인적 양육 지원을 제공할 수 있다. 자녀가 친구 및 교사와 긍정적인 관계를 형성하도록 격려하면, 이러한 인적 네트워크는 학습 경험과 결과에 긍정적 영향을 줄 수 있다. 학습의 모든 과정에서 학습자인 자녀가 내재적 동기를 스스로 찾을 수 있도록 도와준다.

사회적 자본을 활용하는 것은 자녀의 교육을 더 발전시키기 위해 가정, 확대 가족 또는 소속 공동체, 소셜 네트워크의 자원과 지원을 활용하는 것을 포함한다. 이것은 튜터링, 멘토십, 또는 맘카페 등을 통한 정보 공유 등 다양한 형태로 나타난다.

사회적 자본을 최대한 활용하려면, 네트워킹을 사용하여 교육 정보(특히 한국에서는 사교육 관련 정보는 일부 네트워크 속 엄마들만의 고급 정보이다), 멘토링 프로그램, 커뮤니티 자원 등에 접근해야 한다. 저렴한 비용으로 귀중한 교육 자원을 제공할 수 있는 지역 도서관, 동아리, 온라인 커뮤니티와 같은 커뮤니티 자원 등을 교육적으로 활용할 필요가 있다.

무형 자산도 활용 가능하다

셋째로 상징 자본이 있다. 이 유형의 자본은 평판, 위신 또는 인지도에 따라 개인이 사용할 수 있는 자원을 의미한다. 상징적 자본은 특정 공동체 또는 사회 내에서 개인 또는 집단의 사회적 지위, 명성, 영향력에 기여하는 무형 자산을 포함한다.

교육, 언어, 패션, 예술, 지식, 심지어 특정 그룹이나 기관과의 관계 같은 것들이 여기에 포함될 수 있다. 예를 들어, 부모가 권위 있는 학위를 갖는 것은 높은 수준의 교육과 지적 능력을 의미하기 때문에 자녀에게 상징적 자본을 부여할 수 있다.

마찬가지로, 문화적 추세를 잘 알고, 예술에 대한 정교한 취향을 가지고, 또는 특정 분야의 지식을 보유하는 것도 자녀의 양육에서 상징적 자본을 부여할 수 있다. 이는 사회적 인식과 존중을 증가시키므로 교육적으로 유용한 자산이다.

상징적 자본은 프랑스의 사회학자 피에르 부르디외가 도입한 문화 자본 개념과 밀접하다. 문화적 자본은 물질적 재산뿐만 아니라 개인의 사회적 이동성, 성공에 기여하는 문화적 지식과 관행도 포함한다. 또한, 가족의 명예, 위신 또는 사회적 인정도 포함한다.

교육의 경우 상징적 자본은 학교의 명성이나 자녀가 받는 교육 가치와 관련될 수 있다. 예를 들어 부모의 높은 학벌을 상징적 자본으로 활용하여 명성이나 인정을 제공할 수 있다. 또 자녀의 미래 기회에 긍정적인 영향을 미칠 수 있는 학벌을 위해 학교나 교육 기회를 선택하는 것을 의미할 수 있다. 어느 한 가족이 상당한 상징적 자본을 가지고 있다면 이를 활용하여 자녀의 교육에 도움이 될 수 있다.

마지막으로, 가장 중요한 정서적 자본이 있다. 자녀의 교육에 투자하는 것은 단지 돈에 관한 것만이 아니다. 가족 내 정서적 연결 및 관계의 가치를 의미하는 정서적 지원을 제공하고 학습에 대한 긍정적인 태도를 기르는 것이 지금까지 언급한 모든 자본 중 가장 중요하다.

특히, 교육과 관련해 치열한 경쟁 속에 있는 우리나라의 중고등학생 자녀가 학습에 대한 감정과 그들이 가질 수 있는 불안을 표현하고, 학습에 대해서도 부모와 대화하도록 격려하기 위해서는 정서적 자본이 반드시 필요하다. 고등학교 입학 후 10회의 학교 내신 시험과 대학 지원 과정, 수능까지의 모든 시기에 자녀의 정서적 웰빙은 교육적 성공에 크게 기여할 수 있다.

감정 자본의 중요성을 인지하는 부모는 교육에서 정서적 지지와 감정 자본의 사용을 중시한다. 긍정적이고 정서적 지원에 아낌없는 환경을 제공하려는 노력도 기울인다. 정서적 지원을 바탕으로 자녀가 내부 동기를 얻으면, 무작정 사교육에만 위탁하는 것과는 비교할 수 없는 성과를 얻을 수 있다.

정서적 자본이 탄탄해야 성적도 좋다

정서적 자본을 교육에 활용하는 방법은 자녀의 걱정에 대한 경청, 진로에 대한 고민 상담, 학습 방법과 그 결과의 실패를 극복하도록 돕는 것, 성공을 축하하는 것까지를 모두 포함한다. 그래서 교육 여정 전반에 걸쳐 자녀를 정서적으로 지원하기 위해서는 양질의 시간을 정기적으로 마련하는 것이 무엇보다 필요하다. 이는 부모가 제공하는 정서적 지원, 사랑과 신뢰의 표현, 일관성 있는 보살핌 등 긍정적인 환경에서 파생되는 가치이다. 자녀들이 교육에서의 어려움을 극복하고 스스로 동기를 부여하고 그 동기를 추진력으로 바꿔 지속할 수 있는 내면의 힘을 길러주는 것이 바로 정서적 자본이다.

학습은 뇌로만 하는 것이 아니다. 또한 엉덩이를 붙이고 있는 시간으로만 하는 것도 아니다. 학습은 안정감으로 하는 것이다. 사교육을 시키고 엄청난 마더링도 할 수 있지만, 이 모든 노고를 완성하는 것은 가정, 특별히 엄마가 주는 '안정감'이다.

자녀의 교육 예산 책정에는 재정 자원뿐만 아니라 정서적·사회적·상징적 자본을 활용하는 전체적인 접근 방식이 포함된다. 마더링을 통해 모든 것을 할 수 없음을 인식하고, 자녀의 교육에 가장 큰 영향을 미칠 항목에 따라 우선순위를 정해야 한다.

목표는 사용 가능한 자원 안에서 자녀에게 가능한 한 최상의 교육을 제공하는 것임을 기억해야 한다. 최상의 교육은 가족, 자녀 및 우리가 사는 빠르게 변하는 사회상(예를 들어 교육 제도)에 따라 크게 달라지기 때문이다.

사교육에 중점을 둔 한국 교육 시스템의 경쟁적 특성은 자녀교육을 위해 예산을 책정하려는 부모에게 어려운 환경을 조성할 수 있다. 그러나 정서적·사회적·재정적·상징적 자본을 효과적으로 활용하면 자녀교육을 위한 마더링에서 만날 수 있는 의도치 않은 부담을 덜 수 있다.

더불어 가정에서 유용할 수 있는 자본과 관련한 계획을 아무리 철저히 세운다 해도 가정 내외의 상황 변화에 따라 조정해야 한다. 그래서 가정 구성원들 간의 유연한 사고와 소통 중심의 관계 형성, 감정적 응집이 무엇보다 중요하다.

분별력 증진 스킬 4 세상에 휩쓸려 아이의 미래를 선택하지 말자

영주 엄마는 평소 아이 공부에 열심이었다. 영주가 초등학교에 입학할 때부터 발품을 팔아 좋다는 학원에 데려다주었고, 학원이 끝나는 시간부터 밤 12시까지 관리했다. 정보를 위해 학원 설명회를 찾고, 유튜브나 책을 보며 학습법도 연구하는 등 의욕이 넘쳤다.

전업주부인 영주 엄마는 아빠의 경제력으로는 공부가 가장 해볼 만하다는 생각에 평소 아이를 '쪼는 것'이 가장 쉽다는 말을 하곤 했다. 엄마 덕분인지, 다행히 영주는 최상위권은 아니지만, 그래도 공부를 열심히 했다.

커가면서는 어릴 때처럼 엄마 말을 고분고분 듣지는 않았다. 중학교 때는 성적 때문에 심한 갈등을 겪은 뒤 딸과 공부와 관련해서 싸우기를 포기하기도 했다. 그래도 고등학생인 영주는 공부가 당연히 자기가 해야 할 일이라는 것은 안다.

영주 엄마는 영주가 초등학교 1학년일 때부터 지속한 '맘모임'에 참석하는데, 모임의 다른 엄마들은 일찌감치 예체능으로 아이의 진로를 변경했다. 중학생이 되기도 전에 아이가 공부에 적성이 없어 보여 골프를 시키기로 했다는 엄마도 있었고, 아이가 미술을 하고 싶어 해 미술을 전공하기로 했다는 집도 있었다. 또 다른 엄마는 "중학교에 들어가면 외국으로 나갈 생각이야. 여기서 사교육비 들여서 공부시키느니, 차라리 그 돈으로 해외로 유학 보낼까 해"라며 국제 학교를 알아보기도 했다.

다른 길이 편한 길은 아니다

영주 엄마도 처음에는 이런 선택에 혹했다. 과도한 입시 경쟁이 부담스럽고, 공부만 하는 아이도 안쓰러웠기 때문이다. 하지만 예체능이나 국제학교 등 다른 루트를 살펴볼수록 공부가 제일 편하다는 생각이 들었다.

일단 재정 상황이 걱정이었다. 또 집안 누구도 예체능을 전공하거나 해외 유학을 다녀온 이가 없는 등 필요한 정보와 식견이 부족하다는 판단도 들었다. 다행히 초등학생인 영주는 엄마 말을 잘 들었다. 어릴 때부터 똘똘하고 순해서 엄마가 시키는 공부를 곧잘 따랐기 때문에 모임에서도 계속 한국식 공부를 시키겠다고 말했다. 아이의 진로를 바꾼 뒤 여유로워진 엄마들이 "왜 그렇게 아이를 심하게 다그치냐" "앞으로는 공부가 다인 세상이 아니다"라며 참견했지만 흔들리지 않았다.

고등학생이 된 후 오랜만에 이 모임에 다녀온 엄마는 괜스레 기분이 좋다. 영주의 성적이 초등학교 때만큼 뛰어난 것은 아니지만, 꾸준히 공부했고 성실하게 학교 생활을 하는 것만으로도 만족스러웠다.

공부가 싫다며 아이에게 골프를 시켰던 A 엄마는 2년 만에 포기했다. 아이를 일본으로 유학 보내기로 했다가 다시 진로를 바꿔 노래를 전공하기로 했다는 소식을 전했다. 아이가 하고 싶다는 것을 하게 했는데 이렇게 시시각각 바뀔지 몰랐다며 이번에 시작한 보컬 레슨은 제발 꾸준히 했으면 좋겠다고 한숨을 쉬었다.

미술로 일찌감치 아이의 진로를 정했던 B 엄마는 생각보다 미술과 공부를 병행하는 일이 어려웠다고 말했다. 서울 소재 대학은커녕 "어디든 대학만 들어가면 좋겠다"며 하소연했다. 그래도 어려우면 네일샵이나 차려주고 싶다고 했다.

해외로 대학을 보내겠다며 조기유학을 계획했던 C 엄마도 별반 다르지 않았다. 예상보다 유학 비용이 많이 들기도 하고, 아이가 외로운지 계속해서 돌아오고 싶다고 졸라 언제 귀국하면 좋을지 시기를 가늠한다는 것이다.

무용을 시킨다던 D 엄마 역시 비슷했다. 잘하던 아이가 다리 부상으로 무용을 할 수 없어 이제야 공부를 시작한다며 과외와 학원 정보를 수소문하느라고 바쁜 모습이었다.

경제력, 인맥, 집안 상황을 냉철히 따져본다

충분한 경제력을 바탕으로 일찌감치 공부가 아닌 다른 진로를 정해 한결 편해 보였던 엄마들이 뒤늦게 걱정에 빠진 것이다. 영주 엄마는 평소 공부가 제일 쉽다고 말은 했지만 경제 문제 때문에 선택의 여지가 없어 공부에만 열심인 이유도 있었다. 때문에 주변의 풍요로운 경제력과 일찍 진로를 정해 여유로운 모습을 보며 위축된 부분도 적잖이 있었다. 그런데 지나고 보니 그래도 공부가 제일 수월했다는 판단이 맞았다며 웃었다.

영주 엄마의 이야기를 들으면서 '왜 유독 이 모임 엄마들은 일찍 공부를 그만두고 다른 길을 찾았던 걸까'라는 궁금증이 들었다. 평범하게 한국식으로 공부시키는 마더링을 한 사람은 영주 엄마뿐이었고, 다들 중학교에 들어가기 전 미술이며 무용, 해외 유학 등으로 방향을 틀었다고 했다. 여러 이유가 있겠지만 아무래도 모임의 전반적인 분위기에 휩쓸린 것은 아닐까 싶었다.

가까이에 있는 이들이 하나둘 다른 길을 선택하면 주위에서는 마음이 흔들리기 마련이다. 비슷한 선택을 하지 않으면 뒤떨어지는 느낌을 받기도 한다. 그러다 보니 아이의 성향과 재능, 경제력, 집안 상황, 판단이 잘못됐을 때의 대책, 정보를 얻는 루트와 인맥 등에 대한 객관적이고 냉철한 판단 없이 성급한 결정을 내리기도 한다.

편한 길은 없다, 또 다른 전쟁터일 뿐이다

사교육에 열심인 엄마들도 운동이나 독서는커녕 종일 숙제에 시달리는 아이들을 보면 공부를 시키면서도 '이게 맞나' 고민할 때가 많다. 열심히 한다고 좋은 대학 입학이 보장된 것도 아니고, 과거보다 더 빨라진 선행과 과한 학습량에 잠도 제대로 못 자는 아이들을 볼 때면 더욱 혼란스럽다. 그런 와중에 운동이든 악기든 그림이든 조금이라도 재능이 있어 보이면 관심을 갖게 된다.

해외 유학이나 제주도의 국제학교 역시 비슷하다. 숨 막히는 학원 교실이 아닌 맑은 공기와 빛나는 햇살 아래 너른 운동장에서 스포츠를 비롯해 각종 활동을 즐기는 모습을 보면 부러움이 샘솟는다. 하지만 예체능이든 해외 유학이든 국제학교든, 다른 대안을 택하기 위해서는 고려할 사항이 많다.

첫째가 아이의 성향과 재능이다. 악기나 미술, 운동 등은 재능이 절대적이고, 공부보다 더 강한 인내심과 경쟁심이 필요하다. 학습량을 견디기 힘들다는 이유로 택할 경우 빛을 발하기 어렵다. 대회, 콩쿠르 등 여럿이 함께 겨루는 장이 많다 보니 자존감이 강해야 하고, 떨어져도 다시 도전하는 회복 탄력성이 중요하다. 이에 대한 고민 없이 선택한다면 목표를 위해 참고 나가는 대신 또 다른 쪽으로 눈을 돌리게 된다.

든든한 경제력도 필수다. 단순히 레슨비나 학비를 감당하는 것만으로는 부족하다. 예를 들어 국제학교의 경우 스포츠 등 다양한 활동이 많고, 방학 때 해외로 단체 캠프를 가는 등 별도로 드는 비용이 만만치 않다. 대부분 해외 대학교 진학을 목표로 하기 때문에 몇 년간의 등록금을 비롯해 체류비, 생활비 등을 감당할 수 있어야 부담 없이 학업을 지속할 수 있다.

엄마나 아빠의 정보력 또한 필요하다. 예체능이나 해외 유학의 경우 일반 대입과 다른 과정을 거친다. 일반적으로 얻을 수 있는 정보도 많지만 그들만의 리그에서 얻는 정보도 쏠쏠하다. 이 루트를 경험해보지 못하고 제대로 알아보지 않은 채 무작정 뛰어들었다간 시간과 에너지만 낭비할 뿐이다.

잘못된 선택 앞에 반성하고 다시 도전하면 되지만, 시간만은 되돌릴 수 없다. 아이의 일생이 걸린 일 앞에 단순히 주변의 말에 휩쓸리고 분위기에 동화돼 잘못된 선택을 하지 않도록 주의하자. 평소 아이의 성향과 재능, 가정 상황, 엄마 아빠의 취향과 경험 등을 냉철하게 들여다보면 분별력 있는 판단이 가능하다.

분별력 증진 스킬 5 끌려다니지 않을 수 있는 힘을 기르자

헨리 나우웬Henri Nauwen의 책《분별력》은 주로 일상생활에서 책과 자연, 사람과 사건을 통해 드러나는 표징을 어떻게 읽을지를 다룬다. 책에 따르면 우리의 내면에 귀를 기울이고 반응하는 것이 분별력이고, 이를 통해 우리 인생에서나 이 세상에서 벌어지는 이런저런 일이 어떻게 연결되는지를 간파하는 것도 분별력이다. 이를 훈련하고 실천함으로써 우리는 현상을 꿰뚫어볼 수 있는 통찰력을 얻게 된다는 것이다.

이를 마더링에 적용해보는 것이 분별력 마더링이다. 겉으로 드러난 현상만으로 판단하는 것이 아니라 현상 너머에 있는 더 깊은 의미를 간파하는 것이다. 이는 복잡하게 얽힌 일들이 어떻게 연결되는지 꿰뚫는 통찰력과 신명한 시각을 가지고 생각하고 행동하는 것을 강조한다.

헨리 나우웬이 말하는 분별력을 찾는 방법은 대수롭지 않아 보이는 작은 사건들이나 생각들, 삶의 정황을 대할 때, 그 사건들과 상황을 이해하고 해석하려고 노력하는 것이다. 이는 개념적으로 어떤 것에 대한 지식과 정보를 습득하고 그것을 파악하고 동시에 어떤 의미를 가지는지 인지하는 것을 말한다.

마더링에서의 이해란 이보다 좀 더 확장된 개념이다. 자녀와 관련한 어떤 상황에 대해 더 깊이 파고들어 이해하고, 그것을 관련된 문제나 상황에 적용할 수 있는 능력을 갖추는 것이다. 즉 총체적 이해가 분별력 마더링이다.

합동 양육은 조직화된 활동으로 능력 향상에 집중한다

사회학자 아네트 라루는 책《불평등한 어린 시절 *Unequal Childhoods*》에서 일상생활의 일정 짜기를 통해 엿볼 수 있는 특화된 문화 논리가 있다고 주장했다. 그녀는 아이들에게 구조화된 과외 활동을 시키는 중산층의 마더링과 아이들이 엄마의 간섭이나 감독 없이 놀면서 학교 밖 시간을 보내도록 하는 워킹 클래스의 마더링을 대비했다.

여기에서 아네트 라루는 부모가 자녀를 관리하는 방식, 격려하는 방법, 언어의 사용에도 계층에 따른 차이가 있다는 연구 결과를 보였다. 중산층에서는 엄마가 의도한 계획에 따라 자녀를 세련되고 고상하게 양성한다는 의미를 강조하는 '합심' 혹은 '합동' 양육을 한다.

이 마더링은 조직화된 활동, 체계화된 일정, 그리고 자녀의 교육과 과외 활동에 적극적으로 참여한다. 이를 통해 아이의 재능, 기술, 그리고 능력을 육성하기 위해 의도적이고 집중적인 노력을 기울인다.

아네트 라루에 의해 대중화된 이 양육 방식은 미국의 중산층과 상류층 가정에서 흔히 관찰된다. 엄마들은 자녀와 기꺼이 토론하고 협상하며, 언어 사용에서도 개념어의 사용 빈도가 높다. 사회적 상호작용을 발달시키는 데에도 집중한다.

이와 대비되는 것이 사회 계층이 비교적 낮은 가정에서 행해지는 워킹 클래스의 자연스러운 성장natural growth 양육 방식이다. 이는 '핸즈오프hands-off' 마더링으로, '손을 놓고 내버려두는' 비간섭적인 접근 방식이다.

자연스러운 성장 양육 방식은 아이들이 자유롭게 놀고, 독립적인 경험을 통해 부모의 관여 없이 더 큰 자율성과 자유로운 탐색을 할 수 있도록 하는 것이 특징이다. 라루의 연구에 따르면, 노동자 계층의 엄마들은 풍요로운 활동에 대한 필요성을 인식하지 못하고, 네트워크의 중심을 친구 또는 친척에 두는 경향이 있다.

계층에 따라 각각의 마더링은 뚜렷한 차이를 보인다. 중산층은 개입주의로 조직화된 스케줄링을 통해 아이들의 재능을 육성하려는 시도를 한다. 반면에 경제적으로 풍요롭지 못한 계층의 자연스러운 성장 양육 방식은 아이들을 따뜻하게 하고, 먹이고, 사랑받도록 하는 데 초점을 맞춘다. 이들에게 자녀들의 재능이나 학업직 성공을 의도적으로 계발하려는 마더링 전략은 보이지 않는다.

핵심이 빠진 마더링을 지속할 것인가

이러한 기준으로 본 한국의 마더링은 어떤가? 교육과 관련한 대부분의 마더링은 영미권 중산층의 모형을 따르고 있다. 하지만 중산층 가정의 규범적 마더링 관행을 설명하는 합심 혹은 협동 양육의 모습은 찾기 힘들다. 문제가 생겨도 이에 대해 자녀와 협상하거나 토론하지 않는다. 사회적 상호작용의 발달에 집중하기엔 우리의 교육 현실은 너무 빡빡하다. 정체성이 모호한 마더링의 원인은 역시 '서울 소재 대학' 입학에 몰두할 수밖에 없는 현실 때문이다.

자녀와 갈등이 생기거나 원하지 않은 마더링 결과를 마주할 때 엄마들은 흔히 자신의 부족함이나 재정적 결핍에 초점을 맞추곤 한다. 그 결과 엄마들은 양극화의 길을 걷게 된다. 입시를 위해 달릴 엄두조차 나지 않아 워킹 클래스의 자연스러운 성장 양육 방식으로 돌아서거나 중산층의 합동 양육에 더욱 투자하며 사교육을 통한 조직화된 과외 활동과 체계화된 교육 일정에 자녀들을 구겨 넣으며 한계를 넘어서려 하는 것이다.

밀어붙이는 대신 장애물 제거로 좋은 행동을 유도한다

이런 면에서 분별력 마더링의 실천 방법으로 넛지nudge 마더링을 추천한다. 넛지 마더링은 더욱 바람직한 선택을 유도하는 동시에 강제적이지 않고 부드러운 방식으로 개입하여 개인의 선택 자유를 보장한다는 '자유주의적 개입주의libertarian paternalism'에 기초하고 있다.

이 개념에서 부드러운 개입을 하는 엄마는 '선택 설계자', 부드러운 개입을 통해 최종적으로 선택이라는 결정을 내리는 자녀는 '선택자'라 부른다. 넛지 개념에 따르면 아주 작은 '넛지 설계'가 자녀의 행동에 놀라울 만큼 강한 영향력을 행사할 수 있다. 가정에서 자녀들을 특정한 방향으로 억지로 밀어붙이기보다는 작은 장애물을 제거함으로써 좋은 행동을 하도록 유도하는 경우가 많다.

넛지라는 개념은 미국 시카고대학교의 행동과학자 겸 경제학자이자 노벨경제학상 수상자인 리처드 탈러Richard H.Thaler와 현재 하버드대학교 로스쿨의 캐스 선스타인Cass R. Sunstein 교수가 공동으로 저술한 책《넛지Nudge》를 통해 널리 알려졌다.

눈에 띄는 이익이나 불이익을 주지 않고, 바람직한 방향으로 슬쩍 행동을 유도해 자연스럽게 바꾸도록 하는 방법이 효과적으로 넛지를 사용하는 방법이다. 즉 어떤 선택을 강요하거나 특정한 보상을 투입하지 않고 의도한 방향으로 사람들의 행동을 변화시키는 것이다.

넛지의 기술은 얼마든지 사람들을 좋게 바꿀 수 있다. 하지만 경제적 이익을 위한 마케팅적 넛지의 활용으로 이용되거나 역으로 상대가 원하는 대로 바뀔 수 있다는 단점도 있다. 실제 오늘날 많은 엄마가 내리는 선택은 설령 그것이 자녀의 인생에서 가장 중요한 결정이라 하더라도 여러 편향에 이리저리 휘둘리는 경우가 많다.

의사 결정을 할 때 사람들은 인지적 편향 때문에 더 나쁜 선택을 하기도 한다. 몇 가지 예를 들자면 긍정적이고 자신감 있는 태도로 현 상태를 파악하고 자신의 장점에 따라 판단하는 대신 다른 사람들의 판단에 이끌려 결정을 내리는 경우가 많다. 대표적인 예가 선택적 수술이다. 같은 선택을 해야 하는 상황인데도 위험 정보를 다르게 제시함으로써 우리는 사람들의 결정을 바꿀 수 있다. 가령 "이 수술을 받은 환자 100명 중 10명이 5년 후에 사망한다"는 식으로 말하는 것이 아니라 "이 수술을 받은 환자 100명 중 90명이 5년 후 생존한다"고 말해보자. 환자가 수술을 선택할 가능성이 높아진다. 정보를 제공하는 방식을 바꿈으로써 사람들의 행동에 영향을 미치는 것이다.

넛지 이론을 마더링에 접목시키자

넛지의 대중화는 아직 교육이나 마더링 분야에는 이르지 못했다. 하지만 교육 분야와 넛지가 이미 성공적으로 활용되고 있는 분야 간에는 상당한 유사성이 존재한다. 넛지가 교육에 지속적으로 영향을 미치려면 교육의 최종 목표에만 초점을 맞추는 것으로는 부족하다. 넛지가 보여주는 인지 과정과 행동이 매우 적합하고 교육적으로 효과가 있다는 것을 알아야 한다.

넛지 이론을 마더링에 적용하기 위해서는 권위주의, 지시, 잠재적 처벌에 의존하는 기존의 의사 결정 수단을 포기해야 한다. 예를 들어 자주 준비물을 잊어버리는 산만한 아이에게 잔소리는 더 이상 의미가 없다. 엄마가 준비할 것들을 상기시키는 알림이나 계획표 세우기 혹은 점검 사항에 대한 체크리스트를 만들어야 한다.

잊어버리는 아이를 위해 조용히 챙겨주는 것도 훌륭한 마더링 방법이겠지만, 통과의례처럼 점검 목록을 확인하는 시스템을 활용해보자. 스스로 해야 할 일들을 기억하도록 해서 우선순위를 선택하는 과정에 영향을 미치는 것이 넛지 마더링이다. 이렇게 '선한 넛지'는 한층 더 나은 선택을 할 수 있도록 유도하는 행동, 장치, 정책이다. 단 유익한 넛지도 역으로 작용할 수 있다는 사실은 잊지 말자.

누구나 엄마는 처음이라 결정이 어렵다

넛지 이론에 대한 연구에 따르면, 선택을 할 때는 단순히 기존의 현상 유지 관행을 따르기보다 개인이 본능적으로 상황을 고려하고 결정을 내리는 방식을 기반으로 해야 한다. 하지만 리처드 탈러는 인간은 결코 합리적 동물이 아니라는 점을 지적한다.

여러 대안을 평가할 때는 각 대안에 따른 결과의 차이를 구분해 낼 수 있어야 한다. 하지만 인간의 인지 능력은 미세한 차이를 일일이 예상할 수 있을 만큼 탁월하게 구분하지 못한다. 복잡하게 꼬인 질문 앞에서는 종종 옳지 않은 선택과 비합리적인 의사 결정을 한다. 시간과 정보가 불충분함에 따라 상황과 관련되는 모든 부분을 빠짐없이 고려하지 못해 합리적인 판단을 내리지 못할 수도 있다.

굳이 체계적이고 합리적인 판단을 할 필요가 없는 상황에서 신속하게 사용하는 어림짐작의 의사 결정 기술을 휴리스틱heuristic 기법이라 한다. 이는 복잡한 문제를 단순화해 생각에 대한 부담을 줄여주고 빠른 판단을 할 수 있도록 돕는 장점이 있다. 하지만 무언가에 대해 깊이 알아보기보다는 그럴듯해 보이는 어림짐작으로 결정하기 때문에 여러 잘못된 판단을 초래한다.

마더링을 할 때 올바른 의사 결정을 내리려면 기본적으로 심사숙고하고 면밀하게 검토해야 한다. 하지만 많은 엄마들은 직관적이고 감성적으로 결정하고 행동한다. 이를 휴리스틱, 직관 마더링이라 부르자. 아무리 어려운 일이라도 많이 해보았다면 능숙하게 처리할 수 있다. 하지만 마더링은 평생에 한두 아이만을 경험한다는 면에서 빈도가 낮고, 적절한 피드백이 제공되지 않는 어려운 상황에 자주 놓이게 된다.

자녀의 대학 입시나 직업 선택 역시 평생에 걸쳐 한두 번만 내리는 결정이기 때문에 인생에서 많은 경험을 하는 것이 불가능하고 피드백이 쉽지 않다. 이런 어렵고 드문 선택, 심지어 선택에 대한 피드백도 제공되지 않는 일들이 예상과 다르게 전개될 때, 우리는 모두 너무 쉽게 자제력을 잃는다.

실제로 현장에서 만나는 엄마들은 '어떻게 해야 할지 모르겠다'는 토로를 많이 한다. 마더링을 하면서 만나게 되는 어려운 문제에 대한 해결책을 찾기 어렵고, 누구나 처음인 엄마 역할을 수행하는 과정에서 부족한 경험으로 인해 선택을 망설이는 경우가 많은 것이다.

또래 엄마와의 관계성에 기인한 판단을 멈춰라

넛지의 저자는 평범한 사람의 행동 방식을 바꾸도록 영감을 주기에 가장 적절한 사람은 자신과 비슷한 조건이나 환경에 놓인 사람들이라고 말한다. 사람들은 그들이 정하고 따르는 규범에 가장 잘 반응하는 것 같다는 것이다.

저자들은 호텔 투숙객들이 수건을 다시 사용하도록 유도하는 방법을 예로 들었다. "환경을 보호하는 다른 투숙객들과 행동을 함께 하십시오. 투숙객의 75퍼센트는 (…) 수건을 두 번 이상 사용함으로

써 환경보호에 힘을 보탭니다"에서 핵심은 '투숙객'이라는 단어였다고 강조했다.

사람들이 어떤 관행이나 전통을 따르는 이유는 그것을 좋아하거나 그것이 옹호할 가치가 있어서가 아니다. 자신과 같은 처지의 다른 사람들이 대부분 그것을 좋아한다고 생각하기 때문이다. 누구와 만나고 어떤 이야기를 나누고 어떤 해결책을 공유하는지가 직관적이고 감성적인 휴리스틱 마더링을 결정한다.

오랫동안 만나면서 감정적인 유대가 깊어진 관계 속에서 얻은 정보를 엄마들은 객관적이고 이성적이며 합리적인 정보라고 여기기 쉽다. 실제로는 이처럼 친밀한 관계성에서 기인한 의사 결정은 감정에 끌리는 경우가 많다. 자신도 모르게 익숙한 소속 집단 간의 대화가 넛지로 작용하는 것이다.

엄마들은 다양한 정보를 먼저 접한 다른 엄마들의 의견에 쉽게 동화되고, 그들의 결정 방식을 따라 자신의 결정을 합리화한다. 우리 가정과 자녀, 그 외의 상황을 분별력 있게 보지 않는다. 그 결과 적당히 만족스러운 수준에서 결정하는 경우가 많다는 사실을 주의해야 한다.

분별력 증진 스킬 6 넛지의 유혹에 당하지 않는 법을 배우자

많은 경우 우리나라 엄마들은 공부를 시킨다는 것을 마치 아이들

을 사지로 몰아내는 것처럼 묘사한다. 그리고 마치 공부시키는 엄마들을 극성 엄마로 치부하며 아이의 꿈을 짓밟는 사람으로 폄훼하기도 한다. 극성 엄마가 없는 것은 아니다. 하지만 마치 초월한 듯이 공부는 스스로 하는 거라며 자녀를 방임하거나 공부가 안 되면 예체능이나 하자며 일찍부터 예체능으로 전공을 결정하는 태도도 곱게 보이지 않는다.

남의 말에 넘어가지 않는 분별력을 기른다

나도 막내 아이가 발레를 할 때 무용학원 원장으로부터 전화를 받았다. 선이 예쁘고 무용하기에 너무 적격인 몸을 가졌다는 것이다. 취미로 무용을 가르쳤던 내가 듣기에 좋은 말 일색이었다. 대뜸 하는 말이 내 기분을 언짢게 만들기 전까지는 최소한 그랬다. 원장은 당시 초등학교 4학년이었던 아이를 두고 지금부터 무용을 하면 최소한 '서울 소재 대학'은 갈 수 있다고 했다.

나에게는 '서울 소재 대학'에 입성하기 위해 초등학교 4학년부터 무용을 전공으로 정하자는 제안이 무모하고 불합리하게 느껴졌다. 차라리 재능이 돋보이니 한번 전공을 해보라고 제안했다면 진지하게 고민했을지도 모른다. 더 황당했던 것은 함께 학원에 다니던 엄마들의 선택이었다. 흔쾌히 원장의 말대로 진로를 발레로 바꾼 것이었다. 초등학교 때부터 각종 대회를 준비하고 쫓아다니느라 이 엄마들은 바빠졌다.

당시 막내에게 "너는 어떻게 생각해?"라며 물었고 처음에는 아이도 전공하고 싶다는 의견이었다. "그럼, 매일 발레만 해도 좋아?" "어떤 것이 재미있을지 더 알아보기도 전에 발레로 전공을 정해버리는 것이 괜찮아?" "식단도 조절해야 하는데 매일 바나나로 끼니를 때워도 괜찮을 정도로 좋아?" 등 현실적인 예시를 들며 아이가 여러 상황을 고려한 선택을 할 수 있도록 도와주었다.

먹는 것을 좋아하던 막내는 "한번은 콩쿠르에서 상을 받았다고 무용 원장님이 피자를 주문했는데, 나 혼자 먹을 양으로 4~5명이 나눠 먹는 것을 보면서 무용은 어렵겠구나라고 생각했어"라며 웃었다. 그 후 막내는 무용학원을 그만두었다.

선택의 폭이 인생의 방향을 바꾼다

고등학생인 선화는 뮤지컬이 너무 좋다고 했다. 학교 축제에서 뮤지컬 공연을 했는데, 관객의 호응과 찬사를 받은 뒤 선화는 노래로 대학을 가고 싶다고 생각했다. 고등학교 2학년이었던 선화는 나에게 영어를 배우고 있었는데, 보컬학원에 다니게 엄마를 설득해달라며 부탁해왔다.

당시 선화는 뮤지컬 연습을 위해 잠시 다닌 보컬학원 강사로부터 이 정도면 '서울 소재 대학'에 갈 수 있다는 얘기를 듣고 바람이 한껏 든 상태였다. 선화의 말에 처음 든 생각은 우리나라에서 서울 소재 대학은 모든 입시의 기준임이 분명하다는 것이었다. 너도나도 서울 소재 대학에 갈 수 있다면, 전공도 바꾸고 꿈도 바꾸는 것이 현실이었다. 나는 선화에게 "네 노래 실력을 믿지 못하는 것이 아니라, 그저 서울 소재 대학 진학을 위해서 전공을 바꾸는 것에 쉽게 동의하지 못하는 것"이라고 얘기해주었다. 뮤지컬을 하기 위해서 꼭 전공을 해야만 하는 것이 아니기 때문이었다.

그때 나는 영어를 잘했던 선화에게 영어 특기자 전형으로 대학을 갈 수 있다는 선택지를 함께 제시했다. 그리고, 일주일에 한 번만 보컬 학원을 다니되 공부할 것을 다 한다는 전제조건을 달았다. 노래를 못 하게 하지 않아서인지 선화는 공부를 놓지 않았고, 다행히 수시 전형을 통해 경영학 전공으로 서울 소재 대학에 진학하는 데 성공했다.

대학 내내 뮤지컬 동아리 활동을 열심히 하며 무대에 섰던 선화는 뮤지컬은 취미로도 충분하다며 의외로 동시통역사가 되겠다는 꿈을 가지고 대학원에 진학했다. 지금은 멋진 동시통역사이자 종종 무대에서 공연하는 아마추어 배우로도 활동하고 있다.

축구선수가 꿈이었던 영찬이는 엄마의 반대로 공부를 선택할 수밖에 없었다. 공부에 그다지 흥미가 없었지만, 어려서부터 좋아했던 영어를 기반으로 영찬이는 서울 소재 대학에 진학했다. 그럼에도 축구는 영찬이를 해외 영업이라는 직종으로 진로를 설계하도록 이끌었다. 대학교 때 스페인에 교환학생으로 가겠다고 마음먹은 것도 축구가 한몫했다. 이후 스페인어를 공부하고, 해외 인턴도 축구와 관련된 회사로 지원했다.

몇 개월의 인턴 기간이었지만 영찬이에게 축구를 매개로 한 다양한 활동은 결국 해외 영업이라는 직업적 흥미를 높여주는 계기가 되었다. 비록 상위 10개 대학에 진학한 것도 아니었지만, 축구를 통한 다양한 경험을 쌓은 덕분에 대기업에 입사할 수 있었다. 그 후, 대기업의 해외 영업 파트로 이직하게 되었다.

좋은 정보라도 우리 가정에 대입해 분별해본다

우리가 살아가는 데 어디에나 존재하는 넛지는 엄마들의 마더링을 도와 좋은 선택을 하게 해준다. 하지만, 넛지가 언제나 올바른 선택으로 인도해주는 것은 아니다. 특히, 교육이 입시와 관련해 상품화되기 쉬운 우리나라의 현실에서, 엄마들에게는 사교육 선택 설계자들이 어떻게 교육적 넛지를 만들고 적용하는지를 알 수 있는 분별력이 필요하다.

이는 더 많은 물건을 팔아 이윤을 내야 하는 기업의 마케터들이 적극적인 넛지를 사용하는 것과 같다. 실제로 넛지가 잘 알려지기 전부터 가장 많이 연구했던 분야가 마케팅이라는 학문이었다. 비합리적인 선택을 유도하는 부적절한 넛지들을 피하려면 분별력 마더링이 필요하다.

헨리 나우웬이 제시하는 분별력은 다른 사람의 동기를 판단하는 것이 아니다. 해로운 메시지와 좋은 정보와 가르침을 구별하고 좀 더 큰 맥락을 보는 것이다. 그리고 그것을 나의 삶과 가정, 자녀의 삶에 적용하도록 해석하는 힘이다.

원숙해진다는 것은 이러한 분별력을 통해 결국 내면의 질서가 잡힌 상태를 의미한다. 분별력 있는 엄마는 될 대로 되라는 식의 워킹 클래스의 자연스러운 성장 양육 방식을 지향하지 않는다. 일어난 일을 그냥 보지 않는다. 스스로 성찰하고 고민한 만큼 마음의 지식이 쌓이면, 그동안 아주 중요해 보이던 것들과 쉽게 따랐던 방식이 더는 힘을 발휘하지 못하는 것을 알게 된다.

11

마음의 연료가 있으면
잔소리가 필요 없다
동기 부여 마더링

아이의 능력을 최대치로 발휘하길 바란다면 동기 부여Motivation 가 답이다. 진정한 교육은 양동이를 채우는 것이 아니라 불을 지피는 것이다. 아이가 능력을 최대치로 발휘하길 바란다면 아이의 마음을 자극해라. 아이의 열정만 찾아낸다면, 이보다 좋을 수 없다.

열정 자극 스킬1 인센티브 마더링의 유혹을 조심하자

큰아이 수영이를 한의대에 입학시키며 주변의 부러움을 샀던 수영이 엄마는 고등학생이 된 둘째아들 대영이 때문에 하루하루 힘들어했다. "그동안 왜 첫째만 챙겼나 반성할 정도로 둘째는 전혀 공부를 하지 않아요. 같은 배로 낳은 자식들인데, 왜 이렇게 둘이 다를까요?"라며 넋두리를 늘어놓았다.

첫째 수영이는 성실한 모범생으로, 전 과목에 사교육을 붙여서 성공한 학생이었다. 경제적으로 여유가 있었고, 큰아이를 마더링하며 동네에서 유명하다는 사교육 선생님들과 학원에 관한 정보를 '꿰찬' 대영이 엄마는 작년까지만 해도 "첫째는 잘 해치웠고, 둘째만 끝나면 이제 저도 할 일은 다한 거예요"라며 활기가 넘쳤다.

하지만 네 살 터울인 대영이는 형과는 달랐다. 그래도 엄마가 희망을 버리지 않았던 이유는 공부 머리가 있기 때문이다. 그간 둘째를 가르쳐본 많은 학원 선생님들이 머리는 첫째보다 둘째 대영이가 더 좋다고 입을 모았다.

공부를 시켜야겠다는 생각에 대영이 엄마가 택한 것은 '인센티브 마더링incentive mothering'이다. 인센티브는 개인, 조직 또는 그룹이 특정 행동이나 결과를 달성하기 위해 받는 보상이나 장려책이다. 주로 금전적 보상, 상품, 특권, 혜택 등으로 이루어진다. 자녀에게 학습에 관한 동기를 부여하고, 자녀가 공부하도록 유도하는 데 사용된다. 즉 자녀가 특정 성적이나 성취를 달성할 때 상금이나 선물 등 기타 물질적 보상을 제공해 자녀들에게 노력을 기울일 것을 장려하는 것이다.

보상이 없으면 공부도 없는 아이를 만든다

대영이 엄마는 인센티브 마더링을 적극 활용했다. 특목고에 진학하면 분위기를 잘 타서 공부를 열심히 하겠거니 하는 바람으로 중학교 2학년 때부터 물질적 보상을 했다. 특목고 입시 준비를 위해, 중학교 내신에서 과목당 90점 이상, 성취도 A를 받으면 100만 원을 상금으로 줬다.

첫 중간고사에서 엄마는 원하는 성과를 얻었다. 그다지 어렵지 않게 특목고 입시에 필요한 주요 과목에서 모두 A를 받은 것이다. 엄마가 볼 때는 '역시 공부 머리가 있네' 하는 생각이 들 만큼 약간의 공부만 하면 결과가 나왔다.

이를 시작으로 엄마는 매번 시험이 끝날 때마다, 대영이에게 성과금을 지불하는 인센티브 마더링 전략을 적용했다. 시험이 끝나면 바로 원상 복귀되는 공부 습관이 고민스럽긴 했지만 이렇게라도 하지 않으면 공부와는 담을 쌓았기 때문에 선택의 여지가 없다고 생각했다.

그 결과였는지 대영이는 특목고에 합격할 수 있는 내신 점수를 만들었다. 그런데 여러 이유로 대영이는 집 근처의 일반 고등학교에 진학하게 되었고, 특목고외는 다른 학교 분위기 때문인지 엄마의 인센티브 마더링은 좀 더 많은 강화가 필요했다.

중학교까지는 한 학기에 두 번 시험 기간에만 인센티브를 활용해도 문제가 없었다. 하지만 고등학교에 입학한 후부터 대입까지의 학습 전략은 중학교 때와는 사뭇 달랐다. 매월 시험을 본다고 해도 과언이 아닐 정도로 시험이 잦았고, 몇몇 과목만 챙겨도 가능했던 중학교 시절과 다르게 국어, 영어, 수학, 사회, 과학 등 주요 과목 외에도 내신 등급에 영향을 미치는 과목이 많았다. 더군다나 각 과목의 학습량은 시험 기간에만 공부해서는 감당하기 힘들 정도였다.

대영이네는 충분히 넉넉한 가정이었다. 덕분에 사교육 학원에서 거의 모든 과목을 들을 수 있었다. 과목별로 30~40만 원씩 계산해도 최소 150~200만 원 이상의 학원비가 나갔고, 관리형 독서실과 입시 컨설팅의 관리를 받아 100만 원의 추가 비용이 들었다. 여기에만 그치는 것이 아니었다. 대영이는 한 시간을 공부하면 엄마가 5000원씩 주기로 약속했다며 이번 달에만 150만 원을 모았다는 등의 이야기를 친구들에게 자랑 삼아 했다.

매월 사교육비와 그 외 교육과 관련해서 추가되는 부대비용, 틈틈이 사 먹는 간식비와 용돈 등을 모두 계산하면, 대영이에게 들어가는 비용은 월 350만 원을 훌쩍 넘겼다. 최저 시급 이상의 공부 인센티브는 가정에도 분명히 부담일 텐데 대영이 엄마는 다른 방법이 없다며 민망한 웃음을 지었다.

갖은 지원을 다 하는데도 대영이의 학교 성적은 중간 등급에 머물렀다. 내신만이 아니라 모의고사 성적도 비슷했다. 그런데도 엄마는 모든 과목에 사교육을 붙여놓고, 매월 같은 방식의 월별 정산금을 지급하는 방식을 고수했다. 중학교 때부터 이런 식으로 해온 탓에 조금이라도 공부를 시키려면 인센티브를 멈출 수 없다는 것이었다.

보상을 하면 공부가 주는 뿌듯함을 못 누린다

과도한 소비보다 더 심각한 문제는, 대영이가 자기가 원하는 것을 사고 싶다거나 돈이 필요할 때 등 기분에 따라 공부를 하는 '널뛰기 학습'을 하게 되었다는 사실이다. 널뛰기 학습은 순공부 시간이나 학습의 루틴이 그때그때 달라지는 것을 말한다. 당연히 일관된 학습 결과를 성취하는 데 한계가 있다.

대영이 엄마는 인센티브 마더링이 언제까지 효과를 볼 수 있을지 몰라 좌불안석이었다. 아들이 공부 시간을 채울 때마다 기쁜 마음으로 꼬박꼬박 성과급을 '정산'해주면서도 언제 또다시 돈도 필요 없다며 공부에 손을 놓을지 몰라 마음을 졸인다는 것이다.

부모가 물질적 보상을 할 때 대부분 아이는 즉각적으로 행동의 변화를 보인다. 하지만 이런 방식은 스스로 공부할 때 얻을 수 있는 즐거움과 만족감을 없애고, 장기적으로 공부를 열심히 하겠다는 의욕과 관심을 떨어뜨린다.

예를 들어 숙제를 끝낸 후 돈이나 컴퓨터 게임 등으로 보상을 준다고 해보자. 읽고 싶은 과학책이 있어도 수학 숙제를 해야 용돈을 받고 게임을 할 수 있다면, 할당받은 일부터 끝내려 할 뿐 책에 대한 아이의 호기심은 사라질 수 있다. 주어진 과제 이외의 새로운 것을 스스로 탐구하고 학습하려는 아이의 마음속 욕구가 방해받는 것이다.

어릴 때부터 인센티브에 익숙한 아이가 공부를 향한 내적 동기를 키우기 어려운 것은 자명하다. 주의해야 할 중상류층 엄마의 양육 특징 중 하나가 바로 자녀에게 돈으로 살 수 없는 것을 돈으로 해결할 수 있다는 착각을 부지불식간에 심어주는 것이다.

이런 경험이 쌓이다 보면 아이들은 인센티브 마더링을 역으로 이용하기도 한다. 이번 시험을 잘 볼 테니 아이패드를 사달라고 하거나 최신형 스마트폰을 사주지 않으면 학원에 다니지 않겠다는 등 협박과 거래도 서슴지 않는다.

공부의 동기를 외부에서, 그것도 금전적인 보상으로 받는 아이들은 내재적 동기를 상실할 뿐이다. 인센티브 마더링이 지속되면 목적과 수단을 구별하지 못하는 분별력 없는 아이가 될 뿐이다. 때문에 인센티브 마더링을 하려면 장점은 짧고 단점은 길다는 사실을 명확히 알고 시작해야 한다.

인센티브를 주기 전 기한과 조건을 정하자

인센티브 마더링이 효과를 보려면 그 기준과 약속을 엄마와 아이가 함께 조율해야 한다. 또한 보상에 일관성과 투명성을 유지한다는 것을 자녀가 잘 알고 있어야 한다. 중고등학생이라면 보상에 따라 행동을 조절할 만큼 충분히 성숙한 상태다. 이 연령대의 자녀들에게는 인센티브의 적용과 보상보다는 자율성과 책임감을 중시하자. 보상을 할 때는 아이가 종류를 정할 수 있도록 범위를 키워주자. 단, 돈 대신 친구들과 롯데월드에 가게 한다거나 자유 시간을 주는 등 경험에 치중한 보상이 좋다. 또 다양한 보상을 제공하도록 아이의 관심사를 충분히 살펴보자. 예를 들어, 콘서트 티켓, 스포츠 경기 관람 등 다양한 활동을 통해 아이가 질리지 않도록 하는 것이 좋다.

더불어 결과만이 아닌 과정에 대한 엄마의 일관된 칭찬과 피드백은 아이의 내재적 동기 부여를 강화하는 데 도움이 되며 인센티브 마더링의 부작용을 줄일 수 있다. 매일 자습한 시간을 기록하게 하고, 주말마다 확인하도록 한다. 이때 아이가 인센티브 규칙을 잘 준수하도록 "한 달 동안 매주 5일 이상 자습하면 친구들과 롯데월드에 갈 수 있어"라고 명확하게 설명하자.

처음 몇 달 동안은 매달 보상을 제공해도 시간이 지나면 보상의 빈도를 줄이자. 예를 들어, 첫 두 달은 매달 보상을 제공하고, 그 후에는 두 달에 한 번씩 보상을 제공하자. 점차적으로 보상을 줄이면서 학습 습관을 유지하도록 하는 것이다.

열정 자극 스킬 2 아이의 욕심과 꿈을 살피자

평범한 가정의 전업주부였던 은서 엄마는 주변에서 흔히 보이는 극성 엄마처럼 되기는 싫었다. 그래서 하고 싶은 것을 해도 좋다는 교육 원칙을 고수했다. 엄마는 은서가 중학교 때부터 공부하기 싫으면 무리하지 않아도 된다고 습관적으로 말했다. 그래도 워낙 동네 분위기가 열성적이어서인지 은서가 학원에도 열심히 다니고, 스스로 공부에 욕심을 내 큰 염려를 하지는 않았다.

은서는 중학교 2학년 겨울방학에 갑자기 '자율형 사립고등학교'(자사고)에 가겠다는 목표를 세우더니 눈에 띄게 열심히 공부했다. 강요하지 않고 아이를 믿어준 자신의 가치관이 옳았다는 생각과 함께 기다린 보람이 있다는 뿌듯함도 느꼈다. 늦게 준비를 시작해서였는지 지원했던 자사고에는 떨어졌다. 하지만 딸은 일반고에 진학해서도 공부만 했다. 밤을 새워가며 공부하는 딸에게 방해가 되면 안 된다는 생각으로 엄마는 그저 조용히 지낼 뿐이었다.

고등학교 1학년 첫 중간고사에서 딸아이는 1등급이 하나도 없는 2~3등급을 받았다. 의욕에 차 학급 반장까지 하고 있던 은서는 크게 실망했지만, 스스로 다독이며 열심히 하는 모습에 엄마는 내심 안심했다. 기말고사를 본 이후에도 비슷했다. 중간고사보다 더 어려워진 시험 탓에 성적이 더 떨어졌고, 꿈꾸던 대학인 경찰대학 진학이 어렵다는 이야기를 들었는데도 아이는 포기하지 않았다. 경찰대학 대신 체육교육학과를 지망하겠다며 진로를 변경하고는 또다시 도전했다.

모범생도 희망을 잃으면 순식간에 일탈한다

별말 없이 독서실과 학원을 오가던 은서가 화장을 진하게 하고, 밤늦게 집에 오거나 늦잠을 자는 등 생활이 불규칙해지기 시작한 것은 여름방학 직후였다. 불안하기도 했지만 워낙 모범생이었기에 믿는 마음에 한동안은 내버려두었다. 무슨 일이 있느냐고 물어도 "내가 알아서 할게"라는 대답에 달리 할 말도 없었다.

언제부터인가는 딸아이에게서 담배 냄새가 풍겼다. 이 때문에 아빠는 통금 시간을 정하고 일종의 규제를 하기 시작했다. 하지만 2학기가 시작된 후로는 하루도 빠짐없이 밤늦게 들어왔고, 그마저도

'생결'(생리 결석)로, '병결'로 학교를 빠지기 일쑤였다.

어느 날 딸아이의 팔뚝 안쪽에는 반창고가 붙어 있는 것을 봤는데 알고 보니 자해의 흔적이었다. "칼로 팔뚝을 그으면 피가 스며나는데, 그걸 보면 내가 울고 있는 듯한 느낌이 나면서 왠지 마음이 풀렸다"는 친구와의 카톡 내용을 본 엄마는 두려움에 아무것도 할 수 없었다.

아빠는 처음에는 좋은 말로 아이를 달랬다. 하지만 동네 놀이터에서 남자아이들과 함께 담배를 피우며 앉아 있는 딸의 모습에 이성을 잃었다. 야구방망이를 들고 머리카락을 자르겠다며 소리를 쳤다. 그날 이후 은서는 습관적으로 가출을 했다.

열심히 했기에 자포자기도 쉽다

은서 엄마는 불과 몇 달 만에 이 모든 폭풍우 같은 일들이 일어났다며 눈물을 흘렸다. 차라리 중학교 때 미리 공부라도 시킬걸 그랬다며 후회도 했다. 고등학교 1학년 1학기 때 2~3시간만 자면서 열심히 했던 딸이 겨우 두 번의 시험에 이렇게 무너져 완전히 다른 아이가 되어버릴 줄은 상상도 못 한 일이었다.

"선행학습으로 진도를 미리 뺐으면 괜찮았을까요?"라고 묻는 말에 아무런 대답도 할 수가 없었다. 나 역시 단언할 수 없었기 때문이다. 그리고 은서의 경우보다는 반대의 상황, 즉 지나치게 과하게 시켜서 어긋나거나 열심히 했는데도 성적이 무너지는 일을 너무 많이 목격했기 때문이다.

은서 엄마는 이 모든 문제의 원인을 자신에게서 찾고 있었다. 욕심 있는 아이를 성심성의껏 뒷바라지하지 않았던 나태함에서부터 주변 아이들이 얼마나 앞서 나가는지를 파악하지 못한 것까지 부족하게 느껴지는 것투성이란다. 무엇보다 자기 힘으로는 극복하기 어려웠던 한계 때문에 꿈을 포기하고 자포자기했다는 생각에 딸이 혼자서 얼마나 힘들어했을지 안쓰럽다는 것이었다.

지금의 입시는 늦게 시작하면 따라잡기 어렵다

'학종'으로 대표되는 '수시'가 대학 입시의 50퍼센트를 차지하면서부터, 교내 활동은 물론이고 학교 밖의 생활까지도 마더링의 영향권에 들어왔다. 학종을 통한 대입 제도는 학교 시험에서의 우열을 따지는 내신의 학업 성취도에 크게 좌우된다. 학교 내신에서는 학생 개인의 역량을 평가하는 다양한 평가 방식을 사용한다.

학생들은 고등학교에 입학하는 순간부터 대입 준비를 시작하는 격이다. 수시 전형으로 대입을 준비하는 대부분의 현 고등학생들은 중간고사나 기말고사를 한 번만 잘못 치르거나 수시로 진행하는 수행 평가에서 한두 번만 실수해도 진학할 수 있는 대학교가 달라질 수 있다. 대학의 서열화가 노골적인 한국 사회에서 진학하는 학교에 따라 아이의 진로와 미래 직업에까지 영향을 미치는 결과를 부른다.

학생學生, '배울 학'과 '날 생'의 두 글자로 구성된 이 단어를 두고, 누군가는 공부하는 생물이라는 농담으로 아이들에게 공부를 독려하기도 한다. 이만큼 우리나라의 학생들은 공부로 시작해서 공부로 끝나는 일상에 끌려다닌다. 공부가 마음먹은 만큼 잘되든 잘되지 않든, 한 만큼의 결과가 나오든 나오지 않든, 그래서 결국 포기하든 계속하든, 대한민국에서 태어난 학생인 이상 누구나 공부와 씨름을 한다.

너도나도 치열한 경쟁을 뚫고 서울 소재 대학에 들어가기 위해서는 현실적으로 중학교 때부터 학습과 관련한 마더링을 해야 수월하게 그 시기를 보낼 수 있다. 조금이라도 늦게 출발한 아이들은 시간이 지날수록 그 간극을 따라잡기가 어렵다. 이 때문에 시험 성적으로 일괄 평가하는 우리의 고등학생들은 빠른 포기와 좌절을 맛볼 수밖에 없다.

은서네 가정에서 벌어진 일이 아주 흔한 일은 아닐지는 모르지만, 많은 아이들이 이러한 방황의 단면을 어떠한 형태로든 공유한다. 아주 보통의, 너무나도 정상적인 가정의 아이들이, 미래에 대한 학습 준비 부족으로 공부에 손을 놓는 일이 많다. 너무도 일찍, 너무도 성급하게 아이들의 진로와 입시를 정해버리는 우리나라의 입시 제도가 문제라는 생가을 버릴 수 없다.

고등학생의 삶을 준비하도록 돕는다

우리나라의 교육 현장에는 양극화가 심각하다. 한쪽에서는 자녀에게 완벽한 삶을 주려는 의욕이 과하다. 지나치게 풍요로운 삶 속에서 과보호하고 통제하려는 욕구가 엄마와 자녀를 불행으로 몰아넣는다. 이 경우 성적과 관련한 충돌 때문에 부모와 자녀 모두 분노로 들끓는다.

다른 한편에서는 적절한 시기에 학습과 관련한 효율적 마더링을 하지 못해 심각한 학습 손실로 길을 잃은 자녀가 있다. 요즘 엄마들이 '아이 마음 읽기' 등 이상적인 훈육의 방식에 심취하는 모습을 왕왕 본다. 그 결과, 한국의 학생이라면 당연히 해야만 하는 학습적인 준비를 미리 시키지 못한 채 중고등학교에 입학하는 경우도 많다. 자신이 겪은 지난 일 얘기만 하면서 현실을 모르는 엄마들 또한 존재한다.

그러는 사이 자녀는 준비도 되지 않은 채, 눈앞에서 어떤 일이 벌어지는지도 모른 채 입시를 향한 경주에 내몰려 길을 잃고 방황하게 된다. 우리 아이는 그동안 잘해왔다는 막연한 믿음으로 지내다가 자녀가 힘들어하는 모습에 뒤늦게 땅을 치는 엄마들도 있다.

우리 교육에서 패자부활전은 너무도 제한적이다. 대학원에 진학해도, 편입을 해도, 전문직 자격증을 따도, 고등학교를 졸업하고 들어간 첫 번째 대학의 이름이 결정적이다. 물론 재수를 해서 좋은 대학교에 들어갈 수도 있다. 하지만 그 비용 또한 만만치 않다. 재수학원 비용으로 월 250~300만 원 정도를 예상한다면, 보통의 중산층에서 내리기 쉬운 결정은 아니다.

욕심 있는 아이를 방치하는 것은 잘못이다

아이는 엄마와 다르다. 엄마를 기준으로 혹은 경쟁적인 입시와 교육에 대한 선입견으로, 아이가 잘하거나 혹은 원할 수 있다는 가능성을 고려하지 않고 스트레스 없이 편하게만 키우고자 하는 것도 하나의 편견이다. 때문에 여러 불상사를 막기 위해서는 일단 아이를 잘 봐야 한다.

아이의 욕심과 성향을 살피고, 엉덩이 힘, 즉 인내력이 어떤지를 잘 관찰해보자. 작은 것이라도 목표가 있을 때 참고 견디고 이뤄내는지, 어릴 때부터 변치 않는 장래희망이 공부를 잘해야 이룰 수 있는 것인지, 주변의 인정을 받는 것을 즐기는지 등을 잘 살펴 아이의 꿈을 지원해주자. 엄마의 가치관과 맞지 않더라도 공부에 욕심을 보이면 어떤 도움이 필요한지 물어보고, 마음껏 달릴 수 있도록 뒷바라지하자.

아이보다 엄마의 꿈이 앞서 질질 끌고가는 과한 열정도 문제지만, 잘하고 싶은 아이에게 "못해도 된다. 스트레스 받지 말라"고 만류하는 태도도 바람직하지 않다. 잘하고픈 아이가 도저히 넘을 수 없는 벽 앞에 좌절해 시들어가는 모습을 보고 싶지 않다면 아이의 최대치를 끌어내기 위해 엄마도 부지런해져야 한다.

공부가 아니라면 빨리 다른 길을 찾도록 거든다

아무도 모른다. 공부, 입시라는 한 방향으로 달리더라도 그 결과가 어떠할지를 아는 사람은 없다. 어떠한 방향에서든 결판을 지어야 한다. 만약 아이가 공부에 소질이 없다면, 빨리 다른 꿈을 탐색할 기회를 적극적으로 찾는 것도 부모의 역할이다.

공부 잘하는 아이가 학교에서 대접받고 인정받는 만큼, 공부를 잘하지 못한다는 이유로 박탈감을 느끼는 아이도 분명 있다. 뭐라도 하나 잘하면 자존감은 꺾이지 않는다. 대한민국 모두가 대입을 향해 달리고 있다고 해서 우리 아이도 그래야 할 필요는 없다. 이때도 역시 필요한 것은 부모의 관찰력이다.

아이가 어느 분야에 흥미를 느끼는지, 밥을 굶고도 재미있게 할 수 있는 일이 무엇인지 마음을 열고 적극적으로 찾아보자. 중학생이라면 관련 특성화고 설명회를 찾아본다거나 진로 박람회를 둘러보는 것도 방법이다. 각 시도 교육청을 적극적으로 활용하는 방법도 있다. 일대일 맞춤형 진로 상담을 진행해주는 등 다양한 계열의 진로 정보가 있다.

적기를 놓치면 언제 어떻게 생기발랄한 아이들이 길을 잃고 자신마저 잃을지 모른다. 특별히 문제가 있어서 그런 것이 아니다. 고등학교 생활에 대한 '예방주사'를 미리 맞지 않으면 학습을 쫓아가기가 힘들기 때문이다.

고등학교 시절이 이렇게 결정적인데도 엄마들이 자녀의 교육에 손댈 수 없거나 혹은 아이들이 일탈하는 시기가 고등학교 입학 후라는 사실에 세상은 잘 주목하지 않는다. 육아나 자녀교육 지침서는 온통 유아부터 중학교 2학년 사춘기까지의 마더링 일색이라는 사실이 안타깝다. 고등학교에 입학한 후부터는 엄마와 자녀의 대화가 이미 단절된 상태라서 그런 걸까? 아니면, 이미 이 시기 자녀교육은 사교육에 위탁하고 있기 때문일까?

열정 자극 스킬 3 사교육비 예산은 아이와 함께 짜자

학습에서 루틴을 유지하기 위해서는 학습 계획을 구성하고 일정을 조정하는 등 자신의 학습 환경을 효과적으로 관리하게끔 하는 훈련이 필요하다. 엄마들은 자녀에게 일정과 학습 진도를 조정할 수 있는 통제권을 주라고 하면 걱정한다. 아이 마음대로 계획이나 루틴을 바꾸게 되고 학습량이 지나치게 줄어든다고 말한다. 때로는 아이가 어느 날은 밤을 꼬박 새운 뒤 오전 내내 자기도 하고, 어느 날은 초저녁부터 자고 아침에 일찍 일어나는 등 일정을 자꾸 바꾼다고 우려한다. 스스로 알아서 하겠다는데, 이런 것도 '루틴'이라고 할 수 있을까 걱정이 된다는 것이다.

엄마들의 마음도 이해는 간다. 하지만 스스로 학습 습관을 루틴으로 발전시킬 수 없다면, 아무리 엄마가 애쓰며 하루를 사교육으로 꽉 채워 관리하더라도 큰 효과를 볼 수 없다. 고등학생이 된 이후에는 대부분 엄마 손을 떠나는 것이 일상이기 때문이다.

학습에 대한 통제감을 아이가 느끼게 하자

그동안 '쫀쫀하게' 잘 관리해서 어렵사리 만들어놓은 학습 루틴이 혹시라도 무너져버릴까 전전긍긍하는 엄마들이 많다. 이런 엄마의 자녀들은 대부분 남 보기에는 언제나 성실하고 학습 태도가 잘 정착된 아이들이다. 매일 같은 시간에 공부를 시작하고, 공부 시간도 일정하게 유지한다.

매일의 학습 루틴을 지키는 과정은 학습 목표를 달성하게 만든다. 그리고 그 과정을 위해 적극적으로 노력하는 자세를 길러준다. 하지만 매일 같은 것을 반복하는 시간 속에 그날의 할 일이 지루해지기 시작하는 순간이 온다.

자녀들이 루틴이 가지는 순기능의 상실에 적극적으로 대처하도록 도우려면, 스스로 자신의 루틴에 대해 통제감을 느낄 수 있어야 한다. 초등학생 때부터 학습 시간표 짜기와 학습량을 정하는 것을 훈련시키자. 학습의 긴장도와 효율성의 변화를 스스로 인식하고, 학습 상황을 통제할 수 있는 능력을 강화시킬 수 있다.

통제권은 주되 진행 점검은 놓치지 않는다

"쉬어라" "자라"라는, 아이들이 듣기에 좋은 마더링도 안 먹히는 시기가 바로 고등학생 시절이다. 뇌가 폭발적으로 성장하는 사춘기에는 일찍 자고 일찍 일어나는 것만으로도 공부하기에 적절한 상태의 뇌를 만들 수 있다. 그래서 최소한 6시간 이상을 잠을 자야 학습의 효율성과 집중력이 좋아진다.

하지만, 현실적으로 우리나라 중고등학교 학생들이 일찍 잔다는 것은 불가능하다. 대부분 늦게 잠자리에 드는 이유는 사교육 때문이다. 학원에서 긴 시간을 보내야 하고, 숙제도 어마어마하다. 그때그때 학교에서 내주는 과제도 있고, 수행평가 준비로 계획했던 학습 시간보다 더 많은 시간을 할애해야 하는 일도 있다.

자녀에게 통제권을 줄 때는 자녀가 학습에 과중한 부담을 느끼고 있지는 않은지 등 마음 상태를 비롯해 진행 과정을 꾸준히 살펴야한다. 자기 계획대로 진행되고 있는지, 어긋난 계획들을 어떻게 다시 정리하는지, 사교육 등을 조절해야 하는 것은 아닌지 등의 주제로 아이와 대화하자.

학원비를 구체적으로 알려준다

이때 놓치지 말아야 할 부분이 사교육 예산을 자녀와 함께 짜는일이다. 많은 엄마가 아이와 '돈' 얘기 하는 것을 꺼린다. 돈보다 성적이 더 중요해서이기도 하고, 아이에게 능력 없어 보이기도 하고, 부담을 주기도 싫다는 등 각양각색의 이유에서다.

부모들은 돈 걱정은 자신의 몫으로 돌리고, 그저 공부만 열심히하라는 바람만 말할 뿐이다. 그러다 보니 아이들은 부모님이 이렇게 돈을 많이 들여서 공부시키니 열심히 해야 한다는 말에도 "엄마돈이라 괜찮아요"라는 말을 서슴지 않고 하는 상황이 벌어진다.

나는 공부를 열심히 하지 않는 아이들에겐 사교육비가 얼마나 드는지 더 많이, 더 자주 강조한다. 학원비가 얼마나 비싼지를 설명하고, 열심히 일하시는 부모님의 노력과 수고가 낭비된다는 잔소리도한다. 직접 그 앞에서 계산해주기도 한다. "수학 40만 원, 영어랑 국어 각 30만 원, 과학 20만 원, 독서실비 20만 원 등등 이렇게 다 더하면 총 140~150만 원이야. 방학 특강 등을 추가하면 1년에 거의 2000만 원이 들어. 자동차 한 대씩을 해마다 학원에 가져다주는 거야"라는 식이다.

무표정하던 아이들도 의외로 돈으로 계산해주면, 훨씬 더 '현타'가 온다고 말한다. 물론 이 정도의 액수는 아무것도 아니라는 여유로운 집의 아이들에게는 사용하지 않는 전략이다. 하지만 일반적으로는 "그러네요"라며 놀란 반응을 보인다.

자신이 결정했다는 인식이 동기 부여를 높인다

사교육 예산을 자녀와 함께 계획하고 짜는 것은 의외의 효과가 있다. 스스로 결정하고 선택했다는 점이 동기 부여에 긍정적으로 작용한다. 엄마가 "이 학원이 좋다. 저 학원을 다녀라"라는 식으로 권하는 것보다 강제성이 없기 때문이다.

대부분의 학원은 대동소이하다. 다들 공부를 많이 시키고 숙제를 내주고 '빡세게' 관리한다. 공부하는 아이라면 어디를 가도 스스로 한다. 이런 의미에서 나는 학원의 선택권을 아이에게 주고, 수업료 결제를 의도적으로 자녀에게 시키기도 한다. 수업료 대비 효율성을 자녀가 생각해보도록 하면, 부담을 느끼는 만큼 책임감 있게 공부하기도 한다.

경제 관념을 투영한 사교육 예산은 아이들이 사교육에서도 최대의 효과를 내도록 돕는다. 학교 수업과 학원, 인터넷 강의까지 중고등학생이 혼자 공부할 수 있는 순공부 시간을 내기에는 아이들이 '배우기만' 하는 시간이 너무 많다. 아무리 많은 내용을 배우고 있다 해도 스스로 완벽하게 익히고 소화해내지 못한다면 실력 향상을 꿈꾸기 어렵다.

엄밀히 말하면 배우는 시간은 공부 시간이 아니다. 배운 만큼 복습할 수 있는가를 먼저 생각한 후에 사교육을 얼마나 할지를 정해야 한다. 성적이 좋은 상위권 학생일수록 혼자 공부하는 시간이 많다. 고등학교 상급 학년으로 올라갈수록 더욱 그렇다. 부족한 부분을 보충하기 위해 사교육을 하는 것도 스스로 공부하는 시간을 잘 계획하고 활용하지 못한다면 아무 의미가 없다. 그저 불안해서 학원을 향할 뿐이다.

아이와 함께 사교육 계획을 짜다 보면 의외로 아이가 먼저 문제점을 정확하게 파악하는 모습을 보일 때도 있다. 학원부터 정리하고 순공부 시간을 늘리겠다며 공부 방법을 바꾸겠다는 의견을 피력하기도 한다. 사교육 예산을 함께 짜면 스스로 결정한 사교육의 학습적 효과를 최대화할 수 있다. 동시에 학년이 올라갈수록 혼자 공부해보겠다는 식의 바람직한 방향으로의 전환도 가능하다.

열정 자극 스킬 4 기준과 능력을 최대치로 끌어올리자

공부를 잘하기 위해서는 동기를 부여하는 강력한 목적이 필요하다. 사실 전교 1등에 '넘사벽'인 엄친아라 해도 공부를 좋아하기만 하는 중학생은 찾기 힘들다. 좋아해서가 아니라 '해야 하니까 한다'가 더 많다. 그래서 동기 부여의 가장 즉각적이고 효과적인 제안은 '빨리 끝내고 쉬어라'다.

여기에 조건은 필수적이다. 오답이 넘치도록 설렁설렁 푼다거나 '미세' 산만한 태도로 공부하는 등 '열심히 공부해도 성적이 나오지 않는 유형'에 아이가 속한 것은 아닌지 엄마의 관찰이 필요하다. 빨리 끝내기 위해 대충 공부한 경우에는 '추가 학습이 따른다'는 등 미리 자녀와 벌칙을 정해야 한다.

동기 부여는 강력한 자극제다

스스로 공부를 하도록 돕는 동기 부여는 한국 엄마들의 가장 큰 바람이자 난관이다. 10대들은 주의 집중 시간이 짧기로 악명이 높고, 일상의 모든 측면에 즐길 수 있는 것들이 산재해 있다는 점에서 더욱 그렇다.

전자기기만 해도 휴대전화 사용과 게임을 줄이는 것만으로도 반은 성공했을 만큼 깊숙이 10대들의 일상에 침투해 있다. 자극적인 기술의 사용이 증가함에 따라 아이들은 해야 할 것을 미루고 더욱 산만해진다. 공부한다고 방에 들어가서 책상에 앉아 있어도 과제를 하고 있는지 아니면 SNS를 들여다보고 있는지 엄마는 확신할 수 없다.

엄마가 자녀와의 관계에 부정적인 영향을 미치지 않으면서도 필요한 동기를 부여하기 위해서는 맥시마이저 마더링mayimizer mothering을 추천한다.

맥시마이저 마더링은 기준을 높게 세우고 우수함을 추구하는 마더링이다. 평균적이고 일반적인 것에 만족하지 않고, 더 나은 것을 찾아 최고로 만드는 데 집중한다. 엄마는 자녀의 능력을 최대치로 끌어올리고, 최고의 결과를 이루려는 강한 욕구를 지닌다.

이러한 접근 방식은 때론 다른 사람들로부터 완벽주의로 오해받을 수 있다. 진정한 맥시마이저 마더링은 자녀의 강점을 찾아내고 극대화하려는 자신의 목표를 향해 나아가는 것이다. 아이가 자신의 능력을 발휘할 수 있도록 목표 설정과 도전을 위해 긍정적인 강조, 관심과 참여, 자유로운 결정 기회 제공 등 자율성을 존중하는 것도 특징이다.

맥시마이저 마더링의 기본은 내재적 동기를 최대화하는 것이다. 많은 엄마가 아이들을 공부시키기 위해 물건이나 현금 등 보상을 약속하고픈 유혹을 느낀다. 하지만 앞에서 강조했듯이 학습 과제에 외적 동기 부여를 사용하면 잠재적으로 해를 끼칠 수 있고 부작용이 크다.

그렇다면 내재적 동기를 끌어내기 위해서는 어떻게 해야 할까? 일단 아이가 진정으로 열정을 가지고 있는 것과 외부에서 발생하는 보상인 외제적 동기의 차이를 이해하는 것부터 시작해보자.

내재적 동기는 좀 더 장기적인 목표와 가치 추구적인 방향으로 나아갈 때 지속적인 동기 부여 효과를 가진다. 이와 관련해서 '청소년 입장에서 공부하는 이유'를 살펴보자. 통계청이 발표한 '2022년 사회조사' 결과, 중고등학교 학생이 공부하는 이유는 '미래의 나를 위해 필요해서'(79.7퍼센트)가 가장 많았다. 뒤를 이어 '못하면 부끄럽기 때문에'(32.5퍼센트), '재미있어서'(19.0퍼센트), '하지 않으면 혼나거나 벌을 받아서'(14.4퍼센트) 순으로 조사됐다.

이 자료를 배경으로 중학교 때까지 그다지 열심히 공부하지 않았던 아들에게 공부하는 이유에 대해 '과거의 중학생인 너'에게 설명할 것을 요청했다. 한국에서 초중고 시절을 모두 보낸 대학생의 경험을 빌려 청소년의 입장을 고려하면 의미 있겠다는 생각이었다.

미세한 변화를 잡는 '눈치'를 키우자

나는 교육에 열심인 엄마였지만 어려서부터 아이들을 사교육에만 맡기지는 않았다. 장기간의 훈련과 지식적 인풋input이 필요하다고 여기던 수학은 사교육의 힘을 빌렸고, 영어는 직접 가르치거나 내가 운영한 단기연수 프로그램 등을 활용한 게 전부다.

사교육이 마더링의 대부분을 차지하는 학군지에서 학원에 매인 시간이 적었던 덕에 아들은 자유 시간이 많았다. 친구들이 학원에 갈 때, 아들은 축구를 하고 PC방을 갔다.

사교육을 열심히 시키지는 않은 대신 나는 30년 가까운 사교육 경력에서 우러나오는 실력(눈치)으로 아들의 미세한 변화에 따른 '밀당 마더링'을 했다. 그중 하나가 귀가 시간에 엄격했다는 점이다.

하교 시간이 3시 30분이라면 반드시 5시까지는 귀가하도록 했다. 일정이 있더라도 일단은 집에 와서 책가방을 놓고 가게 하거나, 어쩔 수 없다면 미리 허락을 받도록 했다. 이때, 아빠나 할머니 등 다른 사람의 허락으로 대체하는 일을 불허했다. 그래야 일관된 스케줄링이 가능했기 때문이다.

어느 날에는 허용적이고 다른 날에는 엄격한 방식이 되지 않도록 노력했다. 가정 내 규칙을 준수하기 위해서는 자녀의 학업과 관련한 규칙에서의 일탈을 위한 허락은 엄마로 채널을 통일할 필요가 있다. 아들 말에 의하면 방과 후 축구를 해도 5시에는 집에 오고, PC방을 가도 5시에는 집에 와야 했기 때문에, 항상 마음껏 길게 일탈을 할 수 없었다.

또한 '냄새와 눈빛'을 통한 마더링을 행했다. 교복 엉덩이에 묻은 먼지와 구겨진 정도로 아들의 활동을 유추하고, 옷에서 풍기는 냄새로 행선지와 행동을 점검했다. 손과 머리에서 나는 냄새로도 흡연과도 같은 일탈 관리가 가능했다.

당당하지 못한 일을 했다고 느끼는 아이들은 엄마와의 대화에서 눈을 피한다. 그래서 항상 아이들과 대화할 때 "엄마 눈 똑바로 쳐다보고 말해"라고 말한다. 반드시 전달해야 하는 말을 할 때나 훈육을 할 때에도, "엄마 눈 똑바로 쳐다봐"라고 말하며 이야기를 전달한다.

한번 맛본 1등의 기분은 노력의 원동력이 된다

중학교 때까지 아들의 성적은 좋지 않았다. 나름의 관리와 사교육의 힘을 빌렸던 국어와 영어, 수학 등 주요 과목을 제외하고는 과목별 편차가 컸다. 졸업할 때 중학교 전체 성적은 38퍼센트였다.

그런데 아들은 고등학교 입학 후 달라졌다. 본인 말에 의하면, "이제는 양심상 공부를 하지 않을 수 없었다." 집에서 통학하기에 거리가 먼 학교에 진학한 아들을 차로 데려다주고 데리고 오는 엄마에게 미안하고 고마웠다는 것이다. 여기에 멀리 떨어진 학교에 진학하니 자연스럽게 중학교 때의 친구들과 자주 만나지 못하게 됐다. 그렇게 독서실과 학교, 학원이 전부인 성실함은 전교 1등이라는 성적표로 보답했다.

중학교 때는 성적으로 주목받지 못했던 아들에게 내가 가장 많이 해준 말이, "한 번만 전교 등수 안에 들면 그 맛을 알아서 계속하게 된다"였다. 그 말은 아들에게도 주효했다. 고등학교 1학년 때는 전교 7~9등을 하던 성적이 고등학교 2학년 때 전교 1등을 하는 원동력이 된 것이다.

달라진 사회적 시선에 공부할 맛이 난다

아래의 경험은 아들처럼 '나중에 정신 차리고' 공부를 시작한 다른 상위권 아이들에게 들은 말은 정리해본, 공부를 하게 만든 원동력이다.

"학교에서 선생님들의 평가와 대우가 바뀌는 것을 경험했죠. 물론, 게임을 잘하거나, 외모가 출중하거나, 운동을 잘하거나, 때로는 심지어 돈이 많아서 좋은 옷을 입고 다니기만 해도 친구들 사이에서는 인정을 받기도 해요.

그런데, 친구들 사이에서 받는 인정은 학교와 집안, 학원 등을 통해 받게 되는 주변 어른들의 대우와는 비교할 수가 없었어요. 그중에서 학교에서의 평가는 가정에서 부모님에게서 받는 것과는 비교할 수가 없을 정도예요.

집에서 엄마나 아빠가 해주시는 칭찬은 팔이 안으로 굽는 거죠. 객관성이 떨어진다랄까요. 뭔가 '오버'하는 느낌인데 학교 선생님들이 마주치기만 해도 웃어주시는 등 공부를 잘하는 아이라고 인정해주시면 기분이 좋죠. 뭔가 특별한 대우를 받는 상황은 '내가 살아 있음'을 느끼게 해줄 정도로 영향력이 컸어요".

주변의 보호 장벽이 많아진다

"우리나라의 어쩔 수 없는 현실이라 조금 기분이 그렇긴 하지만 어쩔 수 없는 선생님들의 고정관념 때문에 생긴 보호장벽을 많이 가질 수 있었어요. 고등학교에 다니면서도 중학교 때 친구들과 얘기하고 노는 것처럼 편하게 행동했어요.

전형적인 전교 1등처럼 보이지 않아서인지 학교에서 폭넓게 친구를 사귀는 장점이 있었죠. 모범생 코스프레를 할 필요는 없었는데 저의 '나쁜 남자'(?) 이미지를 선생님께 고자질하는 애들이 간혹 있었어요. 장난을 심하게 치기도 하고, 간혹 애들끼리 하는 '욕'이나, 남자애들만의 거친 말과 행동도 했죠.

한번은 중학교 때 경험했던 '술담' 얘기를 친구들한테 했어요. 고등학교 들어가기 전에 담배는 이미 끊었고, 술도 더는 마시지 않았지만요. 그런데 친구 중에 담임 선생님께 '○○가 중학교 때 담배도 피우고, 술도 마셨다고 해요'라고 말해서 무안한 적이 있었어요.

그럴 때마다, '중학교 때? ○○가 그랬을 리가 없어'라고 하시는 선생님도 계셨고, 어떤 선생님은 오히려 '그렇게 놀아봤으니까 지금 이렇게 공부도 잘하고 운동도 잘하고, 교우관계도 좋은 거야'라는 보호막 역할을 해주셨어요. 어떤 선생님은 '그런데도 이렇게 성실하니까 지금 이렇게 전교 1등 하는 거지'라며 전화위복이라는 식으로 말씀하시기도 했고요.

이렇게 나를 보호해주는 장벽이 많은 것은 '기대에 부응하고 싶다'와 같이 공부를 하는 내부적인 동기 역할로 충분했어요."

인정받는, 당당할 수 있는 존재감이 이유다

"학생은 공부하기 위해 살아가는 직업을 가진 사람이라는 말을 엄마가 많이 하세요. 즉 공부하는 것은 학생이 살아 있는 증거라는 말씀을 이렇게 표현하시곤 했어요. 학생의 일이 공부라는 원칙은 집에서의 모든 영역에서 적용되었어요. 직업이 학생인 청소년은 공부할 때 당당하다는 원칙이었죠.

집에서는 공부해야 대우를 받아요. 공부하지 않을 거면, 엄마가 하는 빨래나 청소 등 집안일을 해야 하는 식이죠. 반대로, 모든 가족의 대소사에서 공부하는 학생은 '면책특권'이 있어요. 심지어 먹고 싶은 게 있어도 공부를 열심히 한 날이거나 시험을 잘 보면 당당하게 엄마한테 요구할 수 있는 그런 분위기가 있죠.

눈치 볼 필요 없는 이런 합법적인 권리는 집에서만 국한된 것은 아니었어요. 어디서나 이런 당당함을 느끼는 제가 스스로 뿌듯했어요. 제

영역을 지키기 수월하게 해준 것이 공부인 거죠.

내 시간, 내가 쉬고 싶은 공간, 내가 하고 싶은 미래의 직업과 일까지도 결국은 공부를 통해 이루어갈 수 있다는 중요한 교훈을 배울 수 있었어요. 이것이 고등학교 때 공부를 하면서 얻게 된 '당당함을 얻는 방법'이에요. 즉 내가 해야 할 것을 완수했을 때 느끼는 심리적 당당함과 내면의 자유를 누리기 위해서는 '책임 완수'가 필수적이라는 것을 공부하는 과정과 결과를 통해 경험했어요."

그 외 많은 아이와 이야기를 나눴는데 아이들의 전반적인 반응도 여기서 벗어나지 않았다. 주변 사람들로부터 받은 성취와 보상이 힘들어도 공부를 지속하게 도와준 긍정 강화의 역할로 작용했다는 것이다.

아들도 친구의 부모님들로부터 존중받은 경험이 고등학교를 졸업한 지금까지도 주변의 기대에 부응하고 싶다는 심리적 동기가 된다고 한다. "자존감을 높여주고, 꿈을 크게 해줬다" "삶의 경계를 확장하며 변하는 모습을 발견할 수 있었디"며 공부를 할수록 삶의 경계선이 점점 넓어지는 경험이었다는 이야기를 하기도 했다.

확인이 아닌 칭찬을 위한 질문을 준비한다

성적이 뛰어난 아이 중에는 엄마에게 칭찬을 받는 것이 좋아서 공부한다고 말하는 경우가 많다. 아이들은 엄마한테 칭찬을 받았을 때 가장 좋아한다. 어릴 때를 떠올려보자. 단어 퀴즈에서 만점을 받으면 아이들은 시험지를 들고 신나게 집으로 향한다. 엄마에게 보여주고 칭찬을 받고 싶어서다.

실제로 나의 막내딸은 자기주도학습 습관을 들이는 과정에서 가장 결정적인 것이 엄마의 칭찬이었다고 말한다. 스스로 할 때마다 엄마가 "○○은 자기주도학습 천재네"라고 격려했는데, 그 말을 들을 때마다 실제로 그런 사람이 되는 것 같은 기분이 들었고, 그 느낌을 즐겼다고 했다.

동기 부여 심리학에서는 긍정적인 행동을 일상적으로 칭찬해주면 그 행동을 더욱 지속하고 강화한다고 한다. 긍정 강화는 청소년기에 더욱 효과적으로 학습적 루틴을 반복하게 돕는다. 진도를 철저히 챙기려는 조급함에 제대로 했는지 확인하는 엄마보다는 항상 격려와 칭찬을 위해 물어보는 엄마가 되자. 같은 질문이라도 의도에 따라 목소리가 다르고 느낌이 다르다. "오늘은 뭐 했어?" "무슨 과목 공부했는데?" "하려고 한 것들 다 끝냈어?" 등으로 엄마가 기대감을 갖고 시작해보자. 칭찬해주는 연습을 어려서부터 한다면, 아이는 점차 스스로 학습량을 늘려갈 수 있다.

계획한 것을 완료했다는 것 자체에 대해 엄마로부터 받은 칭찬은 자녀를 스스로 하는 아이가 되도록 돕고, 엄마 또한 기대의 언어를 자녀에게 전하도록 해준다. 엄마의 기대에 부응하고자 하는 내적 동기는 자녀의 학습량을 늘려주고 지속성을 높여준다. 이러한 선순환 속에서 스스로 학습하는 상위권 학생이 탄생한다.

성취에 대한 칭찬만큼 자부심 또는 자아 존중감을 높여주는 것은 없다. 자아 존중감은 자신의 업적이나 능력에 대한 칭찬을 받았을 때 높아지는데, 아이들은 자신의 능력과 가치를 인정받았다고 느끼면서 자신감을 키우게 된다. 학습 루틴 완료에 대한 칭찬을 통해 성과에 대한 긍정적인 피드백을 얻으면 더 나은 성과를 이루기 위해 노력할 동기 부여를 심어준다. 자부심이 성공의 첫걸음이다.

열정 자극 스킬 5 완벽주의가 아닌 최상주의를 지향하자

완벽주의자들은 실패에 대한 압도적인 두려움을 가지고 있다. 잘 해낼 수 있다는 자신감이 없으면 노력을 기울이지 않는다. 실패하면 최선의 시도가 아니었다는 사실로 자신을 위로할 수 있기 때문이다. 자신이 잘하지 못한다고 생각하는 활동을 피하는 것이다.

돌아보면, 인생을 살면서 우리에게 일어난 좋은 일들과 중요한 사건들은 대부분 예기치 못한 것들인 경우가 많다. 일어날 것으로 생각해서 만반의 준비를 해두었지만 실제로는 일어나지 않았거나, 준비가 소용없는 경우도 많다.

이를 통해 분명히 알 수 있는 사실이 있다. 우리의 인생은 우리가 주도권을 쥐고 있는 것처럼 말하고 생각하지만 꼭 그렇지만은 않다는 것이다. 그중에서도 자녀 양육만큼 마음먹은 대로 되지 않는 것이 또 있을까 싶다.

완벽함이 아닌 탁월함을 좇는다

부모들이 자녀를 위해 기울이는 노력은 끝이 보이지 않는다. 재능을 끌어내기 위해 쉬지 않고 노력한다. 노력한 만큼 결과가 나오지 않을까 전전긍긍하는 마음이 더해지면 번아웃이 오기 마련이다.

엄마의 완벽한 관리와 헌신적인 지원으로 엄청난 사교육을 지원하며 완벽한 마더링을 했어도, 자녀가 좋은 성적을 받아오기는커녕 학업을 따라가는 일조차 어려워하거나, 반항적인 행동으로 문제를 일으킬 수도 있다. 간혹 엄마의 기준이 너무 높거나 문제의 원인을 단순히 공부를 못해서라고 몰아붙이기만 한다면, 자녀가 잘못된 선택을 하는 등 그릇된 일을 저지르게 만들 수도 있다.

완벽주의는 자기 향상과 다르다. 완벽주의는 본질적으로 자기 파괴적이고 중독성이 있는 믿음 체계이다. 반면에, 건전한 노력을 통한 맥시마이징은 자기 자신에 초점이 맞춰져 있다.

휴스턴대학교의 사회복지학과 교수 브레네 브라운Brene Brown은 완벽주의는 인정받기 위한 안간힘에 불과하다고 지적한다. 실패와 실수, 타인의 기대에 부응하지 못할 때의 위험과 비판을 두려워해 오히려 성취를 방해하는 요소로 작용하며, 우울증, 불안감, 중독, 일상 마비, 기회 상실 등과 상관관계가 높다는 것이다. 완벽주의는 내면의 동기 부여가 아닌 외부적인 기대와 사회적 압력에 의해 형성된 인식 체계다. 이렇게 외부의 영향을 받아 형성된 생각은 아무리 많은 시간과 에너지를 투자해도 통제할 방법이 없다는 것이 문제다. 완벽주의를 지향하는 것은 맥시마이징이 아니다. 맥시마이징은 탁월해지려고 애쓰는 것이다. 최선의 선택을 위한 다양한 조건을 고려하고, 충분한 정보와 분석을 바탕으로 결정을 내린다. 현실적인 한계가 있으면 이를 받아들이고, 그에 맞추어 목표를 조절하며, 결과가 나오면 그에 만족하고 다음 목표로 나아간다. 혹 실패하더라도 이를 학습의 기회로 생각하고, 성장을 도모한다.

완벽한 공부란 존재하지 않는다

학습과 관련해 완벽주의가 자기파괴적인 이유는 '완벽'이라는 개념이 존재할 수 없기 때문이다. 완벽은 애초에 달성 불가능한 목표다. 그럼에도 엄마가 완벽주의 성향일 경우, 눈높이가 높아 스스로 달성 불가능한 목표를 부과하는 것처럼, 자녀에게도 같은 잣대를 들이댄다. 엄마 스스로 자신의 성취에 만족하는 것이 어려운 만큼, 자녀가 이룬 성취에도 칭찬하는 법이 없고 만족하지 않는다.

완벽주의 엄마들은 단어 시험 하나를 봐도 100점을 받도록 밤을 새워서라도 완벽하게 외울 것을 요구한다. 최악의 경우 암기할 때까지 굶기기도 한다. 하지만 아무리 머리가 뛰어난 사람도 암기한 것을 100퍼센트 기억하는 것은 대부분 불가능하다.

독일의 심리학자 헤르만 에빙하우스Hermann Ebbinghaus에 의해 처음으로 연구된 '망각 곡선forgetting curve'은 이에 대한 하나의 증거다. 망각 곡선은 정보를 처음 배운 후 시간이 지남에 따라 기억력이 감소하는 과정을 설명하는 개념이다. 모든 인간은 일반적으로 정보를 처음 배운 후 짧은 시간 동안 기억력이 가장 빠르게 감소하고, 그 후 감소 속도가 완만해지는 패턴을 따른다.

누구나 처음부터 완벽한 학습은 불가능하다. 그런데도 완벽주의형 엄마들은 이 불가능한 목표를 이루려고 마더링을 통해 애를 쓰다가 자녀뿐만 아니라 엄마도 신체적·정서적으로 지쳐버리곤 한다.

완벽주의가 이루지 못할 목표를 향해 채찍질하는 것이라면, 맥시마이징은 가능한 목표를 향해 에너지를 쏟는 것이다. 암기 학습이라면, 단시간에 무조건 외우라고 강요하는 것이 아니라, 꾸준한 훈련이 필요한 영역임을 인지시켜야 한다. 그리고 암기한 것을 시험과 연관시키면 효과적이라는 것도 잊지 말자. 암기 학습을 위한 맥시마이징 마더링 팁을 소개해본다.

간격적 반복: 에빙하우스의 연구 결과를 기반으로 살펴보면, 망각은 학습 직후 시작되며, 망각의 속도는 처음에는 매우 빠르다가 점차 느려진다. 공부 후 제때 복습하지 않으면 하루 후에는 원래 지식의 25퍼센트만 남는다. 따라서 시기적절한 검토가 특히 중요하다.

기억력을 향상하기 위해서는 학습한 내용을 기억하기 위한 효과적인 복습 전략을 채택하자. 처음 배운 후 일정 시간이 지난 후에 복습하고, 그 후에도 다시 복습하는 것이 중요하다. 구체적으로 살펴보자. 공부한 내용을 바로 10~20분 안에 즉시 복습한다. 24시간이내에 복습한 내용을 한 번 더 공부한다. 1주일 후에 다시 들여다보고, 1개월 후 또는 시험 보기 전 주에 마무리한다. 이러한 간격적반복을 통해 정보를 더 오랫동안 기억할 수 있다.

활용적 학습: 학습한 내용을 요약하거나 동생이나 친구 등 다른 사람에게 가르치는 등의 방법을 활용할 수 있다. 공부를 자녀에게 루틴화하는 가장 좋은 방법이 '하브루타'를 활용한 마더링이다. 하브루타는 유대교 학습 방법 중 하나로, 두 명의 학생이 함께 공부하고 토론하며 서로의 이해도를 높이는 방식을 의미한다. 이 방법은 서로 다른 관점과 해석을 공유하고 이를 통해 더 깊은 이해와 지식을 얻을 수 있도록 도와준다. 여러 방법 중 자녀에게 적용 가능한 방법을 다양하게 활용하자. 이는 그날그날의 주어진 과제만을 수동적으로 처리하는 자기주도학습의 부작용을 줄이도록 돕는다.

암기력이 좋다는 것은 공부한 내용을 오랫동안 기억하는 능력과 기억한 것을 잊어버리지 않는 능력이 높다는 것을 뜻한다. 현장에서의 경험을 돌아보면 암기는 꾸준한 훈련이 필요한 영역이다. 암기의 원리와 핵심을 이해하지 못한 채 무조건 강요만 하면 부작용이 생길 수밖에 없다.

이렇게 맥시마이징 마더링은 실현 가능한 목표를 잡고 발전을 위해 노력한다. 목표에 걸림돌이 있으면 이를 섬세하게 파악한 후 최상의 결과를 얻기 위한 구체적인 방법을 찾아 하나씩 도전하는 것에서부터 시작하자.

한국 엄마들의 진짜 이야기

이 책을 쓰는 데 있어, 나는 나 자신이 먼저 '질문 많은 엄마'였다. 도대체 왜 우리는 이렇게까지 자녀교육에 모든 것을 걸어야만 하는가? 아이 교육을 잘 해내는 엄마가 되기 위해 왜 이토록 많은 비교, 자책, 소진을 감수해야 하는가? 그리고 '정말 좋은 엄마'란 무엇일까? 그 답을 찾기 위해 나는 박사과정 내내 중산층 엄마들의 이야기를 들었다. 그들은 대개 경제적으로 안정되어 있었고, 교육 수준도 높았다. 그런데도 이들은 입시 앞에서 '확신이 없다'고 입을 모았다. 대부분의 엄마들이 '사교육 없이는 안 된다'는 압박감에 휩싸였고, 엄마로서 할 수 있는 모든 자원을 끌어다 자녀교육에 쏟아붓고 있었다. 그러나 그 끝엔 기쁨보다는 '불안'과 '자책'이 기다리고 있었다. 무엇을 해도 불충분한 것 같은 느낌. '좋은 엄마'가 되기 위한 고군분투는 끝이 없었다. 그 과정에서 나는 한 가지 중요한 사실을 알게 되었다. 엄마의 능력이 부족한 것이 아니라, '엄마됨' 자체가 구조화된 불안 위에 놓여 있다는 것이다.

　교육사회학자 캐럴 빈센트와 스티븐 볼, 사회학자인 아네트 라로 등의 연구에 따르면, 중산층 부모들은 자녀의 성공을 위해 '인텐시브 마더링'을 실천하며, 그 중심에 '정서적 자본'이 존재한다. 이 정서적 자본은 단지 사랑의 감정이 아니라, 사랑을 어떤 방식으로 표현하고, 어떤 규칙으로 관리하는가에 대한 능력이다. 나의 연구에서 만난 많은 한국 엄마들은 바로 이 '정서적 자본'을 사교육을 통해 구매하거나 외부 전문가에게 위탁하고 있었다. 사랑조차 '전문가에게 맡겨야 잘할 수 있다'는 신념은, 더 이상 개인의 선택이 아니라 우리 사회가 만들어낸 구조적인 메시지였다. 한국 엄마들은 '내가 해줄 수 있는 사랑은 불완전하다'는 불안을 안고 있다. 그리고 그 불안은 엄마들의 정서 에너지를 시장화시키는 '상품화된 돌봄 구조'로 이어진다. 이제 우리는 묻지 않을 수 없다. 엄마의 정서적 노동, 그 헌신의 가치가 왜 늘 시장의 논리로 판단되어야 하는가?

　사회학자 앤 샤론 헤이즈의 이론에 따르면, 현대사회에서 이상적인 엄마상은 '인텐시브 마더링'이라는 모델로 제시된다. 이는 단지 많은 시간을 들이는 양육 방식이 아니라, 자녀의 모든 성공 여부가 '엄마의 책임'으로 환원되는 사고방식이다. 아이의 성적이 나쁘면 엄마가 부족했던 것이고, 아이가 우울하면 엄마가 감정 조절을 못했기 때문이다. 이 마더링은 엄마의 실수를 개인의 실패로 간주하게 만든다. 특히 한국의 사교육 시장은 이 '불안'을 영리하게 자극한다. 송도나 대치동 같은 지역에서는 사교육이 단순히 학습의 공간이 아니라, '엄마됨'을 평가받는 무대가 되었다. 이 과정에서 엄마들은 자신도 모르게 가족 내의 '감정 관리자', '교육 코디네이터', '성공의 중간 관리자'가 되어버렸다. 하지만 과연, 이게 우리가 원하는 엄마의 모습인가? 그래서, 나는 '스펙트럼 마더링'을 제안했다.

이 책은 논문의 이론을 바탕으로 한 것이지만, 엄마들의 삶 속에서 피어난 내적 목소리를 반영한 결과이기도 하다. 지금 이 글을 읽고 있는 당신이, 그 누구보다 진심으로 아이의 삶을 고민하는 사람이라는 것을 나는 안다. 그리고 바로 그 질문을 붙들고 흔들렸던 당신이, 이제는 이 책에서 제안하는 '스펙트럼 마더링'을 통해 새로운 방향성을 세울 수 있으리라 믿는다. "엄마는 완벽하지 않아도 괜찮다. 다만, 나만의 원칙으로 흔들림 없이 나아가려는 의지가 중요하다." 이것이 내가 논문과 이 책을 통해 전하고 싶은 핵심 메시지다.

『다시 시작하는 마더링』은 나의 박사학위 논문에서 다룬 핵심 개념들—정서적 자본, 가족 아비투스, 인텐시브 마더링, K-마더링, 교육 시장의 침투—을 대중적인 언어로 풀어낸 실천적 안내서이자, 마더링의 본질을 회복하고자 하는 엄마들을 위한 책이다. 중산층 어머니들의 감정노동이 상품화되고, '좋은 엄마'가 되기 위한 무한 책임이 여성에게만 부과되는 현실을 성찰하며, 구조적 문제의식을 실천의 언어로 전환한다. 특히, 이 책은 사교육 시장이 마더링의 책임을 어떻게 외주화하는지를 조명한다. 한국의 교육문화는 마더링조차 상품처럼 구매할 수 있다는 인식을 강화하며, 교육 수준이 높은 중산층 어머니들조차도 자녀교육에 대한 판단을 외부 전문가와 시장에 의존하게 만든다. 이는 곧 감정 자본의 외주화이며, 자기 효능감의 약화로 이어진다. 『다시 시작하는 마더링』은 이러한 외주화된 마더링에 맞서, 감정 역량과 자기 원칙을 회복하려는 노력을 제안한다.

이 책에서 제안하는 스펙트럼 마더링은, 감수성에서부터 자기 돌봄과 동기 회복에 이르기까지 엄마됨의 여정을 지탱하는 8가지 정서적 역량과 연계되어 있다. 스펙트럼 마더링은 각 가정이 자신만의 문화적 기반에서 적합한 양육 원칙을 세우도록 격려하며, 엄마의 감정 자본을 외부에 의존하지 않고 스스로 관리할 수 있는 힘을 길러준다. 또한 이 책에서 강조하는 '엄마의 자기 회복(self-restoration)'은 회복 탄력성, 감정 조절, 정서적 에너지 재충전 등으로 간접적이면서도 실천적으로 구현된다. "엄마도 실수하고 시행착오를 겪는다. 괜찮다. 멈추는 것도 방법이다"라는 제안은 심리적 거리두기와 자기 성찰 공간의 필요성을 강조한다. 예를 들어, 문제 해결의 동기와 시도하려는 자신감이야말로 회복의 열쇠이며, 정서 조절은 자녀에게 안정감을 줄 뿐 아니라, 감정적 모델링을 통해 자녀의 회복력 형성에도 직접적으로 기여한다. 특히 자녀의 성취와 실패에 감정적으로 과도하게 휘둘리지 않고 독립하는 것은 균형 잡힌 마더링의 핵심이다.

사교육 역시 이 책의 중요한 주제 중 하나다. 나의 논문에서 깊이 분석했듯이, 한국 사회에서 사교육은 때로 어머니들을 압박하고 불안하게 만드는 거대한 구조적 현실이다. 하지만 이 책은 사교육을 이상적으로만 비판하거나 맹목적으로 배제하자고 주장하지 않는다. 오히려 이 책이 제안하는 사교육에 대한 균형 잡힌 태도는, 이러한 구조적 비판을 엄마 개인의 실천적 전략과 연결하기 위한 것이다. 현실을 무시할 수 없는 엄마들이 사교육 시장 앞에서 수동적인 소비자로 남는 것이 아니라, 가정의 원칙과 필요성을 기준으로 시장을 주체적으로 활용하는 '전략가'가 되도록 돕는 것이 이 책의 목표였다. 입시 중심의 사회에서 살아가는 우리에게 사교육은 현실적인 선택지일 수 있다. 그러나 그것이 전부가 아님을 아는 것, 그리고 나와 우리 가정의 원칙 안에서 교육을 실천하는 것, 그것이 이 책이 제안하는 새로운 마더링이다.

우리가 지향하는 마더링은 엄마와 아이가 함께 주도성을 회복하고, 관계의 기쁨을 나누며, 삶의 리듬과 원칙을 세워가는 것이다. 더 잘하려는 불안보다, 지금의 나를 인정하며, 다르게 살아볼 수 있는 용기를 선택하는 것. 비교보다는 관계에 집중하고, 경쟁보다는 지속 가능한 성장에 힘을 싣는 것. 그것이 『다시 시작하는 마더링』이 제안하는 스펙트럼 마더링의 본질이다.

엄마가 먼저 자신의 감정을 돌보고 원칙을 바로 세워야 한다. 그럴 때 아이를 경쟁과 관리의 대상이 아닌 삶의 동반자로 바라보는 시각의 전환이 시작된다. 개인의 실천적 회복이 관계의 회복으로, 나아가 사회적 관계의 재구성으로 이어지는 다리를 놓는 것, 이것이 바로 이 책이 궁극적으로 지향하는 철학적 대안의 핵심이다.

　엄마 자신의 회복에서 시작된 작은 실천이 건강한 관계를 만들고, 나아가 새로운 양육 문화를 여는 출발점이 될 수 있다. 이제 우리는 더 이상 혼자가 아니다. 이 책을 통해 함께 '다시, 지금, 여기서부터' 엄마와 가족이 함께 만들어가는 새로운 마더링 문화를 시작해보길 소망한다. 엄마의 자기 회복은, 우리 가족의 문화 회복이기도 하기 때문이다.

다시 시작하는 마더링

© 서혜진 2026

초판 발행 2026년 3월 3일

지은이 서혜진

책임편집 허영수
디자인 이강효
마케팅 이보민 손아영

펴낸곳 (주)북하우스 퍼블리셔스 ㅣ **펴낸이** 김정순
출판등록 1997년 9월 23일 제406-2003-055호
주소 04043 서울시 마포구 양화로 12길 16-9(서교동 북앤빌딩)
전화 02-3144-3123 ㅣ **팩스** 02-3144-3121
전자우편 editor@bookhouse.co.kr ㅣ **홈페이지** www.bookhouse.co.kr
인스타그램 @bookhouse_official

ISBN 979-11-6405-353-7 13590